住房城乡建设部土建类学科专业"十三五"规划教材
高等学校给排水科学与工程学科专业指导委员会规划推荐教材
江苏省高等学校精品教材

水力学

（第三版）

吴　玮　张维佳　主编

刘鹤年　主审

中国建筑工业出版社

图书在版编目（CIP）数据

水力学/吴玮，张维佳主编. —3 版. —北京：中国建筑工业出版社，2020.7（2024.6 重印）

住房城乡建设部土建类学科专业"十三五"规划教材

高等学校给排水科学与工程学科专业指导委员会规划推荐教材江苏省高等学校精品教材

ISBN 978-7-112-25172-8

Ⅰ.①水⋯ Ⅱ.①吴⋯②张⋯ Ⅲ.①水力学-高等学校-教材 Ⅳ.①TV13

中国版本图书馆 CIP 数据核字（2020）第 082682 号

本书是住房城乡建设部土建类学科专业"十三五"规划教材，高等学校给排水科学与工程学科专业指导委员会规划推荐教材，江苏省高等学校精品教材，根据高等学校给排水科学与工程学科专业指导委员会编制的《高等学校给排水科学与工程本科指导性专业规范》编写。

全书共分 9 章，主要内容有：绪论，水静力学，水动力学基础，相似原理和量纲分析，水头损失，有压管流，明渠流动，孔口、管嘴出流与堰流和渗流。本书针对给排水科学与工程专业的特点，在系统阐述基本理论与基本原理的基础上，注重对学生理论联系实际能力的培养。

本书也可作为环境工程、土木工程、水利工程和工程力学等专业流体力学（水力学）课程的教学用书。作为给排水科学与工程专业主干课程的教材，建议教学课时数 80 学时（含实验教学）。

为便于教学，作者特制作了与教材配套的电子课件，如有需求，可发邮件（标注书名、作者名）至 jckj@cabp.com.cn 索取，或到 http://edu.cabplink.com//index 下载，电话 010-58337285。

* * *

责任编辑：王美玲

责任校对：王 瑞

住房城乡建设部土建类学科专业"十三五"规划教材
高等学校给排水科学与工程学科专业指导委员会规划推荐教材
江苏省高等学校精品教材

水力学

（第三版）

吴 玮 张维佳 主编

刘鹤年 主审

*

中国建筑工业出版社出版、发行（北京海淀三里河路 9 号）

各地新华书店、建筑书店经销

北京红光制版公司制版

北京同文印刷有限责任公司印刷

*

开本：787×1092 毫米 1/16 印张：12¾ 字数：315 千字

2020 年 8 月第三版 2024 年 6 月第二十二次印刷

定价：**38.00** 元（赠教师课件）

<u>ISBN 978-7-112-25172-8</u>

（35780）

第三版前言

本书是住房城乡建设部土建类学科专业"十三五"规划教材，高等学校给排水科学与工程学科专业指导委员会推荐教材，江苏省高等学校精品教材，根据高等学校给排水科学与工程学科专业指导委员会编制的《高等学校给排水科学与工程本科指导性专业规范》编写，同时本书也可作为土木、环境等专业流体力学（水力学）课程的教学用书。

本书是 2015 年出版的《水力学》（第二版）的修订版，针对给排水科学与工程专业特点编写。教材基础理论部分以一元流动理论为核心，侧重于一元流动理论基本方程的推导及应用。在此基础上简要介绍三元流动的基本理论，为教材使用者提供不同层次的学习选择；在工程应用部分，侧重于水力学在给水排水管道系统、常用水处理构筑物设计中的应用，以有压管流和明渠流动的计算原理作为重点，对于孔口管嘴出流与堰流部分，以介绍水流现象和基本分析方法为主，渗流部分则主要侧重于渗流理论在井和井群中的应用。教材在编写过程中力求体系完整、内容精炼、由浅入深、循序渐进，全书内容符合《高等学校给排水科学与工程本科指导性专业规范》对流体力学（水力学）课程的基本要求。

本次修订在第二版的基础上，在阐述方面做了进一步推敲并对部分章节内容进行了修改，例如对明渠流动内容进行了合理调整与归并，使之条理更为清晰，便于读者阅读学习。另外，本次修订更进一步加强理论与专业实际的联系，例如在边界层与绕流阻力部分补充了绕流阻力公式在设计沉淀池、清淤及污水处理等工程中的应用方法介绍，使读者在学习过程中不断增强理论联系实际的能力。

参加本书编写的有苏州科技大学张维佳、吴玮、王涌涛、袁煦、吕晓辉、张琼予，重庆大学龙天渝和哈尔滨工业大学曹慧哲。本书由苏州科技大学吴玮、张维佳任主编，重庆大学龙天渝任副主编。其中苏州科技大学张维佳、吕晓辉编写第 1、4 章，龙天渝、袁煦编写第 2、3 章，王涌涛编写第 5 章，袁煦编写第 6 章，吴玮编写第 7 章，曹慧哲、吴玮编写第 8 章，全书由吴玮、张维佳统稿。书中插图由苏州科技大学张琼予绘制。

本书中所附二维码对应的电子资源由北京建筑大学王文海设计制作。

本书由哈尔滨工业大学刘鹤年教授主审，在此谨表诚挚谢意。本书的编写承蒙高等学校给排水科学与工程学科专业指导委员会的指导、江苏省教育厅的鼓励、中国建筑工业出版社的帮助和苏州科技大学教学委员会的支持，在此一并致以最诚挚的感谢。

编者水平有限，书中不妥之处恳请读者批评指正。

第二版前言

本书是普通高等教育土建学科专业"十二五"规划教材，高等学校给排水科学与工程学科专业指导委员会推荐教材，江苏省高等学校精品教材，根据高等学校给排水科学与工程学科专业指导委员会编制的《高等学校给排水科学与工程本科指导性专业规范》编写。

作为给排水科学与工程专业主干课程之一的教材，本书仍保持与时俱进，除根据最新版的《室外给水设计规范》GB 50013—2006、《室外排水设计规范》GB 50014—2006 和《建筑给水排水设计规范》GB 50015—2003，对一些传统的概念、水力计算方法以及相关管材特性参数作了一定的补充和修改之外，还根据我国国家质量技术监督局于 1990 年发布的《关于在我国统一实行"1990 年国际温标"的通知》，采用了 1989 年第 77 届国际计量委员会议（CIPM）通过的 1990 年国际温标 ITS—90 纯水密度，并在此基础上给出了纯水密度与温度、纯水体积膨胀系数与温度的回归方法。根据《国际单位制及其应用》GB 3100—93，书中部分物理量的表述与符号也进行了适当修改。

为便于读者更好地学习水力学，本书在每章的最后增加了本章的小结及学习指导，适当增加了例题与习题。

参加本书编写的有苏州科技学院张维佳、王涌涛、吴玮、袁煦、袁文麒和张琼予，重庆大学龙天渝和哈尔滨工业大学曹慧哲。本书由苏州科技学院张维佳任主编，重庆大学龙天渝任副主编。张维佳编写第 1、4、9 章，龙天渝编写第 2、3 章，王涌涛编写第 5 章，吴玮编写第 7 章，袁煦编写第 6 章，曹慧哲编写第 8 章，全书由张维佳统稿。书中插图由苏州科技学院袁文麒和张琼予绘制。

本书由哈尔滨工业大学刘鹤年教授主审，在此再次表示诚挚的谢意。本书的编写承蒙高等学校给排水科学与工程学科专业指导委员会的指导、江苏省教育厅的鼓励、中国建筑工业出版社的帮助和苏州科技学院教学委员会以及苏州科技学院环境科学与工程学院的支持，在此再次一并致以最诚挚的感谢。

编者水平有限，书中仍难免有不妥之处，敬请读者继续予以批评指正。

第一版前言

本书是普通高等教育土建学科专业"十一五"规划教材，高等学校给水排水工程专业指导委员会推荐教材，江苏省高等学校立项建设精品教材。

随着社会的不断进步，高等学校人才培养模式的不断更新，水力学也迎来了新的挑战。为适应新形势下的要求，在保证基本知识体系的前提下，本书力求内容精练，编排更加合理，自学性更强。本书根据给水排水工程专业的特点，以一元流理论作为理论基础，简化数学过程，强调知识点的物理含义与工程背景，强调研究方法与实验手段，使读者在学习过程中不断积累自己理论联系实际的意识与能力。

本书在表现手法上作了一些尝试。比如符号与插图等，在执行我国现行各类标准的基础上，力争与国际接轨。为便于读者进一步学习，书中关键词汇后附有英文同义词。

作为给水排水工程专业主干课程之一的教材，本书与时俱进，根据最新版的《室外给水设计规范》GB 50013—2006、《室外排水设计规范》GB 50014—2006 和《建筑给水排水设计规范》GB 50015—2003，对一些传统的概念、水力计算方法以及相关管材特性参数作了适当的补充和修改。例如，将自由水头统称为最小服务水头，增补以塑料管材为代表的新型管材并去掉已废除的镀锌钢管以及灰口铸铁管等，不再介绍以旧钢管、旧铸铁管为研究对象的舍维列夫公式，增补了目前国内外在配水管网等水力计算中使用较多且效果较好的海曾-威廉公式等，以适应专业发展的不断需求。

为更好地支持本课程的教学，本书附配套教学课件，下载网址：www.cabp.com.cn/td/cabp16882.rar，密码是 16882，也可与作者联系，邮箱：wvzhang@mail.usts.edu.cn。

本书由苏州科技学院张维佳和王涌涛共同编写，张维佳主编并统稿。书中插图由苏州科技学院袁文麒和张琼予绘制。

本书由哈尔滨工业大学刘鹤年教授主审，得到了刘鹤年教授十分宝贵的意见和建议，在此谨表诚挚的谢意。本书的编写承蒙高等学校给水排水工程专业指导委员会的指导、江苏省教育厅的鼓励、中国建筑工业出版社的帮助和苏州科技学院教学委员会以及苏州科技学院环境科学与工程系的支持，在此一并致以最衷心的感谢。

编者水平有限，书中难免有不妥之处，敬请读者批评指正。

目　　录

符 号 表

A—面积(m^2)

A_r—面积比尺［无量纲］

a—加速度(m/s^2)

　—管道比阻(s^2/m^6)

　—水跃高度(m)

a_r—加速度比尺［无量纲］

B—宽度(m)

　—明渠水面宽(m)

b—明渠底宽(m)

　—堰宽(m)

C—系数［无量纲］

　—谢才系数($m^{0.5}s^{-1}$)

C_D—阻力系数［无量纲］

C_{HW}—海森-威廉系数［无量纲］

c—音速(m/s)

　—波速(m/s)

D—直径(m)

E—弹性模量(Pa)

Eu—欧拉数［无量纲］

e—绝对粗糙度(m)

　—当量粗糙高度(m)

　—明渠断面单位能量(m)

F—力(N)

F_b—质量力(N)

F_D—阻力(N)

F_I—惯性力(N)

F_{Ir}—惯性力比尺［无量纲］

F_L—升力(N)

F_P—压力(N)

F_{Pr}—压力比尺［无量纲］

Fr—弗汝德数［无量纲］

F_s—表面力(N)

F_V—黏滞力,切向力(N)

F_{Vr}—黏滞力比尺［无量纲］

f_b—单位质量力(N)

f_s—应力(Pa)

g—重力加速度,$g=9.8m/s^2$

H—总水头(m)

　—堰上水头(m)

H_s—水泵安装高(m)

　—最小服务水头(m)

h—水深(m)

　—水头(m)

h_C—临界水深(m)

h_c—作用面形心点水深(m)

h_f—沿程水头损失(m)

h_l—水头损失(m)

h_m—局部水头损失(m)

　—平均水深(m)

h_N—明渠均匀流正常水深(m)

h'—水跃跃前水深(m)

h''—水跃跃后水深(m)

I—惯性矩(m^4)

I_c—对过作用面形心轴惯性矩(m^4)

i—明渠底坡［无量纲］

i_C—临界底坡［无量纲］

J—水力坡度［无量纲］

　—水跃函数

J_p—测压管水头线坡度［无量纲］

K—流量模数(m^3/s)

—体积模量(Pa)

—仪器常数($m^{2.5}/s$)

—卡门通用常数[无量纲]

k—渗透系数(m/s)

L—长度(m)

—长度量纲

l—长度(m)

—混合长度(m)

l_r—长度比尺[无量纲]

M—质量量纲

m—质量(kg)

—堰流量系数[无量纲]

—明渠边坡系数[无量纲]

n—粗糙系数[无量纲]

—土的孔隙度[无量纲]

n_l—环状管网环数[无量纲]

n_j—环状管网结点数[无量纲]

n_p—环状管网管段数[无量纲]

P—湿周(m)

—堰高(m)

p—压强或相对压强(Pa)

p_a—大气压强(Pa)

p_{abs}—绝对压强(Pa)

p_{amb}—当地大气压强(Pa)

p_e—表压强(Pa)

p_v—真空压强(Pa)

q_V—体积流量(m^3/s)

q_{Vp}—通过流量(m^3/s)

q_{Vs}—途泄流量(m^3/s)

q_j—节点流量(m^3/s)

q_u—单宽流量(m^2/s)

R—水力半径(m)

Re—雷诺数[无量纲]

R_h—水力最优水力半径(m)

r—半径(m)

r_0—圆管半径(m)

T—温度(℃)

—时间量纲

—时间(s)

—水击波相长(s)

s—管道阻抗(s^2/m^5)

t—时间(s)

—温度(℃)

t_r—时间比尺[无量纲]

U—流速(m/s)

u—点流速(m/s)

u_r—流速比尺[无量纲]

V—体积(m^3)

v—断面平均流速(m/s)

v_r—流速比尺[无量纲]

v_*—阻力流速(m/s)

W—重力(N)

W_r—重力比尺[无量纲]

X—单位质量力 x 方向分量(m/s^2)

x—坐标值(m)

Y—单位质量力 y 方向分量(m/s^2)

y—坐标值(m)

y_c—作用面形心点坐标值(m)

y_D—压力中心坐标值(m)

Z—单位质量力 z 方向分量(m/s^2)

z—坐标值(m)

—位置水头,距基准面高度(m)

—标高(m)

α—角度

—动能修正系数[无量纲]

—无压圆管充满度[无量纲]

α_h—水力最优充满度[无量纲]

α_V—体膨胀系数(℃$^{-1}$ 或 K^{-1})

β—动量修正系数[无量纲]

β_h—水力最优宽深比[无量纲]

Γ—速度环量(m^2/s)

δ—管壁厚度(m)

—堰顶厚度(m)

ε—收缩系数[无量纲]

ζ—局部阻力系数［无量纲］

θ—角度

θ_h—水力最优充满角

κ—压缩率(Pa^{-1})

λ—模型比尺［无量纲］

　—沿程阻力系数［无量纲］

μ—动力黏度$(Pa \cdot s)$

　—流量系数［无量纲］

ν—运动黏度(m^2/s)

ρ—密度(kg/m^3)

σ—表面张力系数(N/m)

σ_s—堰淹没系数［无量纲］

τ—切应力(Pa)

τ_0—壁面切应力(Pa)

φ—流速势

　—流速系数［无量纲］

ψ—流函数

ω—角速度(s^{-1})

第1章 绪　　论

1.1　水力学及其任务

水力学（hydraulics）是研究液体机械运动规律及其应用的科学。

液体（liquid）与气体（gas）统称为流体（fluid）。

流体力学（fluid mechanics）是研究流体机械运动规律的科学。水力学是流体力学的一个分支。

液体不同于固体的最基本特征就是具有流动性（mobility）。流动性是指在任何微小切力的作用下，液体都会连续变形的特性。这种变形称为流动。只要切力存在，流动就持续进行。此外，无论静止或运动，液体几乎不能承受拉力。

力学研究的内容是物体机械运动规律。液体运动遵循机械运动的普遍规律，如质量守恒定律、牛顿运动定律、能量转化和守恒定律等，并以这些普遍规律，形成水力学的理论基础。

与所有物质相同，液体是由大量的分子构成的。由于分子之间存在空隙，描述液体的物理量（如密度、压强和流速等）在空间的分布是不连续的，而分子的随机热运动又导致了空间任一点上液体物理量在时间上变化的不连续。因此，以分子作为流动的基本单元来研究流体的运动极为困难。水力学的研究内容是液体的宏观机械运动规律，而这一规律恰恰是研究对象中所有分子微观运动的统计平均规律。欧拉（L. Euler，瑞士数学家、力学家，1707年～1783年）于1755年首先提出了连续介质（continuum）模型的概念，即把液体看成是由密集质点构成的、内部无空隙的连续体。这里的质点是指与流动空间相比体积可以忽略不计而又具有一定质量的液体微团。这样，既可避开分子运动的复杂性，又可将液体运动中的物理量视为空间坐标和时间变量的连续函数，采用数学分析方法来研究液体运动。

水力学的问题可以通过三种研究方法得以解决，理论分析、实验研究和数值计算。理论分析和实验研究是本学科形成以来一直采用的、既可以单独解决问题又可互补的手段。前者通过对液体性质及流动特性的科学抽象，提出合理的理论模型，应用已有的普遍规律，建立描述液体运动的方程组，将流动问题转化为数学问题，并在一定的边界条件和初始条件下求解。后者则是通过对具体流动的观察与测量来认识流动的规律。理论分析结果需要经过实验验证，实验又需用理论来指导。数值计算则是随着计算技术与计算机技术的不断发展，采用各种离散化方法（有限元法或有限差分法等），建立各种数值模型，通过计算机进行大规模计算，获得定量描述流场的现代方法。理论分析、实验研究和数值计算这三种方法互相结合，可为解决复杂的工程技术问题奠定良好的基础。

作为一门独立学科，水力学可以借助上述三种方法直接解决工程实际问题，在诸多领域中得到广泛的应用。例如航海领域中的船舶航行；水利工程中的引水与防洪；动力工程中的水力发电；农业领域中的喷灌技术；交通工程中的道路桥涵设计与港口设计；建筑工程中的基坑排水与建筑材料的输送以及环境工程领域的水污染治理等。特别是在市政工程中，从水源取水、水厂净化、管网输水与用户配水等给水系统到废水的收集、管渠输送、泵站提升与污水处理厂的各级处理等排水系统，涉及了一系列的水力学问题。

1.2　作用在液体上的力

作用在液体上的力，按作用方式可分为表面力（surface force）和质量力（body force）两类。

1.2.1　表面力

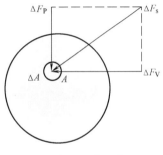

图 1-1　表面力

在液体中任取隔离体为研究对象，如图 1-1 所示。通过直接接触，作用在隔离体表面上的力为表面力。表面力的大小用应力来表示。设 A 为隔离体表面上任意一点，包含 A 点取微小面积 ΔA，作用在 ΔA 上的表面力为 ΔF_s。若将该力分解为法向分力（压力）ΔF_P 和切向分力 ΔF_V，则 ΔA 上的平均正应力 $\bar{\sigma}$ 和平均切应力 $\bar{\tau}$ 可分别表示为

$$\bar{\sigma} = \frac{\Delta F_P}{\Delta A} \tag{1-1}$$

$$\bar{\tau} = \frac{\Delta F_V}{\Delta A} \tag{1-2}$$

取极限可分别得

$$\sigma = \lim_{\Delta A \to 0} \frac{\Delta F_P}{\Delta A} = \frac{\mathrm{d}F_P}{\mathrm{d}A} \tag{1-3}$$

$$\tau = \lim_{\Delta A \to 0} \frac{\Delta F_V}{\Delta A} = \frac{\mathrm{d}F_V}{\mathrm{d}A} \tag{1-4}$$

其中 σ 为 A 点的正应力，在水力学中称为 A 点的压强（pressure）p；τ 为 A 点的切应力（shear stress）。

应力的单位以帕斯卡（B. Pascal，法国数学家，1623 年～1662 年）命名，简称帕，用符号"Pa"（$1\mathrm{Pa} = 1\mathrm{N/m}^2$）表示。

1.2.2　质量力

质量力是作用在所取流体体积内每个质点上的力。重力是最常见的质量力。

质量力的大小用单位质量液体所受质量力，即单位质量力表示。设均质液体质量为 m，所受质量力为 $\boldsymbol{F}_b$，即

$$\boldsymbol{F}_b = \boldsymbol{F}_{bx}\boldsymbol{i} + \boldsymbol{F}_{by}\boldsymbol{j} + \boldsymbol{F}_{bz}\boldsymbol{k} \tag{1-5}$$

则单位质量力为

$$f_{\mathrm{b}} = \frac{\boldsymbol{F}_{\mathrm{b}}}{m} = \frac{F_{\mathrm{bx}}}{m}\boldsymbol{i} + \frac{F_{\mathrm{by}}}{m}\boldsymbol{j} + \frac{F_{\mathrm{bz}}}{m}\boldsymbol{k} = X\boldsymbol{i} + Y\boldsymbol{j} + Z\boldsymbol{k} \tag{1-6}$$

式中 X、Y 和 Z 分别为单位质量力 f_{b} 在 x、y 和 z 三个方向上的分量。

若作用在液体上的质量力只有重力，并设 z 轴铅垂向上，则有

$$F_{\mathrm{bx}} = 0, \quad F_{\mathrm{by}} = 0, \quad F_{\mathrm{bz}} = -mg$$

单位质量力在 x、y 和 z 三个方向上的分量分别为 $X=0$、$Y=0$ 和 $Z=\frac{-mg}{m}=-g$。

单位质量力的单位为米每二次方秒（$\mathrm{m/s^2}$），与加速度单位相同。

1.3 液体的主要物理性质

1.3.1 惯性

惯性（inertia）是物体维持原有运动状态的性质。质量是惯性大小的度量。单位体积的质量称为密度（density），以符号 ρ 表示。体积为 V，质量为 m 的均质液体的密度可表示为

$$\rho = \frac{m}{V} \tag{1-7}$$

各点密度不相同的非均质液体密度可表示为

$$\rho = \lim_{\Delta V \to 0} \frac{\Delta m}{\Delta V} = \frac{\mathrm{d}m}{\mathrm{d}V} \tag{1-8}$$

密度的单位是千克每立方米（$\mathrm{kg/m^3}$）。

液体的密度随压强和温度的变化量很小，一般可视为常数。通常情况下，水的密度为 $1000\mathrm{kg/m^3}$，水银的密度为 $13600\mathrm{kg/m^3}$。

1989 年第 77 届国际计量委员会议（CIPM）通过了《1990 年国际温标 ITS—90 纯水密度表》。我国国家质量技术监督局也于 1990 年发布了《关于在我国统一实行"1990 年国际温标"的通知》，并从 1994 年起在全国实施。

在一个标准大气压条件下，水的密度见表 1-1。其他几种常见液体的密度见表 1-2。

水的密度　　　　　　　　　　　　　　　　　　　　　　　表 1-1

温度（℃）	0	4	10	20	30	40	50	60	70	80	100
密度（$\mathrm{kg/m^3}$）	999.840	999.972	999.699	998.203	995.645	992.212	998.030	983.191	977.759	971.785	958.345

根据《1990 年国际温标 ITS—90 纯水密度表》，纯水密度 ρ 与温度 T 的变化关系可回归成四次方程，即

$$\rho = -1 \times 10^{-7} T^4 + 4 \times 10^{-5} T^3 - 0.0076 T^2 + 0.0513 T + 999.88 \tag{1-9}$$

几种常见液体的密度（20℃）　　　　　　　　　　　表 1-2

液体名称	酒精	汽油（92 号）	汽油（95 号）	煤油	原油（大庆）	四氯化碳	海水
密度（$\mathrm{kg/m^3}$）	789	722	725	810	860	1590	1030

1.3.2 黏滞性

黏滞性（viscosity）是液体和气体特有的物理性质。

间距为 h 的两个平行平板间充满静止液体，如图 1-2 所示。下板固定不动，上板以速度 U 平行下板运动。紧贴下板的液体质点黏附在板壁上，速度为零；紧贴上板的一层液体，则随其以速度 U 运动。在 U、h 都比较小的情况下，两平板间各流层的速度沿 y 方向呈线性分布。

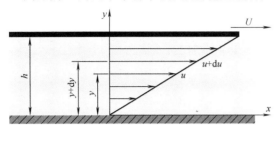

图 1-2　黏滞性实验

紧贴上板的液层随上板一同运动，并自上而下地带动内部各液层运动。相反，静止的下板及其相邻液层又自下而上地阻碍各层的流动。这说明液体内部各液层间存在着切向力，又称内摩擦力。这种由于液体相对运动产生内摩擦力以抵抗其相对运动的性质就是黏滞性，或者说，黏滞性就是液体的内摩擦特性。

根据研究，1687 年牛顿（I. Newton，英国物理学家，1642 年～1727 年）提出：内摩擦力（切力）F_V 与流速梯度 $\dfrac{\mathrm{d}u}{\mathrm{d}y}$ 成比例，与液层的接触面积 A 成比例，与液体的性质有关，即

$$F_V = \mu A \frac{\mathrm{d}u}{\mathrm{d}y} \tag{1-10}$$

或以切应力表示

$$\tau = \frac{F_V}{A} = \mu \frac{\mathrm{d}u}{\mathrm{d}y} \tag{1-11}$$

上式称为牛顿内摩擦定律（Newton's equation of viscosity）。

式中比例系数 μ 称为动力黏度（dynamic viscosity），单位是帕秒（Pa·s）。动力黏度是液体黏滞性的度量，μ 值越大，液体越黏，流动性越差。

液体的黏滞性还可用动力黏度 μ 与液体密度 ρ 的比值度量，即运动黏度（kinematic viscosity）。

$$\nu = \frac{\mu}{\rho} \tag{1-12}$$

运动黏度 ν 的单位为二次方米每秒（$\mathrm{m^2/s}$）。

液体的黏滞性随压强变化不大，主要随温度而变化，不同温度下水的黏度见表 1-3，其他几种常见液体黏度见表 1-4。

不同温度下水的黏度　　　　表 1-3

$T(℃)$	$\mu(10^{-3}\mathrm{Pa·s})$	$\nu(10^{-6}\mathrm{m^2/s})$	$T(℃)$	$\mu(10^{-3}\mathrm{Pa·s})$	$\nu(10^{-6}\mathrm{m^2/s})$
0	1.792	1.792	40	0.654	0.659
5	1.519	1.519	45	0.597	0.603
10	1.310	1.310	50	0.549	0.556
15	1.145	1.146	60	0.469	0.478
20	1.009	1.011	70	0.406	0.415
25	0.895	0.897	80	0.357	0.367
30	0.800	0.803	90	0.317	0.328
35	0.721	0.725	100	0.284	0.296

液体名称	四氯化碳	水银	煤油	原油	SAE10 润滑油	甘油
$\mu(10^{-3}\text{Pa·s})$	0.970	1.56	1.92	7.20	82.0	1499
$\nu(10^{-6}\text{m}^2/\text{s})$	0.611	0.115	2.38	8.41	89.3	1191

其他几种常见液体的黏度（20℃）　　　　表 1-4

【例 1-1】 如图 1-3 所示，相距 20mm 的两平行平板间充满 20℃的某种润滑油，油中有一面积 $A=0.5\text{m}^2$、厚度忽略不计的薄板，该薄板与两平板平行并与上侧平板间距 $h_1=7\text{mm}$。若以速度 $u=0.1\text{m/s}$ 拖动薄板，试求拖动该薄板所需的拉力。

图 1-3　油中薄板

【解】

查表 1-4 得 $\mu=0.082\text{Pa·s}$

由式（1-10）得薄板上表面所受的摩擦力为

$$F_{V1}=\mu A\frac{\mathrm{d}u}{\mathrm{d}y}=0.082\times0.5\times\frac{0.1}{0.007}=0.586\text{N}$$

薄板下表面所受的摩擦力为

$$F_{V2}=0.082\times0.5\times\frac{0.1}{(0.02-0.007)}=0.315\text{N}$$

拖动薄板所需拉力为

$$F_V=F_{V1}+F_{V2}=0.586+0.315=0.901\text{N}$$

实际液体都是有黏滞性的，黏滞性往往给液体运动规律的研究带来困难。为了简化理论分析，特引入理想液体（ideal liquid or ideal fluid）即无黏性液体的概念。理想液体是指不存在黏滞性即黏度为零的液体。理想液体实际上是不存在的，它只是一种对物性简化的模型。实际使用时，对没有考虑黏滞性所产生的偏差通过实验加以修正。

1.3.3　压缩性和热胀性

压强增大，液体体积缩小，密度增大的性质称为压缩性（compressibility）。温度升高，液体体积膨胀，密度减小的性质称为热胀性。

液体的压缩性用压缩率 κ 表示。一定温度下，液体的体积为 V，压强增加 $\mathrm{d}p$ 后，体积减小 $\mathrm{d}V$，则压缩率可表示为

$$\kappa=-\frac{\mathrm{d}V/V}{\mathrm{d}p} \tag{1-13}$$

压缩率 κ 的单位为每帕斯卡（Pa^{-1}）。

根据液体压缩前后，质量 ρV 不变，可得

$$-\frac{\mathrm{d}V}{V}=\frac{\mathrm{d}\rho}{\rho}$$

于是压缩率还可表示为

$$\kappa=\frac{\mathrm{d}\rho/\rho}{\mathrm{d}p} \tag{1-14}$$

液体的压缩率随温度和压强变化，0℃时，不同压强下水的压缩率见表 1-5。

水的压缩率					表 1-5
压强（Pa）	5×10^5	10×10^5	20×10^5	40×10^5	80×10^5
压缩率（Pa^{-1}）	0.538×10^{-9}	0.536×10^{-9}	0.531×10^{-9}	0.528×10^{-9}	0.515×10^{-9}

压缩率的倒数是体积模量，即

$$K=\frac{1}{\kappa}=-V\frac{\mathrm{d}p}{\mathrm{d}V}=\rho\frac{\mathrm{d}p}{\mathrm{d}\rho} \tag{1-15}$$

体积模量 K 的单位为帕（Pa）。

【例 1-2】　已知某液体的体积模量 $K=2.1\times10^9\mathrm{Pa}$，压强增加多少能使该液体的体积分别减小 0.1% 和 1%？

【解】

由式（1-15）得

$$\Delta p=-K\frac{\Delta V}{V}$$

当 $\dfrac{\Delta V}{V}=-0.1\%$ 时，压强增量

$$\Delta p=-2.1\times10^9\times(-0.001)=2.1\times10^6\mathrm{Pa}=2.1\mathrm{MPa}$$

当 $\dfrac{\Delta V}{V}=-1\%$ 时，压强增量

$$\Delta p=-2.1\times10^9\times(-0.01)=21\mathrm{MPa}$$

液体的热胀性用体膨胀系数 α_V 表示。一定压强下，液体的体积为 V，温度升高 $\mathrm{d}T$ 后，体积增加 $\mathrm{d}V$，则体膨胀系数可表示为

$$\alpha_V=\frac{\mathrm{d}V/V}{\mathrm{d}T}=-\frac{\mathrm{d}\rho/\rho}{\mathrm{d}T} \tag{1-16}$$

体膨胀系数 α_V 的单位是温度的倒数，℃^{-1} 或 K^{-1}。

液体的体膨胀系数随压强和温度而变化。实用中，水在海平面的大气压作用下，体膨胀系数与温度 T 的关系可采用根据国际温标 ITS—90 纯水密度回归的关系曲线式计算，即

$$\alpha_V=(-6\times10^{-7}T^4+2\times10^{-4}T^3-2\times10^{-2}T^2+2T-7)\times10^{-5} \tag{1-17}$$

【例 1-3】　开口容器盛有 85L 水温 10℃的水。若将其加热到 60℃，水的体积增加了百分之几？若要维持原来的体积，将去掉多少质量的水？

【解】

体积的相对增量，既可根据式（1-16）和式（1-17）积分求得，又可采用两温度下体积与密度之积，即质量守恒的关系求解。

（1）积分

由式（1-16）得

$$\frac{\Delta V}{V_{10}}=\int_{V_{10}}^{V_{60}}\frac{\mathrm{d}V}{V_{10}}=\int_{10}^{60}\alpha_V\mathrm{d}T$$

将式（1-17）代入后积分得

$$\frac{\Delta V}{V_{10}}=0.0167$$

（2）质量守恒

水温为 10℃时，查表 1-1 的水的密度为 $\rho_{10}=999.699\mathrm{kg/m^3}$，85L 水的质量为

$$m=999.699\times0.085=84.974\text{kg}$$

水温为 60℃时，查表 1-1 的水的密度为 $\rho_{60}=983.191\text{kg/m}^3$，此时水的体积为

$$V_{60}=\frac{84.974}{983.191}=0.08642\text{m}^3$$

体积增加的百分比为

$$\frac{\Delta V}{V_{10}}=\frac{V_{60}-V_{10}}{V_{10}}=\frac{0.08642-0.085}{0.085}=0.0167=1.67\%$$

将要去掉水的质量为

$$\Delta m=(V_{60}-V_{10})\rho_{60}=(0.08642-0.085)\times983.191=1.396\text{kg}$$

实际液体都是有压缩性的。有些液体在流动过程中，密度的变化很小，可以忽略不计，可视为不可压缩（incompressible）液体。所谓不可压缩液体，是指各点密度都不变，即 $\rho=\text{const}$ 的液体。不可压缩液体是又一物性简化的模型。

通常情况下，水的压缩性和热胀性都很小，可忽略不计，当成不可压缩液体处理。

但在特殊情况下，如输送液体管道中阀门突然关闭时，由于水击导致了较大的压差，就必须要考虑液体的密度随压强的变化；同样道理，在液压封闭系统或热水采暖系统中，必须要考虑较大工作温度变化时液体体积膨胀。

1.3.4　表面张力特性

表面张力（surface tension）是液体表面在分子作用半径薄层内的分子由于两侧分子引力不平衡在表层沿表面方向所产生的拉力。表面张力的大小用液体表面上单位长度所受的拉力，即表面张力系数 σ 来表示，单位为牛每米（N/m）。

由于表面张力很小，水力学中一般不予考虑。但在某些情况下，如微小液滴，水深很小的明渠水流和堰流等，它的影响是不可忽略的。

在水力学的实验中，经常使用装有水或水银的细玻璃管作为一种测量压强的仪器，即测压管。管内液面由于表面张力现象而发生弯曲，产生所谓的毛细现象（capillarity），如图 1-4 所示。

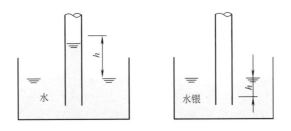

图 1-4　毛细现象

为避免由于毛细现象对使用测压管带来的误差，通常测压管的直径不小于 10mm。

1.3.5　汽化压强特性

液体分子逸出液面向空间扩散的过程称为汽化，液体汽化为蒸汽。汽化的逆过程称为凝结，蒸汽凝结为液体。

在液体表面，汽化与凝结同时存在，当这两个过程达到动平衡时，宏观的汽化现象停止。此时该液体的蒸汽称为饱和蒸汽，饱和蒸汽所产生的压强称为饱和蒸汽压（saturation pressure）或汽化压强（vapor pressure）。液体的汽化压强与温度有关，关系见表 1-6。

水的汽化压强 表 1-6

水温（℃）	0	5	10	15	20	40	50	60	70	90	100
汽化压强（kPa）	0.61	0.87	1.23	1.70	2.34	7.38	12.3	19.9	31.2	70.1	101.33

温度一定时，当液体某处的压强低于其汽化压强时，也会产生汽化，这将对该液体相邻的固体壁面产生不良影响，即所谓的气蚀（cavitation）。

小结及学习指导

1. 作用在液体上力的分类与表达是水力学特有的分析方法，正确理解表面力与质量力的定义是后续章节中理论分析的基础。

2. 流动性是液体区别于固体的本质特性，连续介质模型则是研究液体流动问题的基本假设，深刻领会其含义是进一步学好水力学的关键。

3. 密度、黏度、压缩率与体膨胀系数等分别是描述液体几个主要物理性质的量，对这些量的掌握可加深对相应物理性质的理解。黏滞性中所涉及的基本概念为本章的重点内容，包括黏滞性的定义、牛顿内摩擦定律的含义、动力黏度与运动黏度的关系与区别。理想液体与不可压缩液体两个假设的本质是简化了工程中相应问题的分析方法，避免了不必要的复杂化。

习　题

1. 20℃时，55L 92 号汽油的质量是多少？
2. 密度为 $850kg/m^3$ 的某液体动力黏度为 $0.005Pa \cdot s$，其运动黏度为多少？

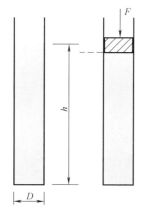

图 1-5　题 3 图

3. 如图 1-5 所示，底端封闭的刚性直管，管内径 $D=15mm$，管内充入深 $h=500mm$ 的水。若在水面密闭活塞上施加 $F=0.35kN$ 的力，忽略活塞自重，试问水深减小多少？

4. 已知海面下 $h=8km$ 处的压强为 $p=8.17 \times 10^7 Pa$，设海水的平均体积模量 $K=2.34 \times 10^9 Pa$，试求该深处海水的密度。

5. 已知牛顿平板实验中动板与静板的间距为 $h=0.5mm$，若施加 $\tau=4Pa$ 的单位面积力以 $u=0.5m/s$ 的速度拖动动板，试求实验所用液体的动力黏度？

6. 如图 1-6 所示，倾角为 30° 的斜面上放有质量 $m=2.5kg$、面积 $A=0.3m^2$ 的平板，若在平板与斜面间充入厚度 $\delta=0.5mm$、动力黏度 $\mu=0.1Pa \cdot s$ 的油层，试求平板的下滑速度。

7. 如图 1-7 所示，一圆锥体绕其中心轴以 $\omega = 16\text{s}^{-1}$ 做等角速度旋转，锥体与固定壁面的间距 $\delta = 1\text{mm}$，其中充满动力黏度 $\mu = 0.1\text{Pa} \cdot \text{s}$ 的润滑油。若锥体最大半径 $R = 0.3\text{m}$，高 $H = 0.5\text{m}$，试求作用于锥体的力矩。

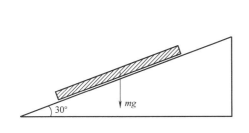

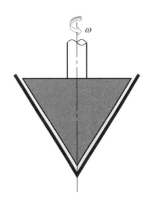

图 1-6　题 6 图　　　　　　　　　　　　　　　　　　图 1-7　习题 7 图

8. 试分别计算 1 个大气压作用下，水从 10℃加热到 60℃和 30℃加热到 80℃时的体膨胀系数。若加热前的水体积为 10m^3，加热后体积各增加多少？

第 2 章　水 静 力 学

水静力学（hydrostatics）研究液体在静止或相对静止状态下的力学规律及其应用。根据流动性可知，静止状态下，液体内部不存在切应力，只存在压应力——压强。

2.1　静止液体中压强的特性

静止液体中的压强，简称水静压强或静压强，具有以下两个特性：

特性一：水静压强的方向与作用面的内法线方向一致，或者说静止液体中某一点的压强垂直指向作用面。

静止液体中任取隔离体，若其表面任一点应力 f_s 的方向与该点的法线方向不同，则 f_s 可分解为法向应力 σ 或 p 和切向应力 τ。而静止液体不能承受切力，即 $\tau=0$，上述情况在静止液体中不可能存在。又因为液体不能承受拉力，故 f_s 的方向只能和作用面的内法线方向一致，即静止液体中只存在压应力——压强，即 $f_s=p$。

特性二：静止液体中任一点水静压强的大小与作用面的方位无关。

静止液体中任取一点 O，围绕 O 点取微元直角四面体 $OABC$ 为隔离体，正交的三条边长分别为 $\mathrm{d}x$、$\mathrm{d}y$ 和 $\mathrm{d}z$。以 O 为原点，沿四面体的三条正交边选坐标轴，如图 2-1 所示。

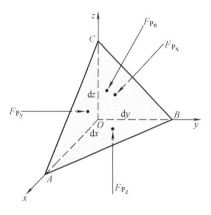

图 2-1　静止液体微元四面体受力分析

作用在四面体上的力包括表面力和质量力两部分，其中表面力为分别作用在四个面上的压力 F_{P_x}、F_{P_y}、F_{P_z} 和 F_{P_n}。设四个面上的平均压强分别为 p_x、p_y、p_z 和 p_n，则

$$F_{P_x}=p_x\mathrm{d}A_x=p_x\frac{1}{2}\mathrm{d}y\mathrm{d}z$$

$$F_{P_y}=p_y\mathrm{d}A_y=p_y\frac{1}{2}\mathrm{d}z\mathrm{d}x$$

$$F_{P_z}=p_z\mathrm{d}A_z=p_z\frac{1}{2}\mathrm{d}x\mathrm{d}y$$

$$F_{P_n}=p_n\mathrm{d}A_n$$

式中，$\mathrm{d}A_x$、$\mathrm{d}A_y$、$\mathrm{d}A_z$ 和 $\mathrm{d}A_n$ 分别为四面体在 x、y、z 和 n 方向的投影面积。

设四面体 $OABC$ 体积为 $\mathrm{d}V$，质量力在三个方向的分力则分别为

$$F_{mx}=X\rho\mathrm{d}V$$

$$F_{my}=Y\rho\mathrm{d}V$$

$$F_{mz} = Z\rho dV$$

列出作用在四面体上的力平衡方程为

$$\sum F_x = F_{P_x} - F_{P_n}\cos(n, x) + F_{m_x} = 0$$
$$\sum F_y = F_{P_y} - F_{P_n}\cos(n, y) + F_{m_y} = 0 \qquad (2\text{-}1)$$
$$\sum F_z = F_{P_z} - F_{P_n}\cos(n, z) + F_{m_z} = 0$$

式中，(n, x)、(n, y) 和 (n, z) 分别为倾斜平面 ABC（面积 dA_n）的法线方向与 3 个坐标轴的夹角。

以 x 方向为例，因为 $F_{P_n}\cos(n, x) = p_n dA_n \cos(n, x) = p_n dA_x$，$dV = \dfrac{1}{6}dxdydz$，故力平衡方程可展开为

$$p_x \frac{1}{2}dydz - p_n \frac{1}{2}dydz + X\frac{1}{6}\rho dxdydz = 0$$

化简得

$$p_x - p_n + X\frac{1}{6}\rho dx = 0$$

当四面体向 O 点收缩时，dx、dy、dz 趋于 0，于是有

$$p_x - p_n = 0$$

或

$$p_x = p_n$$

同理，可得

$$p_y - p_n = 0 \text{ 和 } p_z - p_n = 0$$

由此可见

$$p_x = p_y = p_z = p_n \qquad (2\text{-}2)$$

由于 O 点和 n 的方向均为任取，故式（2-2）说明静止液体内任一点压强的大小与作用面方位无关，即同一点各个方向的压强大小相等，均可用 p 表示。也就是说静止液体中任一点压强 p 的大小只是该点空间坐标的函数，即

$$p = p(x, y, z) \qquad (2\text{-}3)$$

2.2 液体平衡微分方程

2.2.1 液体平衡微分方程

静止液体内，以 $O'(x, y, z)$ 为中心作微元直角六面体，正交的三条边分别与坐标轴平行，长度分别为 dx、dy 和 dz，如图 2-2 所示。

若设 O' 点压强为 $p = p(x, y, z)$，则 $abcd$ 和 $a'b'c'd'$ 两个受压面中心点 M、N 的压强可按泰勒（B. Taylor，英国数学家，1685 年～1731 年）级数展开，并取前两项得

$$p_M = p\left(x - \frac{dx}{2}, y, z\right) = p - \frac{1}{2}\frac{\partial p}{\partial x}dx$$

$$p_N = p\left(x + \frac{dx}{2}, y, z\right) = p + \frac{1}{2}\frac{\partial p}{\partial x}dx$$

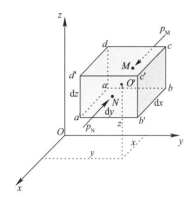

图 2-2　微元直角六面体受力分析

由于两受压面为微小面积，两面上的压力可表示为

$$F_{P_M} = \left(p - \frac{1}{2}\frac{\partial p}{\partial x}dx\right)dydz$$

$$F_{P_N} = \left(p + \frac{1}{2}\frac{\partial p}{\partial x}dx\right)dydz$$

另外，微元六面体所受质量力在 x 方向的分力为

$$X\rho dxdydz$$

列 x 方向力平衡方程 $\sum F_x = 0$，可得

$$\left(p - \frac{1}{2}\frac{\partial p}{\partial x}dx\right)dydz - \left(p + \frac{1}{2}\frac{\partial p}{\partial x}dx\right)dydz$$
$$+ X\rho dxdydz = 0$$

化简得

$$X - \frac{1}{\rho}\frac{\partial p}{\partial x} = 0 \tag{2-4a}$$

同理 y、z 方向可得

$$Y - \frac{1}{\rho}\frac{\partial p}{\partial y} = 0 \tag{2-4b}$$

$$Z - \frac{1}{\rho}\frac{\partial p}{\partial z} = 0 \tag{2-4c}$$

式（2-4）为液体平衡微分方程，由欧拉于 1755 年导出，又称欧拉平衡微分方程。它说明静止液体中各点单位质量液体所受质量力和表面力相平衡。

将式（2-4）分别乘以 dx、dy 和 dz 并相加，得

$$\frac{\partial p}{\partial x}dx + \frac{\partial p}{\partial y}dy + \frac{\partial p}{\partial z}dz = \rho(Xdx + Ydy + Zdz) \tag{2-5}$$

上式等号左边是压强 p 的全微分 dp，于是有

$$dp = \rho(Xdx + Ydy + Zdz) \tag{2-6}$$

式（2-6）又称为欧拉平衡微分方程的全微分表达式，或平衡微分方程的综合式。若将已知的液体单位质量力代入其中并进行积分，便可求出相应的压强分布规律。

2.2.2　等压面

压强相等的空间点构成的面称为等压面。

设等压面如图 2-3 所示。等压面上各点的压强相等，$p = c$，故 $dp = 0$，代入式（2-6），得

$$\rho(Xdx + Ydy + Zdz) = 0$$

式中 $\rho \neq 0$，则等压面方程为

$$Xdx + Ydy + Zdz = 0 \tag{2-7}$$

已知等压面上某点 M 的单位质量力 f_b 在坐标 x、y 和 z 方向的投影为分别为 X、Y 和 Z，该点处微小有向线段 dl 在坐标 x、y 和 z 方向的投影分别为 dx、dy 和 dz，于是

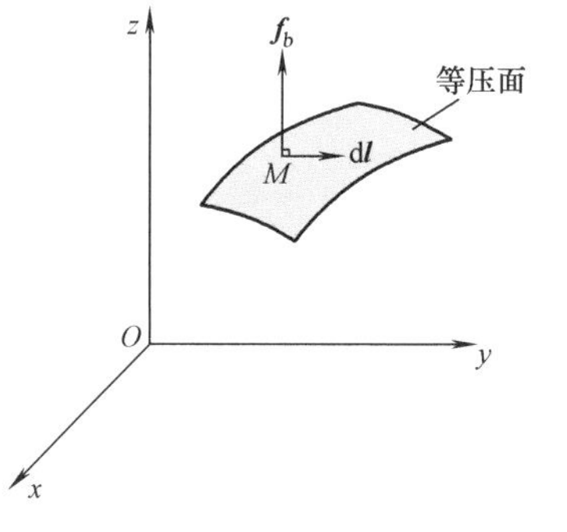

$$Xdx + Ydy + Zdz = f_b \cdot dl = 0$$

图 2-3　等压面

说明 f_b 与 dl 正交。dl 为等压面上任意向量。由此证明，质量力与等压面相互垂直。例如，质量力只有重力时，因为重力的方向铅直向下，等压面则是水平面。

2.3 重力作用下静止液体中压强的分布规律

实际工程中最常见的质量力是重力。本节在液体平衡微分方程的基础上，研究重力作用下静止液体中压强的分布规律。

2.3.1 水静力学基本方程式

重力场中盛水容器置于直角坐标系 $Oxyz$ 内，如图 2-4 所示。已知容器内液体表面的位置高度为 z_0，作用的压强为 p_0。根据液体平衡微分方程的全微分式（2-6）

$$dp=\rho(Xdx+Ydy+Zdz)$$

当质量力只有重力时，即 $X=Y=0$，$Z=-g$，上式可简化为

$$dp=-\rho gdz \tag{2-8}$$

对于均质液体，密度 ρ 等于常数，积分式（2-8）得

$$p=-\rho gz+c' \tag{2-9}$$

根据边界条件 $z=z_0$，$p=p_0$ 确定积分常数

$$c'=p_0+\rho gz_0$$

代回原式可得

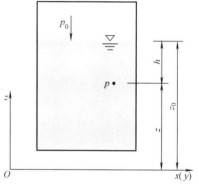

图 2-4 重力场中盛水容器内的压强

$$p=p_0+\rho g(z_0-z)$$
$$p=p_0+\rho gh \tag{2-10}$$

式中　p——静止液体内某点的压强；

p_0——液面压强；

h——液面到该点的距离，称为淹没深度；

z——该点在水平坐标面以上的高度。

式（2-9）也可写成

$$z+\frac{p}{\rho g}=const \tag{2-11}$$

式（2-10）、式（2-11）为质量力只有重力时液体静压强的分布规律，称为水静力学基本方程式。

【例 2-1】 已知图 2-4 中 $p_0=5700\text{Pa}$，试求水深 $h=3\text{m}$ 处的压强。

【解】 根据水静力学基本方程式

$$p=p_0+\rho gh=5700+1000\times9.8\times3=35100\text{Pa}$$

【例 2-2】 图 2-5 中所示容器内盛有深度 $h_1=1.5\text{m}$ 的水，水面上覆盖深度 $h_2=2\text{m}$ 的油。若油面压强 $p_0=98000\text{Pa}$，容器内底部压强 $p=129000\text{Pa}$，试求油的密度 ρ_o。

【解】 根据水静力学基本方程式

$$p=p_0+\rho_o gh_2+\rho gh_1$$

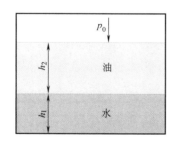

图 2-5 密闭容器

13

解得油的密度

$$\rho_o = \frac{1}{gh_2}(p - p_0 - \rho gh_1)$$

$$= \frac{1}{9.8 \times 2}(129000 - 98000 - 1000 \times 9.8 \times 1.5) = 832 \text{kg/m}^3$$

2.3.2　帕斯卡原理——压强的等值传递

水静力学基本方程式（2-10）是以液体表面压强为参照点的液体静压强分布规律的表达式。对于静止的均质液体中任意两点 A 和 B，设 B 点在 A 点之下，有

$$p_B - p_A = -\rho g(z_B - z_A)$$

整理得

$$p_B = p_A + \rho g(z_A - z_B)$$
$$p_B = p_A + \rho gh_{AB} \tag{2-12}$$

式中　p_B——静止液体内任意点 B 的压强；

　　　p_A——静止液体内任意点 A 的压强；

　　　z_B——B 点位置高度；

　　　z_A——A 点位置高度；

　　　h_{AB}——A、B 两点的垂直液柱高度。

可以看出，式（2-12）与式（2-10）具有完全相同的形式。式（2-10）表示的是液面压强与任意点压强之间的关系，而式（2-12）则表示了任意两点之间压强的关系。

设 A 点压强为 p_A，根据式（2-12）得 B 点压强为 $p_B = p_A + \rho gh_{AB}$。如果在 A 点增加一个压强值 Δp_A，A 点压强变为 $p'_A = p_A + \Delta p_A$。根据式（2-12），B 点压强则变为

$$p'_B = p_A + \Delta p_A + \rho gh_{AB} = p_A + \rho gh_{AB} + \Delta p_A = p_B + \Delta p_A \tag{2-13}$$

式（2-13）表明，静止液体中任意一点的压强增加 Δp，必导致其他各点的压强都增加 Δp。或者说，静止液体中某点压强的变化，将等值地传递到其他各点。这就是著名的帕斯卡原理。这一原理自 17 世纪中叶被发现以来，在水压机等液压传动设备中得到了广泛的应用。

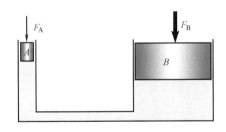

图 2-6　液压装置

【例 2-3】　图 2-6 中所示液压装置由两个尺寸不同且彼此相连的圆筒以及各筒中的活塞组成，筒内充满液体。活塞 A 和 B 的面积分别为 6cm² 和 600cm²。若不计活塞的重力及其与圆筒的摩擦，试求活塞 A 上施加 $F_A = 90$N 的力时，活塞 B 上所产生力 F_B 的大小。

【解】　在 F_A 的作用下，活塞 A 上产生的水静压强为

$$p_A = \frac{F_A}{A_A} = \frac{90}{6 \times 10^{-4}} = 1.5 \times 10^5 \text{Pa}$$

根据帕斯卡原理，p_A 将等值地传递到活塞 B 上。于是，活塞 B 上所产生的力为

$$F_B = p_A A_B = 1.5 \times 10^5 \times 600 \times 10^{-4} = 9000\text{N}$$

2.3.3 压强的度量

压强值的大小，可按不同的基准计量。由于计量基准不同，同一点的压强可用不同的值来描述。

绝对压强（absolute pressure）是以不存在任何气体分子的完全真空为零点计量的压强值，用符号 p_{abs} 表示；相对压强（gage pressure）则是以当地同高程点的大气压（当地大气压）为零点计量的压强值，用符号 p 表示。绝对压强和相对压强之差为当地大气压强 p_{amb}，如图 2-7 所示。

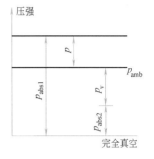

图 2-7　压强的度量

两种计量值的关系可用下式描述

$$p_{abs} = p_{amb} + p \tag{2-14}$$

或

$$p = p_{abs} - p_{amb} \tag{2-15}$$

实际上，绝大多数的生产与生活都处在当地大气压的环境下，采用相对压强计算可使计算简化。例如图 2-8 所示开口容器中，液面压强为大气压强，此液面又称为自由液面。按相对压强考虑，由于液体的密度远大于气体密度，在工程计算中可忽略空气柱产生的压强变化，将计算点同高程的相对大气压为 0，简化成液面相对大气压强为 0，于是水静力学基本方程式可简化为

$$p = \rho g h \tag{2-16}$$

同样道理，式（2-11）若改用相对压强表示，方程形式仍保持不变。

图 2-9 所示工程中一种压强测量仪表——压力表（gage），因测量元件处于环境大气压作用之下，所测得的压强值是该点的绝对压强超过环境大气压强的部分，即相对压强。故相对压强又称为表压强。

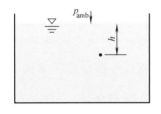

图 2-8　开口容器

图 2-9　压力表

当绝对压强小于当地大气压时，相对压强出现负值，这种状态称为真空（vacuum）。真空的大小用真空压强，或真空值来度量，以符号 p_v 表示，如图2-7所示。

真空压强是绝对压强不足于当地大气压的差值，可表示为

$$p_v = p_{amb} - p_{abs} \tag{2-17}$$

或

$$p_v = -(p_{abs} - p_{amb}) = -p \tag{2-18}$$

真空压强又可看成是相对压强的负值，故又称负压（negative gage pressure）。工程中，有

专门用于负压测量的仪器——真空表，该仪器显示的读值就是测点的真空压强。

【**例 2-4**】　若某水厂所在地的当地大气压为 98000Pa，试求该水厂中清水池自由液面下 2m 深处的绝对压强和相对压强。

【**解**】　根据水静力学基本方程式，绝对压强

$$p_{abs} = p_{amb} + \rho gh = 98000 + 1000 \times 9.8 \times 2 = 117600 Pa$$

相对压强

$$p = p_{abs} - p_{amb} = \rho gh = 1000 \times 9.8 \times 2 = 19600 Pa$$

【**例 2-5**】　已知一盛满某种液体的立式储液罐，罐体侧面设有两个高差为 4m 的测压点。顶部测点装有真空表，读值 $p_v = 12000Pa$；底部测点装有压力表，读值 $p_e = 23000Pa$。试求罐内液体的密度以及相对压强等于零的点距底部测点的高度。

【**解**】　真空压强为相对压强的负值，根据水静力学基本方程式，底部测点的压强

$$p_e = -p_v + \rho gh$$

解得罐内液体的密度为

$$\rho = \frac{p_e + p_v}{gh} = \frac{23000 + 12000}{9.8 \times 4} = 893 kg/m^3$$

相对压强等于零的点距底部测点的高度为

$$h = \frac{p_e}{\rho g} = \frac{23000}{893 \times 9.8} = 2.63m$$

2.3.4　水静力学基本方程式的物理意义

下面讨论水静力学基本方程式中各项的物理意义。式（2-11）

$$z + \frac{p}{\rho g} = const$$

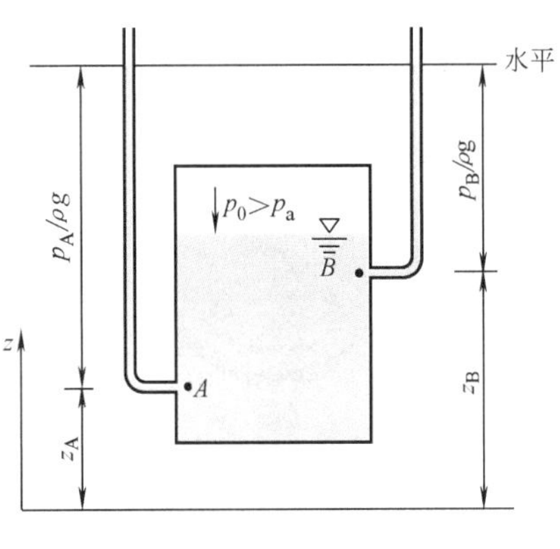

图 2-10　测压管水头

各项的意义如下：

z 为某点（如 A 点）在基准面以上的高度，称为位置高度或位置水头（elevation head），其物理意义为受单位重力作用液体具有的重力势能，也叫单位位能。

$\frac{p}{\rho g}$ 为该点测压管高度或压强水头（pressure head）。当该点的绝对压强大于大气压时，在该点接一竖直向上的开口玻璃管，该管称为测压管。液体在相对压强 p 的作用下沿测压管上升的高度 h_p，即

$$h_p = \frac{p}{\rho g} \tag{2-19}$$

$\frac{p}{\rho g}$ 的物理意义为受单位重力作用液体具有的压强势能，简称单位压能。

$z + \frac{p}{\rho g}$ 称为测压管水头（static head or piezometric head），其物理意义为受单位重力作用液体具有的总势能。

$z+\dfrac{p}{\rho g}=$const 表示静止液体中各点的测压管液面相等。各点测压管液面的连线即测压管水头线是水平线,其物理意义是静止液体中各点处受单位重力作用液体具有的总势能相等。

当某点的绝对压强小于当地气压,即处于真空状态时,该点的真空压强也可用几何高度来描述,如图2-11所示。密闭容器接一根竖直向下插入液槽内的玻璃管,由于容器内压强小于当地大气压,槽内的液体在容器内外压强差的作用下沿玻璃管上升了 h_v 的高度。忽略空气柱产生的压强,玻璃管内液面的压强等于密闭容器液面的压强,故根据水静力学基本方程式有

$$p_\mathrm{amb}=p_\mathrm{abs}+\rho gh_\mathrm{v}$$

或

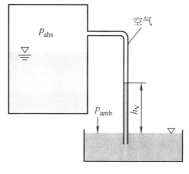

图 2-11 真空高度

$$h_\mathrm{v}=\frac{p_\mathrm{amb}-p_\mathrm{abs}}{\rho g}=\frac{p_\mathrm{v}}{\rho g} \tag{2-20}$$

式中 h_v——真空高度,简称真空度。

2.3.5 压强的计量单位

应力单位是压强的定义单位,它的国际单位制单位是帕(Pa),$1\mathrm{Pa}=1\mathrm{N/m^2}$。当压强很大时,常采用千帕(kPa 或 10^3Pa)或兆帕(MPa 或 10^6Pa)。

工程中习惯用大气压强的倍数来表示压强的大小。以海平面的大气压强作为大气压的基本单位称为标准大气压,记为 atm,$1\mathrm{atm}=101325\mathrm{Pa}$。工程中为了简化计算,一般采用工程大气压,记为 "at",$1\mathrm{at}=98000\mathrm{Pa}$ 或 $1\mathrm{at}=0.1\mathrm{MPa}$。

压强的大小还可用液柱高度表示。常用的有米水柱(mH$_2$O)、毫米水柱(mmH$_2$O)或毫米汞柱(mmHg)。根据测压管高度和真空高度的定义,相对压强为 p 时可维持的液柱高为 $h=\dfrac{p}{\rho g}$,真空压强为 p_v 时可维持的液柱高为 $h_\mathrm{v}=\dfrac{p_\mathrm{v}}{\rho g}$。例如1标准大气压或1工程大气压可维持的水柱高可分别表示为

$$h=\frac{p_\mathrm{atm}}{\rho g}=\frac{101325}{1000\times9.8}=10.33\mathrm{mH_2O}$$

$$h=\frac{p_\mathrm{at}}{\rho g}=\frac{98000}{1000\times9.8}=10\mathrm{mH_2O}$$

以上三种压强计量单位的换算关系见表2-1。

压强单位换算表

表 2-1

压强单位	Pa	mmH$_2$O	mH$_2$O	mmHg	at	atm
	9.8	1	0.001	0.0735	10^{-4}	9.67×10^{-5}
	9800	1000	1	73.5	0.1	0.0967
换算关系	133.33	13.6	0.0136	1	0.00136	0.0132
	98000	10000	10	735	1	0.967
	101325	10332	10.332	760	1.033	1

2.3.6 压强分布图

压强分布图即应力分布图是在受压面承压一侧，以一定比例尺的矢量线段表示压强大小和方向的图形。是液体静压强分布规律的几何图示。一般按相对压强绘制。例如图 2-12 中，对于开口容器，液体的相对压强 $p=\rho g h$，沿水深呈直线分布，其压强分布图如图2-12 所示。

图 2-12 压强分布图

2.4 液柱式测压计

在实际工程和科学实验中，经常需要实地测量压强的大小。用于测量压强的仪器有多种，本节仅结合水静力学基本方程式的应用，介绍液柱式测压计。

2.4.1 连通器内的等压面

应用液柱式测压计测量压强，需首先了解连通器内等压面的概念。

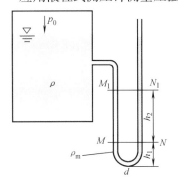

设容器及相连通的 U 形管内，装有不同密度、互不混合的液体，如图2-13所示。过两种液体的分界面做水平面 MN 以及水平面 $M_1 N_1$，并取 d 点，其间的铅垂距离分别为 h_1 和 h_2。

根据水静力学基本方程式分析水平面上各点的压强关系，d 点压强可分别表示为

$$p_d = p_M + \rho_m g h_1$$

和

$$p_d = p_N + \rho_m g h_1$$

显然有

$$p_M = p_N$$

图 2-13 连通器内等压面

再由水静力学基本方程式分别求出 M、N 和 M_1、N_1 之间的压强关系

$$p_M = p_{M_1} + \rho g h_2$$

和

$$p_N = p_{N_1} + \rho_m g h_2$$

其中 $\rho \neq \rho_m$，故而得

$$p_{M_1} \neq p_{N_1}$$

通过以上分析可得出这样的结论：在连通的容器内作水平面，若连通一侧液体的密度相同，该平面是等压面（如 MN），否则不是等压面（如 $M_1 N_1$）。

2.4.2 液柱式测压计

（1）测压管

测压管（piezometer）是一端接测点，另一端开口竖直向上的玻璃管，如图 2-14 所示。量出测压管高度 h，便可根据水静力学基本方程式确定测点的相对压强为

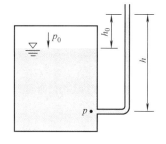

$$p = \rho g h \tag{2-21}$$

或

$$p_0 = \rho g h_0$$

用测压管测压具有准确直观等优点。但测点的相对压强一般不宜过大，测压管高度不超过 2m，否则导致测读不便。

图 2-14 测压管

此外，为避免毛细现象影响测读精度，测压管不宜过细，通常测压管的直径不小于 10mm。

（2）U 形管测压计

U 形管测压计（U-tube manometer），如图 2-15（a）所示。内装入水银或其他界面清晰的工作液体。在测点 A 的压强作用下，水银面的高度差 h_m 就是测压计的读值，高度 h 可直接量得。作等压面 MN，再由水静力学基本方程式可求得

$$p_A + \rho g h = \rho_m g h_m$$
$$p_A = \rho_m g h_m - \rho g h \tag{2-22}$$

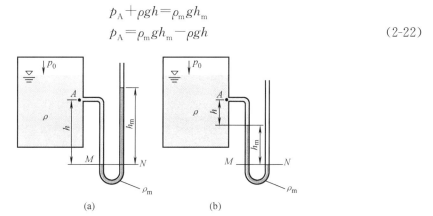

(a)   (b)

图 2-15 U 形管测压计

当测点 A 处于真空状态时，U 形管测压计的液面变化如图 2-15（b）所示。做等压面 MN，再由水静力学基本方程式可求得

$$p_A + \rho g h + \rho_m g h_m = 0$$
$$p_v = -p_A = \rho g h + \rho_m g h_m \tag{2-23}$$

（3）压差计

压差计（differential manometer）用于测量两点的压强差或测压管水头差。常用的 U 形管水银压差计如图 2-16 所示。左右两支管分别与测点 A、B 连接，在两点压强差的作用下，压差计内的水银柱形成一定的高度差 h_m，即压差计的读值。两测点的高差 Δz 是已知量，设高度 x，作等压面 MN，再由水静力学基本方程式可

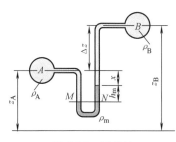

图 2-16 压差计

19

求得
$$p_A + \rho g (x + h_m) = p_B + \rho g (\Delta z + x) + \rho_m g h_m$$

A、B 两点的压强差为
$$p_A - p_B = (\rho_m - \rho) g h_m + \rho g \Delta z \qquad (2\text{-}24)$$

将 $\Delta z = z_B - z_A$ 代入式（2-24），并将各项除以 ρg，整理得 A、B 两点的测压管水头差为
$$\left(z_A + \frac{p_A}{\rho g}\right) - \left(z_B + \frac{p_B}{\rho g}\right) = \left(\frac{\rho_m}{\rho} - 1\right) h_m \qquad (2\text{-}25)$$

当被测液体是水，压差计工作液体是水银时，上式可化简为
$$\left(z_A + \frac{p_A}{\rho g}\right) - \left(z_B + \frac{p_B}{\rho g}\right) = 12.6 h_m \qquad (2\text{-}26)$$

综上所述，液柱式测压计的工作原理是水静力学基本方程的应用。此类测压仪器构造简单，测量精度较高，但量度范围有限。

2.5　液体的相对平衡

液体相对于地球运动，而液体和容器之间，以及液体各部分质点之间没有相对运动的运动状态称为相对平衡。由于相对平衡的液体质点之间没有相对运动，因此表面力中也就不存在切应力，只有压强。

根据理论力学中的达朗伯（J. R. d'Alembert，法国数学家、力学家与哲学家，1717年~1783年）原理，将坐标取在运动的容器上，在质量力中除重力外，计入惯性力，将液体运动的问题转化为静力学问题。

2.5.1　等加速直线运动容器中液体的相对平衡

盛水容器静止时水深为 H，该容器以加速度 a 作直线运动，液面形成倾斜平面，如图 2-17 所示。选动坐标系 $Oxyz$，原点置于容器底面中心点，Oz 轴竖直向上。

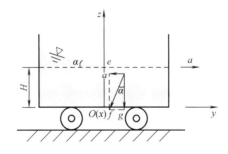

图 2-17　等加速直线运动

（1）压强分布规律

根据欧拉平衡微分方程的全微分式
$$dp = \rho(Xdx + Ydy + Zdz)$$
质量力除重力外，计入惯性力，惯性力的方向与加速度的方向相反，即
$$X = 0,\quad Y = -a,\quad Z = -g$$

$$\mathrm{d}p = \rho(-a\mathrm{d}y - g\mathrm{d}z)$$

积分得

$$p = \rho g\left(-\frac{a}{g}y - z\right) + c \qquad (2\text{-}27)$$

由于液面倾斜前后液体体积不变，故 e 点位置不变。于是根据边界条件 $y = 0$，$z = H$，$p = p_0$，确定积分常数为 $c = p_0 + \rho g H$，则有

$$p = p_0 + \rho g\left(H - z - \frac{a}{g}y\right) = p_0 + \rho g h \qquad (2\text{-}28)$$

式（2-28）表明，作等加速直线运动的液体，铅垂方向压强分布规律与静止液体相同，这是因为惯性力为水平方向，铅垂方向仍只有重力作用。

对于开口容器，$p_0 = p_{\mathrm{amb}}$，以相对压强计，上式化简为

$$p = \rho g h$$

式中 h——该点在液面下的淹没深度。

（2）等压面

在式（2-28）中，令 p＝常数，得等压面方程

$$z = -\frac{a}{g}y + c \qquad (2\text{-}29)$$

等压面是一簇平行的倾斜平面，其斜率 $k_1 = -\dfrac{a}{g}$，而质量力作用线的斜率 $k_2 = \dfrac{g}{a}$，两者的乘积 $k_1 k_2 = -1$，证明等压面与质量力正交。

在式（2-28）中，令 $z = z_s$，$y = y_s$，则 $p = p_0$，得自由液面方程

$$z_s = H - \frac{a}{g}y_s \qquad (2\text{-}30)$$

式中 z_s，y_s——自由液面上点的坐标。

（3）测压管水头

由式（2-27）得

$$z + \frac{p}{\rho g} = c - \frac{a}{g}y \qquad (2\text{-}31)$$

可以看出，只有当坐标 y 为常数时（在同一个横断面上），各点测压管水头才相等。

【例 2-6】 图 2-17 所示水平放置的开口水箱长 $l = 7\mathrm{m}$，高 $h = 2\mathrm{m}$，静止时箱内水深 $H = 1.5\mathrm{m}$。若水箱沿长度方向以匀加速度移动，试求水不溢出水箱的最大加速度 a。

【解】 水箱以最大加速度移动时，倾斜的水面与静止时的水平面夹角为 α，根据几何关系可得

$$\tan\alpha = \frac{a}{g} = \frac{h - H}{l/2}$$

解得最大加速度

$$a = \frac{h - H}{l/2}g = \frac{2 - 1.5}{7/2} \times 9.8 = 1.4\mathrm{m/s^2}$$

2.5.2 等角速度旋转容器中液体的相对平衡

盛有液体的圆柱形容器，静止时液体深度为 H，该容器绕中心轴以角速度 ω 旋转。由

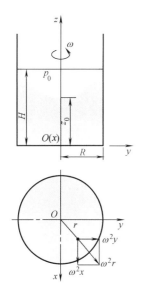

图 2-18　等角速度旋转

于液体的黏滞作用，一段时间后，容器内液体质点以同样角速度绕容器中心轴旋转，液体与容器、液体质点之间无相对运动，液面形成抛物面。

选动坐标系 $Oxyz$，O 点置于容器底面中心点，Oz 轴与旋转轴重合，如图 2-18 所示。

（1）压强分布规律

根据欧拉平衡微分方程的全微分式

$$dp = \rho(Xdx + Ydy + Zdz)$$

质量力除重力外，计入惯性力，惯性力的方向与加速度的方向相反，为离心方向，即

$$X = \omega^2 x,\ Y = \omega^2 y,\ Z = -g$$

$$dp = \rho(\omega^2 xdx + \omega^2 ydy - gdz)$$

积分得

$$p = \rho g\left[\frac{\omega^2(x^2+y^2)}{2g} - z\right] + c = \rho g\left(\frac{\omega^2 r^2}{2g} - z\right) + c \quad (2\text{-}32)$$

根据边界条件 $r=0$，$z=z_0$，$p=p_0$，确定积分常数 $c = p_0 + \rho g z_0$，则有

$$p = p_0 + \rho g\left[(z_0 - z) + \frac{\omega^2 r^2}{2g}\right] \quad (2\text{-}33)$$

（2）等压面

在式（2-31）中，令 $p=$ 常数，得等压面方程为

$$z = \frac{\omega^2 r^2}{2g} + c \quad (2\text{-}34)$$

等压面是一簇旋转抛物面。

在式（2-33）中，令 $z=z_s$，则 $p=p_0$，得自由液面方程

$$z_s = z_0 + \frac{\omega^2 r^2}{2g} \quad (2\text{-}35)$$

将式 $\dfrac{\omega^2 r^2}{2g} = z_s - z_0$ 代入式（2-32），得

$$p = p_0 + \rho g[(z_0 - z) + (z_s - z_0)] = p_0 + \rho g(z_s - z) = p_0 + \rho g h \quad (2\text{-}36)$$

式（2-36）表明，等角速度旋转的液体，铅垂方向压强分布规律与静止液体相同。对于开口容器 $p_0 = p_{amb}$，以相对压强计，式（2-36）化简为

$$p = \rho g h$$

式中　h——该点在液面下的淹没深度。

（3）测压管水头

由式（2-32），得

$$z + \frac{p}{\rho g} = c + \frac{\omega^2 r^2}{2g} \quad (2\text{-}37)$$

可以看出，只有当坐标 r 为常数时（在同一个圆柱面上），各点测压管水头才相等。

【例 2-7】　图 2-19 所示竖直放置的圆柱形开口容器。已知容器的直径 $D=800\text{mm}$，静止时容器内的水深 $h=0.3\text{m}$，试求当容器绕其中心轴旋转时底部开始露出水面的转速 n。

【解】 由于旋转前后容器内水的体积不变，所以当容器底部开始露出水面时，旋转抛物体的体积就等于容器旋转前水的体积（旋转抛物体的体积等于同高圆柱体体积的一半）。

设容器底部开始露出水面时容器侧壁处的水深为 h_0，根据式（2-35）

$$z_s = z_0 + \frac{\omega^2 r^2}{2g}$$

当 $r = \dfrac{D}{2}$ 时，$h_0 = z_s - z_0 = \dfrac{\omega^2}{2g}\left(\dfrac{D}{2}\right)^2$

旋转前后水的体积分别为 $\dfrac{\pi}{4}D^2 h$ 和 $\dfrac{1}{2}\dfrac{\pi}{4}D^2 h_0$

于是有 $h = \dfrac{1}{2}h_0 = \dfrac{\omega^2 D^2}{16g}$

得 $\omega = 4\sqrt{gh}/D = 4 \times \sqrt{9.8 \times 0.3}/0.8 = 8.57\text{s}^{-1}$

$n = \dfrac{60\omega}{2\pi} = \dfrac{60 \times 8.57}{2 \times 3.14} = 81.88\text{r/min}$

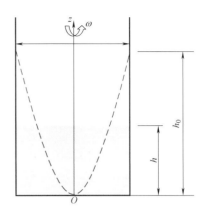

图 2-19 旋转容器

2.6 液体作用在平面壁上的总压力

计算液体作用在平面壁上的总压力时，由于各空间点的压强不相等，因此必须考虑压强的分布规律。

求解液体作用在平面上的总压力（force on a plane area）的方法有解析法和图算法两种。

2.6.1 解析法

首先讨论总压力的大小和方向。

设面积为 A、形状任意的平面，置于与水平面夹角为 α 的坐标面 xOy 内，一侧承受液体压力的作用，如图 2-20 所示。以受压平面的延伸面与自由液面的交线为 Ox 轴，Oy 轴沿着平面方向。

为描述方便，将受压平面所在的坐标面绕 Oy 轴旋转 $90°$，让受压面正对视图，如图 2-20 所示。受压面上，任取微元面积 dA，其淹没深度为 h。液体作用在 dA 上的微元压力为

$$dF_P = \rho g h dA = \rho g y \sin\alpha dA \quad (2\text{-}38)$$

作用在受压面上所有微元压力相互平

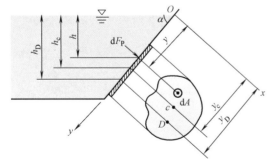

图 2-20 解析法求解平面壁上总压力

行，将式（2-38）对整个受压面进行积分便可求得总压力的大小为

$$F_P = \int dF_P = \rho g \sin\alpha \int_A y dA \quad (2\text{-}39)$$

23

式中的积分 $\int_A y\mathrm{d}A$ 为受压面 A 对 Ox 轴的静矩，其值等于受压面面积与形心坐标的乘积，即

$$\int_A y\mathrm{d}A = y_c A$$

将其代入式（2-39），并考虑 $y_c\sin\alpha=h_c$，$\rho g h_c=p_c$，于是

$$F_P=\rho g\sin\alpha y_c A=\rho g h_c A=p_c A \tag{2-40}$$

式中　F_P——液体作用在受压面上的总压力（N）；

　　　h_c——受压面形心点的淹没深度（m）；

　　　p_c——受压面形心点的压强（Pa）。

式（2-40）表明，液体作用在平面壁上总压力的大小等于受压面面积与其形心点压强的乘积，与作用面的形状和倾角无关。

根据水静压强的性质，总压力垂直指向作用面。

总压力作用点（压力中心）（center of pressure）D 的位置 y_D，可根据合力矩定理求得，即

$$F_P y_D = \int y\mathrm{d}F_P = \rho g\sin\alpha\int_A y^2\mathrm{d}A \tag{2-41}$$

积分 $\int_A y^2\mathrm{d}A$ 是受压面 A 对 Ox 轴的惯性矩，以 $\int_A y^2\mathrm{d}A=I_x$ 代入式（2-41），同时考虑 $F_P=\rho g\sin\alpha y_c A$ 得

$$y_D=\frac{I_x}{y_c A} \tag{2-42}$$

根据惯性矩的平行移轴定理，将 $I_x=I_{xc}+y_c^2 A$ 代入式（2-42），得

$$y_D=y_c+\frac{I_{xc}}{y_c A} \tag{2-43}$$

式中　y_D——总压力作用点到 Ox 轴的距离（m）；

　　　y_c——受压面形心到 Ox 轴的距离（m）；

　　　I_{xc}——受压面对平行于 Ox 轴的形心轴的惯性矩，宽为 b 高为 h 的底边平行于 Ox

　　　　　　轴矩形的惯性矩 $I_{xc}=\dfrac{1}{12}bh^3$，直径为 D 的圆的惯性矩 $I_{xc}=\dfrac{1}{64}\pi D^4$（m⁴）；

　　　A——受压面的面积（m²）。

式（2-43）中 $\dfrac{I_{xc}}{y_c A}>0$，故 $y_D>y_c$，说明总压力作用点 D 一般在受压面形心 c 之下。

同理，对 Oy 轴应用合力矩定理可求得 x_D。实际工程中大部分受压平面都具有平行于 Oy 轴的对称轴，此时压力中心 D 位于对称轴上，无需计算 x_D。

2.6.2　图算法

对于底边平行于液面的矩形受压平面，还可应用图算法计算静水总压力的大小及其作用点。设底边平行于液面的矩形平面 AB，与水平面夹角为 α，平面宽度为 b，上、下底边的淹没深度分别为 h_1 和 h_2，如图 2-21 所示。

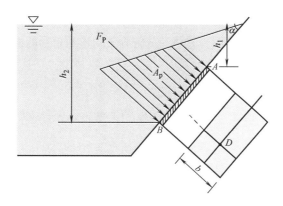

图 2-21 图算法求解平面壁上总压力

由解析法知

$$F_P = \rho g \sin\alpha y_c A = \rho g h_c A = p_c A$$

式中

$$h_c = h_1 + \frac{1}{2}(h_2 - h_1) = \frac{1}{2}(h_1 + h_2)$$

$$A = \frac{(h_2 - h_1)}{\sin\alpha}b$$

于是总压力大小为

$$F_P = \frac{1}{2}(\rho g h_1 + \rho g h_2)\frac{(h_2 - h_1)}{\sin\alpha}b = A_p b \tag{2-44}$$

式中 A_p——受压平面上压强分布图的面积（m²）；

b——受压面宽度（m）。

由此可见，总压力的大小等于压强分布图的面积和受压面宽度的乘积，而总压力的作用线过压强分布图的形心，作用线与受压面的交点就是总压力的作用点。

【例 2-8】 如图 2-22 所示，底边平行于水面的矩形闸门高 $h = 2\text{m}$，宽 $b = 1.5\text{m}$。若闸门顶部的淹没深度 $h_1 = 1\text{m}$，试分别用解析法和图解法求出作用在闸门上静水总压力的大小及其作用点。

【解】 （1）解析法：

根据式（2-40），总压力的大小

$$F_P = p_c A = \rho g h_c A = \rho g\left(h_1 + \frac{1}{2}h\right)hb$$

$$= 1000 \times 9.8 \times \left(1 + \frac{1}{2} \times 2\right) \times 2 \times 1.5$$

$$= 58.8\text{kN}$$

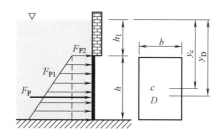

根据式（2-43），总压力作用点到水面的距离

图 2-22 矩形闸门

$$y_D = y_c + \frac{I_{xc}}{y_c A} = h_c + \frac{\frac{1}{12}bh^3}{h_c hb}$$

$$= h_c + \frac{h^2}{12h_c} = 2 + \frac{2^2}{12 \times 2} = 2.17\text{m}$$

（2）图算法：

首先绘出闸门上的压强分布图，并将其分解为三角形和矩形两部分，然后根据式（2-44）等分别求解各自的总压力大小及作用点。

三角形部分总压力大小

$$F_{P1} = A_{p1}b = \frac{1}{2}\left[(\rho gh_1 + \rho gh) - \rho gh_1\right]hb = \frac{1}{2}\rho gh^2 b$$

$$= \frac{1}{2} \times 1000 \times 9.8 \times 2^2 \times 1.5 = 29.4\text{kN}$$

三角形部分总压力作用点到水面的距离

$$y_{D1} = h_1 + \frac{2}{3}h = 1 + \frac{2}{3} \times 2 = 2.33\text{m}$$

矩形部分总压力大小

$$F_{P2} = A_{p2}b = \rho gh_1 hb = 1000 \times 9.8 \times 1 \times 2 \times 1.5 = 29.4\text{kN}$$

矩形部分总压力作用点到水面的距离

$$y_{D1} = h_1 + \frac{1}{2}h = 1 + \frac{1}{2} \times 2 = 2\text{m}$$

总压力的大小

$$F_P = F_{P1} + F_{P2} = 29.4 + 29.4 = 58.8\text{kN}$$

根据合力矩定理，总压力力矩等于各部分压力对同点力矩的和，即

$$F_P y_D = F_{P1} y_{D1} + F_{P2} y_{D2}$$

解得作用在闸门上总压力作用点到水面的距离

$$y_D = \frac{F_{P1} y_{D1} + F_{P2} y_{D2}}{F_P} = \frac{29.4 \times 2 + 29.4 \times 2.33}{58.8} = 2.17\text{m}$$

2.7　液体作用在曲面壁上的总压力

2.7.1　液体作用在曲面壁上的总压力

设面积为 A 的二向曲面 AB，令其母线垂直于图面，一侧承受水静压力作用。选坐标系，令 xOy 平面与液面重合，如图 2-23 所示。

与平面相比，作用在曲面壁上的压强不仅大小随位置而变，方向也因位置的不同而不同。因此不能采用求解平面总压力的直接积分方法，而是要先将作用在每个微元面上的压力 dF_P 分解为水平分力 dF_{Px} 和铅垂分力 dF_{Pz}，然后分别将其积分，得到作用在整个曲面上的水平分力 F_{Px} 和铅垂分力 F_{Pz}，最后求合力便可得到液体作用在曲面上总压力（force on a curved area）F_P 的大小。

曲面 AB 上沿母线方向任取面积为 dA 的条形微元面 EF，液体作用在 EF 上的压力为 dF_P，EF

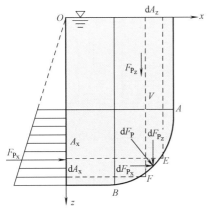

图 2-23　曲面壁上的总压力

与铅垂投影面的夹角为 α。将 dF_P 分解为水平分力（horizontal force on curved area）dF_{Px} 和铅垂分力（vertical force on curved area）dF_{Pz}，即

$$dF_{Px}=dF_P\cos\alpha=\rho gh dA\cos\alpha=\rho gh dA_x$$

$$dF_{Pz}=dF_P\sin\alpha=\rho gh dA\sin\alpha=\rho gh dA_z$$

式中　dA_x——EF 在铅垂投影面上的投影；

　　　dA_z——EF 在水平投影面上的投影。

对 dF_{Px} 积分得总压力的水平分力

$$F_{Px}=\int dF_{Px}=\rho g\int_{A_x}h dA_x \tag{2-45}$$

式中积分 $\int_{A_x}h dA_x$ 是曲面的铅垂投影面 A_x 对 Oy 轴的静矩，将 $\int_{A_x}h dA_x=h_c A_x$ 代入式（2-45），得

$$F_{Px}=\rho gh_c A_x=p_c A_x \tag{2-46}$$

式中　F_{Px}——曲面上总压力的水平分力（N）；

　　　A_x——曲面的铅垂投影面积（m^2）；

　　　h_c——铅垂投影面 A_x 形心点的淹没深度（m）；

　　　p_c——铅垂投影面 A_x 形心点的压强（Pa）。

式（2-46）表明，液体作用在曲面上总压力的水平分力，等于作用在该曲面的铅垂投影面上的压力。

再对 dF_{Pz} 积分得总压力的铅垂分力

$$F_{Pz}=\int dF_{Pz}=\rho g\int_{A_z}h dA_z=\rho gV \tag{2-47}$$

式中积分 $\int_{A_z}h dA_z=V$ 是曲面到自由液面（或自由液面的延伸面）之间的铅垂柱体——压力体的体积。式（2-47）表明，液体作用在曲面上总压力的铅垂分力，等于压力体内液体的重力。

1. 压力体的绘制方法

将水平分力和铅垂分力合成得液体作用在曲面上的总压力

$$F_P=\sqrt{F_{Px}^2+F_{Pz}^2} \tag{2-48}$$

设总压力作用线与水平面夹角为 θ，于是

$$\tan\theta=\frac{F_{Pz}}{F_{Px}} \tag{2-49}$$

过 F_{Px} 作用线（通过 A_x 压强分布图形心）和 F_{Pz} 作用线（通过压力体的形心）的交点，作与水平面成 θ 角的直线就是总压力作用线，该线与曲面的交点即为总压力作用点。

根据定义，式（2-47）所描述的压力体界定为曲面与自由液面（或其延伸面）之间的柱体。由于曲面承受液体作用的位置不同，压力体又分为实压力体和虚压力体。

压力体和液体位于曲面同侧时，称为实压力体，F_{Pz} 方向向下，如图 2-24 所示。

压力体和液体位于曲面异侧时，称为虚压力体，F_{Pz} 方向向上，如图 2-25 所示。

2.7.2　液体作用在潜体与浮体上的总压力—阿基米德原理

潜体（submerged body）指完全浸没于液体中的物体（图 2-26），浮体（floating body）则指部分浸于液体中的物体（图 2-27）。

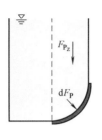
图 2-24 实压力体

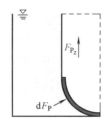
图 2-25 虚压力体

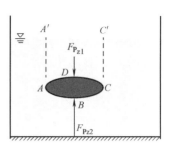
图 2-26 潜体

设潜体 $ABCD$，潜体表面为封闭曲面。根据液体作用在曲面上总压力的求解公式（2-46），DAB 曲面与 DCB 曲面在铅垂方向的投影面相同，即作用在各自曲面上水平分力的大小相同，但方向相反，因此潜体所受液体总压力的水平分力为零。

再根据式（2-47）求解作用在该潜体上的铅垂分力。将潜体表面分为上下两个部分：上部分为 ADC，铅垂分力的大小为 F_{Pz1}；下部分为 ABC，铅垂分力的大小为 F_{Pz2}，即

$$F_{Pz1} = \rho g V_{A'ADCC'} \qquad 方向向下$$
$$F_{Pz2} = \rho g V_{A'ABCC'} \qquad 方向向上$$

于是作用在潜体 $ABCD$ 上铅垂分力的合力为

$$F_{Pz} = F_{Pz2} - F_{Pz1} = \rho g V_{ABCD} \tag{2-50}$$

同理可求出作用在浮体上铅垂分力的大小为

$$F_{Pz} = \rho g V \tag{2-51}$$

式中 V——潜体或浮体浸没部分的体积。

综上所述，液体作用在潜体或浮体上的总压力只有垂直向上的浮力，其大小等于所排开液体的重力，作用线通过潜体或浮体浸没部分的体心。这就是阿基米德（Archimedes，希腊哲学家、物理学家，287～212B.C.）原理。

【例 2-9】 圆柱形压力水罐如图 2-28 所示，半径 $R=0.5\text{m}$，长 $l=2\text{m}$，压力表读值 $p_e=23.72\text{kPa}$。试求：（1）端部平面盖板所受水压力；（2）上、下半圆筒所受水压力；（3）连接螺栓所受总拉力。

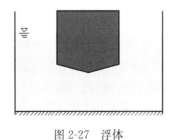
图 2-27 浮体

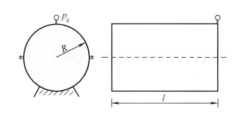
图 2-28 圆柱形压力水罐

【解】

（1）端盖板所受水压力

受压面为圆形平面，则

$$F_P = p_c A = (p_e + \rho g R) \pi R^2$$
$$= (23.72 + 1.0 \times 9.8 \times 0.5) \times 3.14 \times 0.5^2 = 22.47 \text{kN}$$

（2）上、下半圆筒所受水压力

上、下半圆筒所受水压力只有铅垂分力，上半圆筒压力体如图 2-29 所示，于是

$$F_{Pz上} = \rho g V_上 = \rho g \left[\left(\frac{p_e}{\rho g} + R \right) 2R - \frac{1}{2} \pi R^2 \right] l = 49.54 \text{kN}$$

下半圆筒所受铅垂分力为

$$F_{Pz下} = \rho g V_下 = \rho g \left[\left(\frac{p_e}{\rho g} + R \right) 2R + \frac{1}{2} \pi R^2 \right] l = 64.93 \text{kN}$$

（3）连接螺栓所受总拉力

由上半圆筒计算得

$$F_T = F_{Pz上} = 49.54 \text{kN}$$

或由下半圆筒计算得

$$F_T = F_{Pz下} - F_N = P_{Pz下} - \rho g \pi R^2 l = 49.54 \text{kN}$$

式中 F_N 为支座反力。

【例 2-10】 图 2-30 所示球墨铸铁给水干管。已知管内径 $D = 200 \text{mm}$，管壁厚 $\delta = 6.4 \text{mm}$，管壁的允许应力 $[\sigma] = 28 \text{MPa}$。试求管道内液体的最大允许压强。

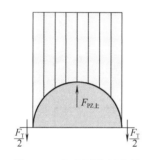

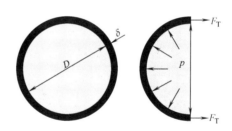

图 2-29　上半圆筒压力体　　　　图 2-30　压力管道

【解】 取单位管长，沿管轴取一半为隔离体，隔离体管壁所受拉力 $2F_T$ 与管内液体总压力在该方向的分力 F_P 平衡。若不计管内液体重力对压强的影响，则有

$$F_P = 2F_T$$

或

$$p_{max} \cdot D \cdot 1 = 2[\sigma]\delta$$
$$p_{max} = \frac{2[\sigma]\delta}{D} = \frac{2 \times 28 \times 6.4}{200} = 1.79 \text{MPa}$$

小结及学习指导

1. 压强是本章的核心概念，也是水力学的核心概念之一，深刻领会压强及其相关的基本概念，不仅可以掌握好水静力学的基本知识，也为进一步学习水动力学打下基础。

2. 作为重力作用下水静压强的分布规律，水静力学基本方程式是求解质量力只有重力时水静压强的计算公式，并通过对绝对压强、相对压强以及真空压强等不同基准度量值的理解，使这一求解得以灵活多变。

3. 根据水静压强的特性及其分布规律得到的压强分布图不仅形象地描述了压强在静止液体中的大小、方向以及变化状况，更作为一种简便的方法，用以求解特定条件下液体作用在平面壁上的总压力大小及其作用点。

4. 液体作用在壁上总压力求解是水静力学基本方程式用以求解静水压强之外的另一具体应用。液体作用在平面壁上总压力的求解有解析法和图解法两种，均可分别用来求解总压力的大小及作用点，但图解法仅适用于特殊形状处于特殊位置的平面壁；而液体作用在曲面壁上总压力则分为水平分力和铅垂分力两部分，水平分力的求解与平面壁相同，铅垂分力则以压力体为问题主体，即通过求出压力体而最终得到铅垂分力。

习　　题

1. 如图 2-31 所示的密闭容器，测压管液面高于容器内液面 $h = 1.8\text{m}$。若容器内盛的是水或煤油，求容器液面的相对压强。

2. 题 1 中，若测压管液面低于容器液面 $h = 1.8\text{m}$，容器内是否出现真空，最大真空值是多少？

3. 如图 2-32 所示的密闭水箱，压力表测得压强为 4900Pa，压力表中心比 A 点高 0.4m，A 点在液面下 1.5m。求液面的绝对压强。

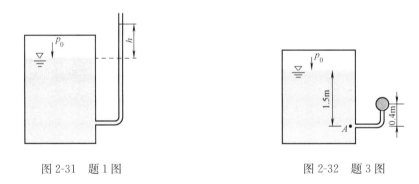

图 2-31　题 1 图　　　　　　　　　　　图 2-32　题 3 图

4. 一装满液体贮液罐，罐壁上装有高差相距 3m 的两个压力表，其读值分别为 50.1kPa 和 71.3kPa。试求罐内液体的密度。

5. 水箱形状如图 2-33 所示。若不计水箱箱体重力，试求水箱底面上的静水总压力和水箱所受的支反力。

6. 多个 U 形水银测压计串接起来称为多管（或复式）压力计，可用来测量较大的压强值，如图 2-34 所示。已知图中标高的单位为米，试求水面的绝对压强 $p_{0\text{abs}}$。

7. 水管 A、B 两点高差 $h_1 = 0.4\text{m}$，U 形压差计中水银液面高差 $h_2 = 0.2\text{m}$，如图 2-35 所示。试求 A、B 两点的压强差。若两管中均为四氯化碳，其他条件不变，A、B 两点的压强差又是多少。

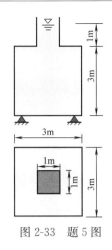

图 2-33　题 5 图

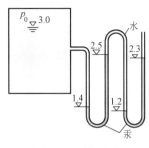

图 2-34　题 6 图

8. 盛有水的密闭容器，水面压强为 p_0，如图 2-36 所示。求当容器分别自由下落和以重力加速度上升时容器内的压强分布规律。

9. 已知 U 形管水平段长 $l=30\text{cm}$，当它沿水平方向作等加速运动时，液面高差 $h=5\text{cm}$，如图 2-37 所示。试求其加速度 a。

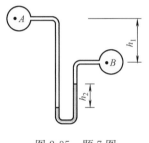

图 2-35　题 7 图

图 2-36　题 8 图

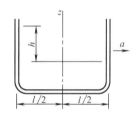

图 2-37　题 9 图

10. 圆柱形开口容器，如图 2-18 所示，半径 $R=15\text{cm}$，高 $z=50\text{cm}$，水深 $H=30\text{cm}$。若容器以等角速度 ω 绕轴旋转，试求 ω 最大为多少时不致使水从容器中溢出？

11. 装满水的圆柱形密闭容器（图 2-38），直径 $D=80\text{cm}$，顶盖中心点装有真空表，读值为 4900Pa。试求：（1）容器静止时作用于该容器顶盖上总压力的大小和方向；（2）当容器以角速度 $\omega=20\text{s}^{-1}$ 旋转时，真空表的读值不变，作用于顶盖上总压力的大小和方向。

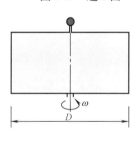

图 2-38　题 11 图

12. 绘制图 2-39 中 AB 面上的压强分布图。

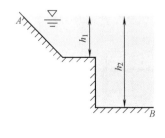

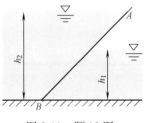

图 2-39　题 12 图

13. 矩形平板闸门 AB 如图 2-40 所示，A 处设有转轴。已知闸门长 $l=3\text{m}$，宽 $b=2\text{m}$，形心点水深 $h_c=3\text{m}$，倾角 $\alpha=45°$，忽略闸门自重及门轴摩擦力。试求开启闸门所需拉力 F_T。

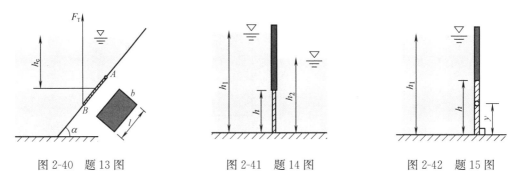

图 2-40　题 13 图　　　　图 2-41　题 14 图　　　　图 2-42　题 15 图

14. 已知矩形平板闸门（图 2-41）高 $h=3\text{m}$，宽 $b=2\text{m}$，两侧水深分别为 $h_1=8\text{m}$ 和 $h_2=5\text{m}$。试求：（1）作用在闸门上的静水总压力；（2）压力中心的位置。

15. 矩形平板闸门（图 2-42），宽 $b=0.8\text{m}$，高 $h=1\text{m}$。若要求箱中水深 h_1 超过 2m 时，闸门即可自动开启，转轴的位置 y 应是多少？

16. 矩形平板闸门由两根工字钢横梁支撑加固（图 2-43）。闸门高 $h=3\text{m}$，宽 $b=1\text{m}$，容器中水面与闸门顶齐平。试问两工字钢的位置 y_1 和 y_2 应为多少时最为合理？

17. 一弧形闸门（图 2-44），宽 2m，圆心角 $\alpha=30°$，半径 $r=3\text{m}$，闸门转轴与水平面齐平。试求作用在闸门上静水总压力的大小与方向。

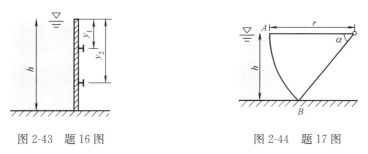

图 2-43　题 16 图　　　　　　图 2-44　题 17 图

18. 由两个半球通过螺栓连接而成的球形密闭容器内部充满水（图 2-45）。已知球体直径 $D=2\text{m}$，与球体连接的测压管水面标高 $H_1=8.5\text{m}$，球外自由水面标高 $H_2=3.5\text{m}$，容器自重不计。试求作用于半球连接螺栓上的总拉力。

19. 密闭盛水容器（图 2-46），已知 $h_1=100\text{cm}$，$h_2=125\text{cm}$，水银测压计读值 $\Delta h=60\text{cm}$。试求半径 $R=0.5\text{m}$ 的半球形盖 AB 所受总压力的水平分力和铅垂分力。

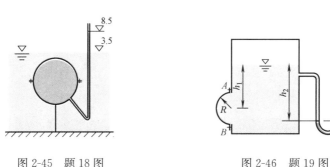

图 2-45　题 18 图　　　　　　图 2-46　题 19 图

第3章　水动力学基础

水动力学（hydrodynamics）以动力学的理论和方法研究液体机械运动规律。本章将根据经典力学的基本原理，建立水动力学的基本方程，为后续的内容奠定基础。

3.1　液体运动的描述方法

描述液体运动的方法通常有拉格朗日（J. Lanrange，法国数学家、天文学家，1736 年～1813 年）法和欧拉法两种。

3.1.1　拉格朗日法

拉格朗日法是以液体的单个运动质点为对象，研究其在整个运动过程中的轨迹及其运动要素随时间的变化规律，各个质点的运动总和就构成了整体流动。

设某质点在起始时刻的坐标为 (a, b, c)，那么该质点在任意时刻的位移就是起始坐标和时间的连续函数，即

$$
\begin{aligned}
x &= x(a, b, c, t) \\
y &= y(a, b, c, t) \\
z &= z(a, b, c, t)
\end{aligned}
\tag{3-1}
$$

式中，a，b，c，t 又称为拉格朗日变量。显然，不同的液体质点有不同的起始坐标。对于某一指定的液体质点，起始坐标 a，b，c 是常数，式（3-1）描述的则是该质点的运动轨迹。将其对时间求一阶和二阶偏导数，可分别得到该质点的速度和加速度。

$$
\begin{aligned}
u_x &= \frac{\partial x}{\partial t} = \frac{\partial x(a, b, c, t)}{\partial t} \\
u_y &= \frac{\partial y}{\partial t} = \frac{\partial y(a, b, c, t)}{\partial t} \\
u_z &= \frac{\partial z}{\partial t} = \frac{\partial z(a, b, c, t)}{\partial t}
\end{aligned}
\tag{3-2}
$$

$$
\begin{aligned}
a_x &= \frac{\partial u_x}{\partial t} = \frac{\partial^2 x}{\partial t^2} \\
a_y &= \frac{\partial u_y}{\partial t} = \frac{\partial^2 y}{\partial t^2} \\
a_z &= \frac{\partial u_z}{\partial t} = \frac{\partial^2 z}{\partial t^2}
\end{aligned}
\tag{3-3}
$$

由于液体质点运动轨迹复杂，应用这种方法描述液体的运动在数学上存在困难，在实用上也不需要了解质点运动的全过程。所以，除个别流动外，一般不采用此法。

3.1.2　欧拉法

欧拉法是以充满液体的流动空间——流场作为对象，通过观察流场中不同时刻各空间

点上液体质点的运动参数来描述流动。如流场中液体质点的速度、压强以及密度等可表示为

$$u_x = u_x(x, y, z, t)$$
$$u_y = u_y(x, y, z, t) \tag{3-4}$$
$$u_z = u_z(x, y, z, t)$$
$$p = p(x, y, z, t) \tag{3-5}$$
$$\rho = \rho(x, y, z, t) \tag{3-6}$$

式中的 x, y, z 是液体质点在 t 时刻的位置坐标，对同一质点来说，它们又是时间 t 的函数。因此，加速度需按复合函数求导法则导出，即

$$
\begin{aligned}
a_x &= \frac{du_x}{dt} = \frac{\partial u_x}{\partial t} + \frac{\partial u_x}{\partial x}\frac{dx}{dt} + \frac{\partial u_x}{\partial y}\frac{dy}{dt} + \frac{\partial u_x}{\partial z}\frac{dz}{dt} \\
&= \frac{\partial u_x}{\partial t} + u_x \frac{\partial u_x}{\partial x} + u_y \frac{\partial u_x}{\partial y} + u_z \frac{\partial u_x}{\partial z} \\
a_y &= \frac{du_y}{dt} = \frac{\partial u_y}{\partial t} + u_x \frac{\partial u_y}{\partial x} + u_y \frac{\partial u_y}{\partial y} + u_z \frac{\partial u_y}{\partial z} \\
a_z &= \frac{du_z}{dt} = \frac{\partial u_z}{\partial t} + u_x \frac{\partial u_z}{\partial x} + u_y \frac{\partial u_z}{\partial y} + u_z \frac{\partial u_z}{\partial z}
\end{aligned}
\tag{3-7}
$$

式（3-7）为欧拉法描述液体运动中质点加速度的表达式，式中 $\frac{\partial u_x}{\partial t}$、$\frac{\partial u_y}{\partial t}$、$\frac{\partial u_z}{\partial t}$ 是液体质点通过某空间点速度随时间的变化率，称为时变加速度或当地加速度；其他各项则是液体质点随空间点位置变化所引起的速度变化率，称为位变加速度或迁移加速度。

设开口水箱里的水经管道流出，如图 3-1 和图 3-2 所示。根据流速是否与时间或空间位置有关，液体流动的变化存在 4 种情况。

（1）水箱出水管为收缩管道，水箱内无来水补充。随着水的不断流出，水箱水位 H 逐渐降低，管道内某点 A 的速度随时间减小，时变加速度或当地加速度为负值；而管道收缩，速度又随质点的迁移而增大，故而位变加速度或迁移加速度为正值，所以该质点的运动既存在时变加速度又存在位变加速度。

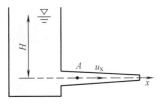

图 3-1　收缩管出流

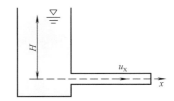

图 3-2　等径直管出流

（2）水箱出水管仍为收缩管道，但水箱有来水补充，且保持水位 H 不变。这种情况下，管道内点 A 的速度将不随时间而变，时变加速度或当地加速度为零；但由于管道收缩，速度仍将随质点的迁移而增大，所以该质点的运动不存在时变加速度而存在位变加速度。

（3）水箱出水管为等截面管道，水箱内无来水补充。随着水的不断流出，水箱水位 H 逐渐降低，管道内某点 A 的速度随时间减小，时变加速度或当地加速度为负值；但管道截

面不变，速度随质点的迁移没有变化，所以该质点的运动存在时变加速度但不存在位变加速度。

（4）水箱出水管为等截面管道，水箱内有来水补充，且保持水位 H 不变。这种情况下，管道内点 A 的速度将不随时间而变，时变加速度或当地加速度为零；而管道截面不变，速度随质点的迁移也没有变化，所以该质点的运动既不存在时变加速度又不存在位变加速度。

3.2　欧拉法的基本概念

（1）恒定流和非恒定流

流场中各空间点上液体质点的运动参数（速度、压强、密度等）皆不随时间变化的流动称为恒定流（steady flow），反之称为非恒定流（unsteady flow）。对于恒定流，诸运动要素只是空间坐标的函数，即

$$u_x = u_x(x, y, z)$$
$$u_y = u_y(x, y, z)$$
$$u_z = u_z(x, y, z) \tag{3-8}$$
$$p = p(x, y, z) \tag{3-9}$$
$$\rho = \rho(x, y, z) \tag{3-10}$$

在上一节水箱出流的例子中，水位 H 保持不变的是恒定流，水位 H 随时间变化的是非恒定流。实际工程中，多数系统正常运行时是恒定流，或虽为非恒定流，但运动参数随时间的变化缓慢，仍可近似按恒定流处理。

（2）一元、二元和三元流动

元是指影响运动参数的空间坐标变量数。比如，若空间点上的运动参数（主要是速度）是空间坐标的三个变量的函数，流动是三元的（three-dimensional flow）；若运动参数只与空间坐标的两个或一个变量有关，流动则是二元（two-dimensional flow）或一元（one-dimensional flow）的。

（3）流线

为将流场的数学描述转换成流动图像，对流场有一个更加形象的理解，特引入流线的概念。流线（stream line）可定义为某一确定时刻流场中的空间曲线，线上各质点在该时刻的速度矢量都与该空间曲线相切，如图 3-3 所示。

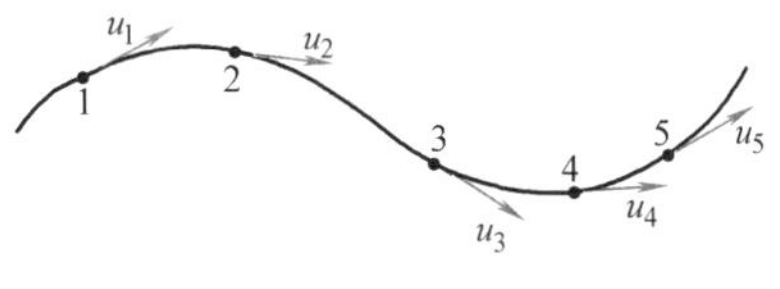

一般情况下流线不相交，否则位于交点的液体质点，在同一时刻就有与两条流线相切的两个速度矢量；同理，流线也不能是折线，而是光滑的曲线或直线。

图 3-3　某时刻流线图

恒定流时各空间点上液体质点的速度矢量不随时间变化，所以流线的形状和位置也不随时间变化。

根据流线的定义，可直接得出流线的微分方程。设 t 时刻，在流线上某点附近取微元线段矢量 dr，u 为该点的速度矢量，两者方向一致，于是有

$$\mathrm{d}\boldsymbol{r} \times \boldsymbol{u} = 0 \tag{3-11}$$

或

$$\frac{\mathrm{d}x}{u_x}=\frac{\mathrm{d}y}{u_y}=\frac{\mathrm{d}z}{u_z}\tag{3-12}$$

式中 u_x、u_y、u_z 是空间坐标 x、y、z 和时间 t 的函数，时间 t 是参变量。

液体质点在某一时段的运动轨迹称为迹线（path line）。流线和迹线是两个不同的概念，但在恒定流中，流线不随时间变化，与迹线重合。

（4）均匀流和非均匀流

流线为平行直线的流动称为均匀流（uniform flow），否则为非均匀流（nonuniform flow）。在上一节列举的水箱出流的例子中，等截面直管内的流动（图 3-2）是均匀流；变直径管道内的流动（图 3-1）是非均匀流。于是，此例中流动的 4 种变化又可描述为非恒定非均匀流、非恒定均匀流、恒定非均匀流和恒定均匀流。

（5）元流和总流

在流场中任取一非流线的封闭曲线，过曲线上各点的流线所构成的管状表面称为流管（stream tube），如图 3-4 所示。由于流线不能相交，所以液体不能从流管侧壁流入或流出。恒定流中流线的形状不随时间变化，于是恒定流流管的形状也不随时间变化。

与流管及其内部所有流线正交的截面称为过水断面（cross section）。在流线相互平行的均匀流段，过水断面是平面，否则为曲面，如图 3-5 所示。

当过水断面为无限小时，流管及其内部的液体称为元流。由于元流的过水断面无限小，几何特征与流线相同。

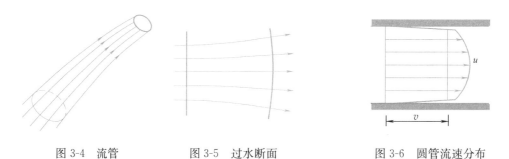

图 3-4　流管　　　　　　图 3-5　过水断面　　　　　　图 3-6　圆管流速分布

过水断面为有限大小时，流管及其内部的液体称为总流。总流是无数元流的总和。由于存在黏滞性，总流断面上各点的运动参数一般不相同。

（6）流量和断面平均流速

单位时间内通过某一过水断面液体的体积称为流量（flow rate），单位为立方米每秒（$\mathrm{m^3/s}$）。

若以 $\mathrm{d}A$ 表示过水断面的微元面积，u 表示微元断面的速度，总流的流量则为

$$q_V=\int_A u\,\mathrm{d}A\tag{3-13}$$

总流过水断面上各点的流速 u 一般是不相等的。以管流为例，管壁附近流速较小，轴线上流速最大，如图 3-6 所示。为了便于计算，设想过水断面上流速均匀分布，通过的流量与实际流量相同，于是该流速定义为该断面的断面平均流速（mean velocity），以 v 表示，即

$$q_{\mathrm{V}} = \int_A u\,\mathrm{d}A = vA$$

或

$$v = \frac{q_{\mathrm{V}}}{A} \tag{3-14}$$

3.3　连续性方程

连续性方程（equation of continuity）是水动力学三个基本方程之一，是质量守恒原理的水力学表达式。

3.3.1　恒定总流连续性方程

在运动的液体中任取一段总流，如图 3-7 所示，其进出口过水断面 1-1 和 2-2 的面积分别为 A_1 和 A_2。总流中任取元流，进口过水断面面积和流速分别为 $\mathrm{d}A_1$ 和 u_1，出口过水断面面积和流速分别为 $\mathrm{d}A_2$ 和 u_2。由于

（1）恒定流时，元流形状不变；

（2）连续介质，内部无间隙；

（3）根据流线性质，侧壁无液体流入或流出。

因此根据质量守恒原理，单位时间内流入 $\mathrm{d}A_1$ 液体质量应等于单位时间内流出 $\mathrm{d}A_2$ 液体的质量，即

$$\rho_1 u_1\,\mathrm{d}A_1 = \rho_2 u_2\,\mathrm{d}A_2 = \text{const} \tag{3-15}$$

对于不可压缩液体，有 $\rho_1 = \rho_2$，于是

$$u_1\,\mathrm{d}A_1 = u_2\,\mathrm{d}A_2 = \mathrm{d}q_{\mathrm{V}} = \text{const} \tag{3-16}$$

对总流积分

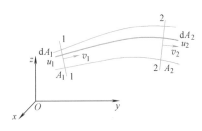

图 3-7　总流连续性方程

$$\int_{A_1} u_1\,\mathrm{d}A_1 = \int_{A_2} u_2\,\mathrm{d}A_2 = q_{\mathrm{V}}$$

得总流连续性方程

$$q_{\mathrm{V}1} = q_{\mathrm{V}2} = q_{\mathrm{V}} = \text{const} \tag{3-17}$$

或

$$v_1 A_1 = v_2 A_2 \tag{3-18}$$

连续性方程为不涉及力的运动学方程，故对理想液体和真实液体均适用。

式（3-17）或式（3-18）是在流量沿程不变的条件下导出的。若流量沿程有变化，总流连续性方程需在形式上予以修正，即

$$\sum q_{\mathrm{Vin}} = \sum q_{\mathrm{Vout}} \tag{3-19}$$

上式表示对于任取一段总流，所有流入液体的流量应等于所有流出液体的流量。

3.3.2　连续性微分方程

流场中任取以 O' 为中心点的微元六面体空间为控制体，控制体边长 $\mathrm{d}x$、$\mathrm{d}y$ 和 $\mathrm{d}z$ 分别平行于 x、y 和 z 坐标轴，如图 3-8 所示。

设单位时间沿 x、y 和 z 三个坐标轴方向通过 O' 点处单位面积的液体质量分别为 ρu_x、

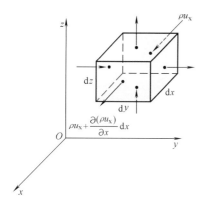

图 3-8　连续性微分方程

ρu_y 和 ρu_z，按泰勒级数展开并略去高阶项，可得到单位时间通过六个表面中心点单位面积液体质量。

在 x 方向，单位时间流入面和流出面中心点单位面积液体质量分别为

$$\rho u_x - \frac{1}{2}\frac{\partial(\rho u_x)}{\partial x}dx$$

和

$$\rho u_x + \frac{1}{2}\frac{\partial(\rho u_x)}{\partial x}dx$$

于是 dt 时间 x 方向流出与流入控制体的质量差，即 x 方向净流出质量则为

$$dm_x = \left[\rho u_x + \frac{1}{2}\frac{\partial(\rho u_x)}{\partial x}dx\right]dydzdt - \left[\rho u_x - \frac{1}{2}\frac{\partial(\rho u_x)}{\partial x}dx\right]dydzdt$$

$$= \frac{\partial(\rho u_x)}{\partial x}dxdydzdt$$

同理，y、z 方向的净流出质量分别为

$$dm_y = \frac{\partial(\rho u_y)}{\partial y}dxdydzdt$$

$$dm_z = \frac{\partial(\rho u_z)}{\partial z}dxdydzdt$$

dt 时间控制体的总净流出质量为

$$dm_x + dm_y + dm_z = \left[\frac{\partial(\rho u_x)}{\partial x} + \frac{\partial(\rho u_y)}{\partial y} + \frac{\partial(\rho u_z)}{\partial z}\right]dxdydzdt$$

液体是连续介质，质点间无空隙，根据质量守恒原理，dt 时间控制体的总净流出质量，应等于控制体内由于密度变化而减少的质量，即

$$\left[\frac{\partial(\rho u_x)}{\partial x} + \frac{\partial(\rho u_y)}{\partial y} + \frac{\partial(\rho u_z)}{\partial z}\right]dxdydzdt = -\frac{\partial\rho}{\partial t}dxdydzdt$$

化简得

$$\frac{\partial\rho}{\partial t} + \frac{\partial(\rho u_x)}{\partial x} + \frac{\partial(\rho u_y)}{\partial y} + \frac{\partial(\rho u_z)}{\partial z} = 0 \tag{3-20}$$

式（3-20）是连续性微分方程的一般形式。对于均质不可压缩液体，密度 ρ 为常数，该式化简为

$$\frac{\partial u_x}{\partial x} + \frac{\partial u_y}{\partial y} + \frac{\partial u_z}{\partial z} = 0 \tag{3-21}$$

将式（3-21）对总流积分，亦可得到总流连续性方程。

设总流体积为 V，其封闭表面积为 A，u_n 为速度矢量在微元面积 dA 外法线方向的投影，根据高斯（C. F. Gauss，德国数学家、物理学家、天文学家，1777 年～1855 年）定理可得

$$\iiint\limits_V \left(\frac{\partial u_x}{\partial x} + \frac{\partial u_y}{\partial y} + \frac{\partial u_z}{\partial z}\right)dV = \oint\limits_A u_n dA = 0 \tag{3-22}$$

因侧表面上 $u_n = 0$，式（3-22）化简为

$$-\int\limits_{A_1} u_1 dA + \int\limits_{A_2} u_2 dA = 0 \tag{3-23}$$

上式第一项 u_1 的方向与 A_1 外法线方向相反，故取负号。于是

$$\int_{A_1} u_1 \mathrm{d}A = \int_{A_2} u_2 \mathrm{d}A$$

或

$$q_{V1} = q_{V2}$$

$$v_1 A_1 = v_2 A_2$$

结果与式（3-18）相同。

【例 3-1】 变直径水管如图 3-9 所示。已知粗管段直径 $D_1 = 200\mathrm{mm}$，断面平均流速 $v_1 = 0.8\mathrm{m/s}$，细管直径 $D_2 = 150\mathrm{mm}$。试求细管段的断面平均流速 v_2。

【解】 由总流连续性方程式（3-18）

$$v_1 A_1 = v_2 A_2$$

求得

$$v_2 = v_1 \frac{A_1}{A_2} = v_1 \left(\frac{D_1}{D_2} \right)^2 = 1.42 \mathrm{m/s}$$

【例 3-2】 输水管道经三通分流管，如图 3-10 所示。已知管径 $D_1 = D_2 = 200\mathrm{mm}$，$D_3 = 100\mathrm{mm}$，断面平均流速 $v_1 = 3\mathrm{m/s}$，$v_2 = 2\mathrm{m/s}$。试求断面平均流速 v_3。

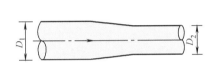

图 3-9 变直径水管

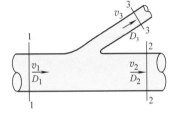

图 3-10 三通分流管

【解】 由总流连续性方程式（3-19），流入和流出三通管的流量应相等，即

$$q_{V1} = q_{V2} + q_{V3}$$

$$v_1 A_1 = v_2 A_2 + v_3 A_3$$

$$v_3 = (v_1 - v_2) \left(\frac{D_1}{D_3} \right)^2 = 4 \mathrm{m/s}$$

3.4 液体运动微分方程

3.4.1 理想液体运动微分方程

在运动的理想液体中，以 O'（x，y，z）为中心取微元直角六面体，正交的三个边分别与坐标轴平行，长度分别为 $\mathrm{d}x$、$\mathrm{d}y$ 和 $\mathrm{d}z$，如图 3-11 所示。设六面体的中心点 O' 处流速为 $\boldsymbol{u}$，压强为 p，分析该微元六面体 x 方向的受力和运动情况。

理想液体内不存在切应力，只有压强。x 方向受压面（$abcd$ 面和 $a'b'c'd'$ 面）中心点的压强按泰勒级数展开并取前两项，即

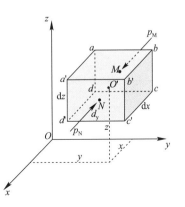

图 3-11 理想液体微元六面体

$$p_M = p - \frac{1}{2}\frac{\partial p}{\partial x}dx$$

$$p_N = p + \frac{1}{2}\frac{\partial p}{\partial x}dx$$

受压面上的压力为

$$F_{PM} = p_M dydz$$

$$F_{PN} = p_N dydz$$

质量力为

$$F_{bx} = X\rho dxdydz$$

由牛顿第二运动定律，$\sum F_x = m\frac{du_x}{dt}$，即

$$\left[\left(p - \frac{1}{2}\frac{\partial p}{\partial x}dx\right) - \left(p + \frac{1}{2}\frac{\partial p}{\partial x}dx\right)\right]dydz + X\rho dxdydz = \rho dxdydz\frac{du_x}{dt}$$

化简得

$$X - \frac{1}{\rho}\frac{\partial p}{\partial x} = \frac{du_x}{dt}$$

同理

$$Y - \frac{1}{\rho}\frac{\partial p}{\partial y} = \frac{du_y}{dt} \tag{3-24}$$

$$Z - \frac{1}{\rho}\frac{\partial p}{\partial z} = \frac{du_z}{dt}$$

将式（3-7）代入方程右端，可得

$$X - \frac{1}{\rho}\frac{\partial p}{\partial x} = \frac{\partial u_x}{\partial t} + u_x\frac{\partial u_x}{\partial x} + u_y\frac{\partial u_x}{\partial y} + u_z\frac{\partial u_x}{\partial z}$$

$$Y - \frac{1}{\rho}\frac{\partial p}{\partial y} = \frac{\partial u_y}{\partial t} + u_x\frac{\partial u_y}{\partial x} + u_y\frac{\partial u_y}{\partial y} + u_z\frac{\partial u_y}{\partial z} \tag{3-25}$$

$$Z - \frac{1}{\rho}\frac{\partial p}{\partial z} = \frac{\partial u_z}{\partial t} + u_x\frac{\partial u_z}{\partial x} + u_y\frac{\partial u_z}{\partial y} + u_z\frac{\partial u_z}{\partial z}$$

式（3-24）或式（3-25）即理想液体运动微分方程式，由欧拉于 1755 年导出，又称欧拉运动微分方程式。

理想不可压缩液体运动含有流速 u_x、u_y、u_z 和压强 p 四个未知量。欧拉运动微分方程式（3-25）和连续性微分方程式（3-21）组成的基本方程组，方程组封闭，可以求解。因此可以说，欧拉运动微分方程和连续性微分方程奠定了理想液体动力学的基础。

3.4.2　实际液体运动微分方程

（1）实际液体的动压强

理想液体因无黏滞性，运动时无切应力，只有法向应力，即动压强 p。用类似分析液体静压强特性的方法，便可证明任一点动压强的大小与作用面的方位无关，是空间坐标和时间变量的函数，即 $p = p(x, y, z, t)$。

实际液体的应力状态和理想液体不同，由于黏性作用，运动时出现切应力，任一点动压强的大小与作用面的方位有关。如以应力符号的第一个下角标表示作用面的方位，第二个下角标表示应力的方向，则法向应力 $p_{xx} \neq p_{yy} \neq p_{zz}$。进一步的研究证明，同一点任意三个正交面上的动压强之和不变，即

$$p_{xx} + p_{yy} + p_{zz} = p_{x'x'} + p_{y'y'} + p_{z'z'}$$

据此，在实际液体中，把某点三个正交面上法向应力的平均值定义为该点的动压强，仍以符号 p 表示，即

$$p = \frac{1}{3}(p_{xx} + p_{yy} + p_{zz}) \tag{3-26}$$

如此定义，黏性液体的动压强也是空间坐标和时间变量的函数，即 $p = p(x, y, z, t)$。

（2）实际液体运动微分方程

采用类似推导理想液体运动微分方程式的方法，考虑切应力的作用，根据牛顿第二运动定律，可导出实际液体运动微分方程（推导过程从略），即

$$X - \frac{1}{\rho}\frac{\partial p}{\partial x} + \nu \nabla^2 u_x = \frac{\partial u_x}{\partial t} + u_x \frac{\partial u_x}{\partial x} + u_y \frac{\partial u_x}{\partial y} + u_z \frac{\partial u_x}{\partial z}$$

$$Y - \frac{1}{\rho}\frac{\partial p}{\partial y} + \nu \nabla^2 u_y = \frac{\partial u_y}{\partial t} + u_x \frac{\partial u_y}{\partial x} + u_y \frac{\partial u_y}{\partial y} + u_z \frac{\partial u_y}{\partial z} \tag{3-27}$$

$$Z - \frac{1}{\rho}\frac{\partial p}{\partial z} + \nu \nabla^2 u_z = \frac{\partial u_z}{\partial t} + u_x \frac{\partial u_z}{\partial x} + u_y \frac{\partial u_z}{\partial y} + u_z \frac{\partial u_z}{\partial z}$$

式中　∇^2—拉普拉斯算子，$\nabla^2 = \frac{\partial^2}{\partial x^2} + \frac{\partial^2}{\partial y^2} + \frac{\partial^2}{\partial z^2}$。

自 1755 年欧拉提出理想液体运动微分方程以来，纳维（H. Navier，法国工程师，1785 年～1836 年）和斯托克斯（G. Stokes，英国数学家、物理学家，1819 年～1903 年）分别于 1827 年和 1845 年完成上述形式的实际液体运动微分方程，又称纳维-斯托克斯方程（Navier-Stokes equation），简写为 N-S 方程。

N-S 方程表示作用在单位质量液体上的质量力、表面力和惯性力相平衡。由 N-S 方程（3-27）和连续性微分方程（3-21）组成的基本方程组，原则上可以求解速度场 u_x、u_y、u_z 和压强场 p。可以说实际液体的运动分析，归结为对 N-S 方程的研究。

3.5　伯努利方程

伯努利（D. Bernoulli，瑞士物理学家、数学家，1700 年～1782 年）方程（Bernoulli's equation）是水动力学三个基本方程之二，是物体机械能转换的水力学体现。

理想液体运动微分方程式（3-24）在特定条件下积分可以得到理想液体元流伯努利方程，在此基础上进而得到实际液体总流的伯努利方程。

3.5.1　理想液体运动微分方程的伯努利积分

将理想液体运动微分方程式（3-24）

$$X - \frac{1}{\rho}\frac{\partial p}{\partial x} = \frac{\mathrm{d}u_x}{\mathrm{d}t}$$

$$Y - \frac{1}{\rho}\frac{\partial p}{\partial y} = \frac{\mathrm{d}u_y}{\mathrm{d}t}$$

$$Z - \frac{1}{\rho}\frac{\partial p}{\partial z} = \frac{\mathrm{d}u_z}{\mathrm{d}t}$$

各式分别乘以流线上微元线段的投影 $\mathrm{d}x$、$\mathrm{d}y$ 和 $\mathrm{d}z$，然后相加，得

$$X\mathrm{d}x+Y\mathrm{d}y+Z\mathrm{d}z-\frac{1}{\rho}\left(\frac{\partial p}{\partial x}\mathrm{d}x+\frac{\partial p}{\partial y}\mathrm{d}y+\frac{\partial p}{\partial z}\mathrm{d}z\right)=\frac{\mathrm{d}u_x}{\mathrm{d}t}\mathrm{d}x+\frac{\mathrm{d}u_y}{\mathrm{d}t}\mathrm{d}y+\frac{\mathrm{d}u_z}{\mathrm{d}t}\mathrm{d}z \tag{a}$$

引入限定条件：

（1）作用在液体上的质量力只有重力，即

$$X=Y=0, Z=-g$$

于是

$$X\mathrm{d}x+Y\mathrm{d}y+Z\mathrm{d}z=-g\mathrm{d}z \tag{b}$$

（2）不可压缩液体做恒定流动时，有

$$\rho=\mathrm{const}, p=p(x,y,z)$$

于是

$$\frac{1}{\rho}\left(\frac{\partial p}{\partial x}\mathrm{d}x+\frac{\partial p}{\partial y}\mathrm{d}y+\frac{\partial p}{\partial z}\mathrm{d}z\right)=\frac{1}{\rho}\mathrm{d}p=\mathrm{d}\left(\frac{p}{\rho}\right) \tag{c}$$

（3）恒定流动时，流线与迹线重合，有

$$\mathrm{d}x=u_x\mathrm{d}t, \mathrm{d}y=u_y\mathrm{d}t, \mathrm{d}z=u_z\mathrm{d}t$$

于是

$$\frac{\mathrm{d}u_x}{\mathrm{d}t}\mathrm{d}x+\frac{\mathrm{d}u_y}{\mathrm{d}t}\mathrm{d}y+\frac{\mathrm{d}u_z}{\mathrm{d}t}\mathrm{d}z=u_x\mathrm{d}u_x+u_y\mathrm{d}u_y+u_z\mathrm{d}u_z$$

$$=\mathrm{d}\left(\frac{u_x^2+u_y^2+u_z^2}{2}\right)=\mathrm{d}\left(\frac{u^2}{2}\right) \tag{d}$$

将式（b）、（c）和（d）代入（a），得

$$-g\mathrm{d}z-\mathrm{d}\left(\frac{p}{\rho}\right)=\mathrm{d}\left(\frac{u^2}{2}\right)$$

积分，得

$$-gz-\frac{p}{\rho}-\frac{u^2}{2}=\mathrm{const}$$

$$z+\frac{p}{\rho g}+\frac{u^2}{2g}=\mathrm{const} \tag{3-28}$$

或

$$z_1+\frac{p_1}{\rho g}+\frac{u_1^2}{2g}=z_2+\frac{p_2}{\rho g}+\frac{u_2^2}{2g} \tag{3-29}$$

上述理想液体运动微分方程沿流线的积分称为伯努利积分。所得的式（3-28）和式（3-29）称为理想液体沿流线的伯努利方程。

由于元流过水断面面积无限小，所以沿流线的伯努利方程就是元流的伯努利方程。推导方程所引入的限定条件，就是理想液体元流伯努利方程的应用条件。归纳起来有：不可压缩理想液体、恒定流动、质量力只有重力、沿流线（元流）。

式（3-29）由伯努利于 1738 年采用动能定理首先导出。

3.5.2　理想液体元流伯努利方程的物理意义

式（3-28）中各项的物理意义如下。

z 为元流上某点到基准面的位置高度，称为位置水头（elevation head）。其物理意义为受单位重力作用的液体相对于基准面的位置势能，简称单位位能（又称为单位重力势能）。

$\frac{p}{\rho g}$ 为液体质点在相对压强 p 作用下上升的高度，即测压管高度，称压强水头（pressure head）。其物理意义为受单位重力作用的液体所具有的压强势能，简称单位压能。

$z+\frac{p}{\rho g}$ 为元流上某点测压管液面到基准面的总高度，称为测压管水头（static head），

用 H_p 表示。其物理意义为受单位重力作用的液体所具有的总势能。

$\dfrac{u^2}{2g}$ 为元流上某点的流速高度，称为流速水头（velocity head），其物理意义为受单位重力作用的液体所具有的动能。

$z+\dfrac{p}{\rho g}+\dfrac{u^2}{2g}$ 称为总水头（total head），用 H 表示。其物理意义为受单位重力作用的液体具有的机械能。

式（3-28）或式（3-29）则表示理想液体作恒定流动时，沿同一元流（沿同一流线）各断面的总水头相等，总水头线（energy line）是水平线，如图 3-12 所示；沿同一元流（沿同一流线），受单位重力作用的液体的机械能守恒，故伯努利方程又称为能量方程。

流速水头可应用皮托管（Pitot tube）实测得到。1730 年，皮托（H. Pitot，法国工程师，1695 年～1771 年）用一根前端弯成直角的玻璃管测量法国塞纳河河水的流速。将前端管口正对河水来流方向，另一端垂直向上，此管称为测速管，测速管液面与河水水面的高差即管口所对测点的流速水头。有压管流中，采用测速管与测压管结合的方法，如图 3-13 所示。来流在测速管内将动能全部转化为压能，致使管中液面升高。在测速管进口内外分别取 A、B 两点，由于 A、B 两点相距很近，应用理想液体元流伯努利方程，有

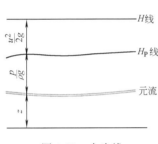

图 3-12　水头线

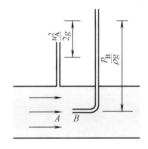

图 3-13　皮托管测流速

$$\frac{p_A}{\rho g}+\frac{u_A^2}{2g}=\frac{p_B}{\rho g}$$

整理得

$$\frac{u_A^2}{2g}=\frac{p_B}{\rho g}-\frac{p_A}{\rho g}=h_u \tag{3-30}$$

式（3-30）表示某点的流速水头为该点测速管水头 $\dfrac{p_B}{\rho g}$ 和测压管水头 $\dfrac{p_A}{\rho g}$ 之差 h_u。进一步还可求出该点的速度为

$$u_A=\sqrt{2g\,\frac{p_B-p_A}{\rho g}}=\sqrt{2gh_u} \tag{3-31}$$

根据上述原理，将测速管和测压管组合成测量点流速的仪器，称为皮托管，构造如图 3-14 所示。与迎流孔（测速孔）相通的是测速管，与侧面顺流孔（测压孔或环形窄缝）相通的是测压管。考虑到实际液体从迎流孔至顺流孔存在黏性效应，以及皮托管对原流场的干扰

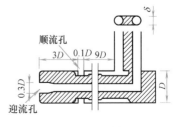

图 3-14　皮托管构造

等影响，引入修正系数 C，则速度

$$u = C\sqrt{2gh_u} \qquad (3-32)$$

式中 C 是修正系数，通过实验确定，h_u 为测速管水头与测压管水头之差，实测得到。

3.5.3　实际液体元流的伯努利方程

实际液体具有黏性，运动时产生流动阻力。克服阻力做功，使液体的一部分机械能不可逆地转化为热能而散失。因此，实际液体流动时，受单位重力作用的液体具有的机械能沿程减少，总水头线是沿程下降线。若考虑由过水断面 1-1 运动至过水断面 2-2 所消耗掉的机械能，根据能量守恒原理，可得到实际液体元流的伯努利方程为

$$z_1 + \frac{p_1}{\rho g} + \frac{u_1^2}{2g} = z_2 + \frac{p_2}{\rho g} + \frac{u_2^2}{2g} + h_l' \qquad (3-33)$$

式中　h_l'——元流受单位重力作用的液体的机械能损失，或水头损失（head loss）（m）。

3.5.4　实际液体总流的伯努利方程

总流是无数元流的集合，而不同元流的运动状态又有所不同，因此，在实际液体总流中运用式（3-33）时必须考虑如下 3 个问题：

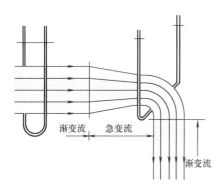

图 3-15　渐变流与急变流

（1）式（3-33）或式（3-29）的前提之一是液体所受质量力只有重力，因此在总流计算中，计算断面必须取在渐变流过水断面上。否则，在流线相互不平行的急变流过水断面上，除重力外，还会有离心惯性力等其他质量力，如图 3-15 所示。由于渐变流过水断面近于平面，其上各点的速度方向近于平行，即

$$u_x \approx u, u_y \approx u_z \approx 0$$

根据连续性微分方程式（3-21），得

$$\frac{\partial u_x}{\partial x} \approx 0$$

若再考虑恒定流动

$$\frac{\partial u}{\partial t} = 0$$

以及黏滞力在过水断面上的投影为零，N-S 方程式（3-27）将转化为液体平衡微分方程式（2-4）。于是，可以认为在渐变流过水断面上动水压强按静水压强的规律分布，即

$$z + \frac{p}{\rho g} = c \qquad (3-34)$$

式中　p——动水压强（Pa）。

渐变流与急变流没有准确的界限，视工程要求的精度而定。

（2）由于过水断面上各点的流速不同，若用断面平均流速 v 代替各点的真实流速 u，必须考虑以断面平均流速计算的动能与以真实流速计算的动能之间的差异。实用中引入动能修正系数 α 予以修正，即

$$\int_A \frac{u^3}{2g}\rho g \, dA = \alpha \int_A \frac{v^3}{2g}\rho g \, dA$$

$$\alpha = \frac{\displaystyle\int_A u^3 \, dA}{v^3 A} \tag{3-35}$$

α 值取决于过水断面上的流速分布情况，流速分布较均匀的流动 $\alpha = 1.05 \sim 1.10$，通常取 $\alpha = 1.0$。

（3）由于过水断面上各点的流速不同，因此每个元流所消耗的机械能也有所不同。实用中，用总流受单位重力作用的液体由 1-1 至 2-2 断面的平均机械能损失 h_l 即总流的水头损失代替元流的水头损失。于是有

$$z_1 + \frac{p_1}{\rho g} + \frac{\alpha_1 v_1^2}{2g} = z_2 + \frac{p_2}{\rho g} + \frac{\alpha_2 v_2^2}{2g} + h_l \tag{3-36}$$

式（3-36）即实际液体总流的伯努利方程。将元流的伯努利方程推广为总流的伯努利方程，引入的某些限制条件也就是总流伯努利方程的适用条件，包括：恒定流动，质量力只有重力，不可压缩液体，所取计算断面为渐变流过水断面，两计算断面间无分流或合流以及两计算断面间无能量输入或输出。

总流伯努利方程的物理意义如下。

z 为总流过流断面上某点（所取计算点）到基准面的位置高度（位置水头），其物理意义为总流过流断面上某点（所取计算点）处受单位重力作用的液体的位能。

$\frac{p}{\rho g}$ 为总流过流断面上某点（所取计算点）的测压管高度（压强水头），其物理意义为总流过流断面上某点（所取计算点）处受单位重力作用的液体所具有的压能。

$z + \frac{p}{\rho g}$ 为总流过流断面上某点（所取计算点）的测压管水头，其物理意义为总流过流断面上受单位重力作用的液体所具有的平均势能。

$\frac{v^2}{2g}$ 为总流过流断面的平均流速水头，其物理意义为总流过流断面上受单位重力作用的液体所具有的平均动能。

$z + \frac{p}{\rho g} + \frac{\alpha v^2}{2g}$ 为总流过流断面的总水头，其物理意义为总流过流断面上受单位重力作用的液体具有的平均机械能。

h_l 为总流两过流断面间受单位重力作用的液体平均的机械能损失。

【例 3-3】 用直径 $D = 100\text{mm}$ 的水管从水箱引水，如图 3-16 所示。水箱水面与管道出口断面中心的高差 $H = 4\text{m}$ 保持恒定，水头损失 $h_l = 3\text{m}$ 水柱。试求管道的流量 q_V。

【解】 这是一个典型的总流问题，应用伯努利方程

$$z_1 + \frac{p_1}{\rho g} + \frac{\alpha_1 v_1^2}{2g} = z_2 + \frac{p_2}{\rho g} + \frac{\alpha_2 v_2^2}{2g} + h_l$$

首先要选取基准面、计算断面和计算点。

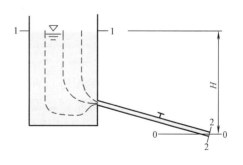

图 3-16 管道出流

为便于计算，选通过管道出口断面中心的水平面为基准面 0-0，如图 3-16 所示。计算断面应选在渐变流过水断面，并使其中一个已知量最多，另一个含待求量。按以上原则本题选水箱水面为 1-1 断面，计算点在自由水面上，运动参数 $z_1 = H$，$p_1 = 0$（相对压强），$v_1 \approx 0$。选管道出口断面为 2-2 断面，以出口断面的中心为计算点，运动参数 $z_2 = 0$，$p_2 = 0$，v_2 待求。将各量代入总流伯努利方程

$$H = \frac{\alpha_2 v_2^2}{2g} + h_l \qquad 取 \ \alpha_2 = 1.0$$

$$v_2 = \sqrt{2g(H - h_l)} = 4.43 \text{m/s}$$

$$q_V = v_2 A_2 = 0.035 \text{m}^3/\text{s}$$

【例 3-4】　离心泵由吸水池抽水，如图 3-17 所示。已知抽水量 $q_V = 5.56$L/s，泵的安装高度 $H_s = 5$m，吸水管直径 $D = 100$mm，吸水管的水头损失 $h_l = 0.25 \text{mH}_2\text{O}$。试求水泵进口断面 2-2 的真空值。

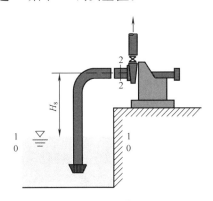

图 3-17　水泵吸水管

【解】　本题运用伯努利方程求解，选基准面 0-0 与吸水池水面重合。取吸水池水面为 1-1 断面，与基准面重合；水泵进口断面为 2-2 断面。以吸水池水面上的点和水泵进口断面的轴心点为计算点，则运动参数为：$z_1 = 0$，$p_1 = p_a$（绝对压强），$v_1 \approx 0$，$z_2 = H_s$，p_2 待求，$v_2 = q_V/A = 0.708 \text{m/s}$。将各量代入总流伯努利方程

$$\frac{p_a}{\rho g} = H_s + \frac{p_2}{\rho g} + \frac{\alpha_2 v_2^2}{2g} + h_l$$

$$\frac{p_v}{\rho g} = \frac{p_a - p_2}{\rho g} = H_s + \frac{\alpha_2 v_2^2}{2g} + h_l = 5.28 \text{m}$$

$$p_v = 5.28 \rho g = 51.74 \text{kPa}$$

【例 3-5】　如图 3-18 所示文丘里流量计（Venturi meter），进口直径 $D_1 = 100$mm，喉管直径 $D_2 = 50$mm，实测测压管水头差 $\Delta h = 0.6$m（或水银压差计的水银面高差 $h_m = 4.76$cm），流量计的流量系数 $\mu = 0.98$，试求管道输水的流量。

【解】　文丘里（B. Venturi，意大利工程师、物理学家，1746 年～1822 年）流量计是常用的测量管道内液体流量的仪器。由收缩段、喉管和扩大段三部分组成。管道过流时，因喉管断面缩小，流速增大，压强降低。这样在收缩段进口前断面 1-1 和喉管断面 2-2 安装测压管或压差计，实测两断面的测压管水头差，由伯努利方程式便可求出管道内的流量。

选基准面 0-0，选收缩段进口前断面和喉管断面为 1-1、2-2 计算断面，两者均为渐变流过水断面，计算点取在管轴线上。由于收缩段的水头损失很小，可忽略不计，取动能修正系数 $\alpha_1 = \alpha_2 = 1$。列伯努利方程

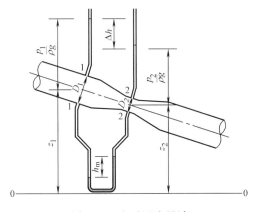

图 3-18　文丘里流量计

$$z_1 + \frac{p_1}{\rho g} + \frac{v_1^2}{2g} = z_2 + \frac{p_2}{\rho g} + \frac{v_2^2}{2g}$$

$$\frac{v_2^2}{2g} - \frac{v_1^2}{2g} = \left(z_1 + \frac{p_1}{\rho g}\right) - \left(z_2 + \frac{p_2}{\rho g}\right)$$

上式中有 v_1，v_2 两个未知量，补充连续性方程为

$$v_1 A_1 = v_2 A_2$$

$$v_2 = \left(\frac{A_1}{A_2}\right)v_1 = \left(\frac{D_1}{D_2}\right)^2 v_1$$

代入前式，整理得

$$v_1 = \frac{1}{\sqrt{\left(\frac{D_1}{D_2}\right)^4 - 1}}\sqrt{2g}\sqrt{\left(z_1 + \frac{p_1}{\rho g}\right) - \left(z_2 + \frac{p_2}{\rho g}\right)}$$

令

$$K = \frac{\frac{1}{4}\pi D_1^2}{\sqrt{\left(\frac{D_1}{D_2}\right)^4 - 1}}\sqrt{2g}$$

K 取决于流量计的结构尺寸，称为仪器常数，于是

$$q_V = K\sqrt{\left(z_1 + \frac{p_1}{\rho g}\right) - \left(z_2 + \frac{p_2}{\rho g}\right)} \tag{3-37}$$

本题由流量计结构尺寸算得 $K = 0.009\,\mathrm{m^{2.5}/s}$。用测压管量测

$$\left(z_1 + \frac{p_1}{\rho g}\right) - \left(z_2 + \frac{p_2}{\rho g}\right) = \Delta h$$

代入式（3-37），得

$$q_V = \mu K\sqrt{\Delta h} = 0.98 \times 0.009 \times \sqrt{0.6} = 6.83 \times 10^{-3}\,\mathrm{m^3/s}$$

用 U 形水银压差计量测得

$$\left(z_1 + \frac{p_1}{\rho g}\right) - \left(z_2 + \frac{p_2}{\rho g}\right) = \left(\frac{\rho_m}{\rho} - 1\right)h_m = 12.6 h_m$$

代入式（3-37），得

$$q_V = \mu K\sqrt{12.6 h_m} = 0.98 \times 0.009 \times \sqrt{12.6 \times 0.0476} = 6.83 \times 10^{-3}\,\mathrm{m^3/s}$$

其中 μ 是考虑两断面间的水头损失而引入的流量系数。

3.5.5 有能量输入或输出的伯努利方程

总流伯努利方程式（3-36）是在两过水断面间除水头损失之外再无其他能量输入或输出的条件下导出的。当两过水断面间有水泵或水轮机等流体机械时，存在能量的输入或输出，如图 3-19 和图 3-20 所示。

此种情况下，根据能量守恒原理，计入受单位重力作用的液体经流体机械获得或失去的机械能，式（3-36）便扩展为适合有能量输入或输出的伯努利方程式，即

$$z_1 + \frac{p_1}{\rho g} + \frac{\alpha_1 v_1^2}{2g} \pm H_m = z_2 + \frac{p_2}{\rho g} + \frac{\alpha_2 v_2^2}{2g} + h_l \tag{3-38}$$

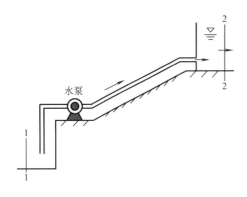

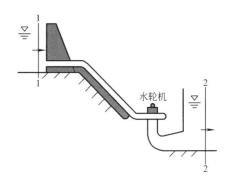

图 3-19　有能量输入的总流　　　　　　　　　　图 3-20　有能量输出的总流

式中　$+H_m$——受单位重力作用的液体通过流体机械获得的机械能，如水泵的扬程；

　　　　$-H_m$——受单位重力作用的液体给予流体机械的机械能，如水轮机的作用水头。

3.5.6　两断面间有分流或汇流的伯努利方程

总流的伯努利方程（3-36）是在两过水断面间无分流或汇流的条件下导出的，而实际的给水或排水管道沿程多有分流和汇流，如图 3-21 所示。设想 1-1 断面的来流，分为两支（以虚线划分），分别通过 2-2 或 3-3 断面。对 $1'$-$1'$（1-1 断面中的一部分）和 2-2 断面列伯努利方程，其间无分流，则有

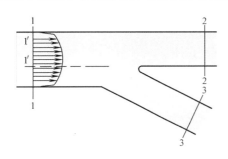

图 3-21　沿程分流

$$z_1' + \frac{p_1'}{\rho g} + \frac{\alpha_1 v_1'^2}{2g} = z_2 + \frac{p_2}{\rho g} + \frac{\alpha_2 v_2^2}{2g} + h_{l1'-2'}$$

因所取 1-1 断面为渐变流，面上各点的势能相等，则

$$z_1' + \frac{p_1'}{\rho g} = z_1 + \frac{p_1}{\rho g}$$

若 1-1 断面流速分布较为均匀，即 $\dfrac{\alpha_1 v_1'^2}{2g} \approx \dfrac{\alpha_1 v_1^2}{2g}$

于是　　　　　　　　　　　$$z_1' + \frac{p_1'}{\rho g} + \frac{\alpha_1 v_1'^2}{2g} \approx z_1 + \frac{p_1}{\rho g} + \frac{\alpha_1 v_1^2}{2g}$$

故　　　　　　　　　　　$$z_1 + \frac{p_1}{\rho g} + \frac{\alpha_1 v_1^2}{2g} = z_2 + \frac{p_2}{\rho g} + \frac{\alpha_2 v_2^2}{2g} + h_{l1-2}$$

近似成立。

同理　　　　　　　　　　$$z_1 + \frac{p_1}{\rho g} + \frac{\alpha_1 v_1^2}{2g} = z_3 + \frac{p_3}{\rho g} + \frac{\alpha_3 v_3^2}{2g} + h_{l1-3}$$

由以上分析知，对于实际工程中沿程有分流的总流，当所取过水断面为渐变流，且断面上流速分布较为均匀，并计入相应断面之间的水头损失，式（3-36）可用于工程计算。

对于两过水断面间有汇流的情况，可做类似的分析。

对于对称的分流或汇流，使用式（3-36）时，可不必考虑断面上的流速分布是否均匀。

3.6 动量方程

总流动量方程（momentum priciple）是继连续性方程（3-17）和伯努利方程（3-36）之后的第三个水动力学的基本方程，它是动量定理的水力学表达式。

设恒定总流，取过水断面 Ⅰ-Ⅰ 和 Ⅱ-Ⅱ 为渐变流断面，面积分别为 A_1 和 A_2。以过水断面及总流的侧表面所围空间为控制体（control volume），如图 3-22 所示。控制体内的液体，经 dt 时间，由 Ⅰ-Ⅱ 运动到 Ⅰ'-Ⅱ' 位置。

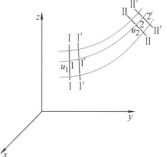

图 3-22 总流动量方程

在流过控制体的总流内，任取元流 1-2，两端过水断面面积分别为 dA_1 和 dA_2，流速分别为 $\boldsymbol{u}_1$ 和 $\boldsymbol{u}_2$。经过 dt 时段，元流动量的增量为

$$d\boldsymbol{K}=\boldsymbol{K}_{1'-2'}-\boldsymbol{K}_{1-2}=(\boldsymbol{K}_{1-2}+\boldsymbol{K}_{2-2'})_{t+dt}-(\boldsymbol{K}_{1-1'}+\boldsymbol{K}_{1'-2})_t$$

恒定流动，dt 时段前后 $\boldsymbol{K}_{1'-2}$ 无变化，则

$$d\boldsymbol{K}=\boldsymbol{K}_{2-2'}-\boldsymbol{K}_{1-1'}=\rho_2 u_2 dt dA_2 \boldsymbol{u}_2-\rho_1 u_1 dt dA_1 \boldsymbol{u}_1$$

取过水断面为渐变流断面，各点的流速平行，并令 $\boldsymbol{u}=u\boldsymbol{i}$，其中 $\boldsymbol{i}$ 为单位向量，则有

$$\sum d\boldsymbol{K}=\left[\int_{A_2}\rho_2 u_2 dt dA_2 u_2\right]\boldsymbol{i}_2-\left[\int_{A_1}\rho_1 u_1 dt dA_1 u_1\right]\boldsymbol{i}_1$$

对于不可压缩流体 $\rho_1=\rho_2=\rho$，并引入修正系数 β，以断面平均流速 v 代替点流速 u 积分，得总流的动量差为

$$\sum d\boldsymbol{K}=\left[\int_{A_2}\rho dt\beta_2 v_2^2 dA_2\right]\boldsymbol{i}_2-\left[\int_{A_1}\rho dt\beta_1 v_1^2 dA_1\right]\boldsymbol{i}_1$$
$$=\rho dt\beta_2 v_2 A_2 \boldsymbol{v}_2-\rho dt\beta_1 v_1 A_1 \boldsymbol{v}_1=\rho dt\boldsymbol{q}_v(\beta_2\boldsymbol{v}_2-\beta_1\boldsymbol{v}_1)$$

式中 β 是为修正以断面平均流速计算的动量与以实际流速计算的动量的差异而引入的修正系数，称为动量修正系数，可表示为

$$\beta=\frac{\int_A u^2 dA}{v^2 A}$$

β 值取决于过水断面上的流速分布，流速分布较均匀的流动，$\beta=1.02\sim1.05$，通常取 $\beta=1.0$。

根据质点系动量定理，质点系动量的增量等于作用于该质点系合外力的冲量，即

$$\sum\boldsymbol{F}dt=\rho q_v(\beta_2\boldsymbol{v}_2-\beta_1\boldsymbol{v}_1)dt$$

简化

$$\sum\boldsymbol{F}=\rho q_v(\beta_2\boldsymbol{v}_2-\beta_1\boldsymbol{v}_1) \qquad (3-39)$$

投影式为

$$\sum F_x=\rho q_v(\beta_2 v_{2x}-\beta_1 v_{1x})$$
$$\sum F_y=\rho q_v(\beta_2 v_{2y}-\beta_1 v_{1y}) \qquad (3-40)$$
$$\sum F_z=\rho q_v(\beta_2 v_{2z}-\beta_1 v_{1z})$$

式（3-39）和式（3-40）即恒定总流动量方程。该方程表明，作用于控制体内液体上的外力，等于单位时间流出控制体的动量与流入控制体的动量之差。综合推导式（3-39）的条件，总流动量方程的应用条件为恒定流，渐变流过水断面和不可压缩流体。

总流动量方程是质点系动量定理的液体总流表达式，方程同样适用于有分流或汇流的情形。方程给出了总流动量变化与作用力之间的关系。根据这一特点，总流与边界面之间的相互作用力问题，因水头损失难以确定及运用伯努利方程受到限制等问题，可采用总流动量方程进行求解。

【例 3-6】　水平放置的输水弯管，如图 3-23 所示。已知弯管转角 $\theta=60°$，直径由 $D_1=200\text{mm}$ 变为 $D_2=150\text{mm}$，转弯前断面的相对压强 $p_1=18\text{kPa}$，输水流量 $q_V=0.1\text{m}^3/\text{s}$，不计水头损失。试求水流对弯管的作用力。

【解】　在转弯段分别取过水断面 1-1、2-2 及管壁所围成的空间为控制体。选直角坐标系 xOy，令 Ox 轴与 v_1 方向一致。

作用在控制体内液体上的力包括过水断面上的动水压力 F_{P1}、F_{P2}、重力 W 和弯管对

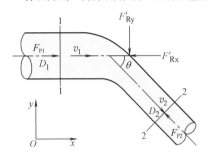

图 3-23　输水弯管

水流的作用力 F_R'，其中重力 W 在 xOy 面无分量，弯管对水流的作用力是待求量。

将 F_R' 分解为 F_{Rx}' 和 F_{Ry}' 两个分量，并将总流动量方程分别投影在 x 和 y 两个坐标轴上，即

$$F_{P1}-F_{P2}\cos60°-F_{Rx}'=\rho q_V(\beta_2 v_2\cos60°-\beta_1 v_1)$$

$$F_{P2}\sin60°-F_{Ry}'=\rho q_V(-\beta_2 v_2\sin60°)$$

其中　$F_{P1}=p_1 A_1=1.8\times10^4\times\dfrac{1}{4}\times\pi\times0.2^2=565\text{N}$

再列 1-1 与 2-2 断面的伯努利方程，忽略水头损失，有

$$\frac{p_1}{\rho g}+\frac{v_1^2}{2g}=\frac{p_2}{\rho g}+\frac{v_2^2}{2g}$$

$$p_2=p_1+\frac{v_1^2-v_2^2}{2g}\rho=7043\ \text{Pa}$$

$$F_{P2}=\frac{\pi D_2^2}{4}p_2=124\text{N}$$

$$v_1=\frac{4q_V}{\pi D_1^2}=3.19\text{m/s},\qquad v_2=\frac{4q_V}{\pi D_2^2}=5.66\text{m/s}$$

将各量代入总流动量方程，解得

$$F_{Rx}'=538\text{N},\qquad F_{Ry}'=597\text{N}$$

水流对弯管的作用力与弯管对水流的作用力大小相等方向相反，即

$$F_{Rx}=538\text{N},\qquad F_{Ry}=597\text{N}$$

【例 3-7】　水平放置的对称三通管，如图 3-24 所示。已知支管与水平线的夹角 $\theta=30°$，干管直径 $D_1=600\text{mm}$，支管直径 $D_2=400\text{mm}$，干管断面的压力表读值 $p_e=70\text{kPa}$，总流量 $q_V=0.6\text{m}^3/\text{s}$，不计水头损失。试求水流对三通管的作用力。

【解】　取过水断面 1-1、2-2、3-3 及管壁所围成的空间为控制体。选直角坐标系 xOy，令 Ox 轴与干管轴线方向一致。

作用在控制体内液体上的力包括过水断面上的动水

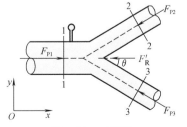

图 3-24　三通管

压力 F_{P1}、F_{P2}、F_{P3} 以及三通管对水流的作用力 F_R'。由于管内水流呈对称分流形式，因此三通管对水流的作用力只有沿干管轴向（Ox 方向）的分力，如图 3-24 所示。

将总流动量方程投影在 Ox 方向上，即

$$F_{P1}-F_{P2}\cos30°-F_{P3}\cos30°-F_R'=\rho\frac{q_V}{2}v_2\cos30°+\rho\frac{q_V}{2}v_3\cos30°-\rho q_V v_1$$

化简得

$$F_R'=F_{P1}-2F_{P2}\cos30°-\rho q_V(v_2\cos30°-v_1)$$

其中

$$F_{P1}=\frac{\pi D_1^2}{4}p_1=19780\text{N}$$

列 1-1、2-2（或 3-3）断面伯努利方程，得

$$p_2=p_1+\frac{v_1^2-v_2^2}{2}\rho=69400\text{Pa}$$

$$F_{P2}=\frac{\pi D_2^2}{4}p_2=8717\text{N}$$

$$v_1=\frac{4q_V}{\pi D_1^2}=2.12\text{m/s},\ v_2=v_3=\frac{2q_V}{\pi D_2^2}=2.39\text{m/s}$$

将各量代入总流动量方程，解得

$$F_R'=4720\text{N}$$

水流对三通管的作用力与三通管对水流的作用力大小相等，方向相反，即 $F_R=4720\text{N}$。

【例 3-8】 水经狭缝产生水平方向的自由射流。已知单宽流量 q_u，出口流速 v_1，冲击在呈一定角度的光滑壁面上，射流轴线与壁面呈 θ 角，如图 3-25 所示。若不计水流在壁面上的阻力，试求射流对壁面的单宽作用力 f_R。

【解】 取过水断面 1-1、2-2、3-3 及射流侧表面与壁面为控制面构成控制体。选直角坐标系 xOy，令 Ox 轴与射流轴线方向一致。

对于自由射流，即液体在大气中射流，控制面内各点的压强皆可认为等于大气压（相对

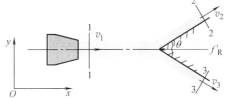

图 3-25 射流

压强为零）。若不计水流在壁面上的阻力，且由于射流呈对称分流形式，因此壁面对射流的作用力只有沿射流轴向（Ox 方向）的分力，如图 3-25 所示。

分别对 1-1 与 2-2 及 1-1 与 3-3 断面列伯努利方程可得

$$v_1=v_2=v_3$$

将动量方程投影在 Ox 方向上，即

$$-f_R'=\rho\frac{q_u}{2}v_2\cos\theta+\rho\frac{q_u}{2}v_3\cos\theta-\rho q_u v_1$$

解得

$$f_R'=\rho q_u v(1-\cos\theta)$$

射流对壁面的作用力与壁面对射流的作用力大小相等，方向相反，即

$$f_R=\rho q_u v(1-\cos\theta)$$

若设 θ 分别为 $60°$、$90°$ 和 $180°$，作用力 f_R 则分别为 $\frac{1}{2}\rho q_u v$、$\rho q_u v$ 和 $2\rho q_u v$。

3.7　液体微团运动的分析

按连续介质模型，液体是由无数质点或者微团所构成的，认识流场的特点，还需从分析微团运动入手。

3.7.1　微团运动的分解

刚体力学早已证明，刚体的一般运动，可以分解为平移和转动两部分。液体是具有流动性的连续介质，可想而知，液体微团在运动过程中，除平移和转动之外，还有变形运动。1858 年亥姆霍兹（H. Helmhotz，德国物理学家、生理学家，1821 年～1894 年）提出速度分解定理，从理论上解决了这个问题。

某时刻 t，在流场中取微团，令其中一点 $O'(x, y, z)$ 为基点，速度 $\boldsymbol{u}=\boldsymbol{u}(x, y, z)$。在 O' 点的邻域内任取一点 $M(x+\delta x, y+\delta y, z+\delta z)$，$M$ 点的速度以 O' 点的速度按泰勒级数展开并取前两项

$$u_{Mx}=u_x+\frac{\partial u_x}{\partial x}\delta x+\frac{\partial u_x}{\partial y}\delta y+\frac{\partial u_x}{\partial z}\delta z \tag{3-41a}$$

$$u_{My}=u_y+\frac{\partial u_y}{\partial x}\delta x+\frac{\partial u_y}{\partial y}\delta y+\frac{\partial u_y}{\partial z}\delta z \tag{3-41b}$$

$$u_{Mz}=u_z+\frac{\partial u_z}{\partial x}\delta x+\frac{\partial u_z}{\partial y}\delta y+\frac{\partial u_z}{\partial z}\delta z \tag{3-41c}$$

为分解出平移、旋转和变形运动，对以上各式加减相同项，做恒等变换，即

$$
\begin{aligned}
u_{Mx}&=u_x+\frac{\partial u_x}{\partial x}\delta x+\frac{\partial u_x}{\partial y}\delta y+\frac{\partial u_x}{\partial z}\delta z\pm\frac{1}{2}\frac{\partial u_y}{\partial x}\delta y\pm\frac{1}{2}\frac{\partial u_z}{\partial x}\delta z\\
u_{My}&=u_y+\frac{\partial u_y}{\partial x}\delta x+\frac{\partial u_y}{\partial y}\delta y+\frac{\partial u_y}{\partial z}\delta z\pm\frac{1}{2}\frac{\partial u_z}{\partial y}\delta z\pm\frac{1}{2}\frac{\partial u_x}{\partial y}\delta x\\
u_{Mz}&=u_z+\frac{\partial u_z}{\partial x}\delta x+\frac{\partial u_z}{\partial y}\delta y+\frac{\partial u_z}{\partial z}\delta z\pm\frac{1}{2}\frac{\partial u_x}{\partial z}\delta x\pm\frac{1}{2}\frac{\partial u_y}{\partial z}\delta y
\end{aligned} \tag{3-42}
$$

并采用符号

$$\varepsilon_{xx}=\frac{\partial u_x}{\partial x},\ \varepsilon_{yz}=\varepsilon_{zy}=\frac{1}{2}\left(\frac{\partial u_z}{\partial y}+\frac{\partial u_y}{\partial z}\right),\quad \omega_x=\frac{1}{2}\left(\frac{\partial u_z}{\partial y}-\frac{\partial u_y}{\partial z}\right)$$

$$\varepsilon_{yy}=\frac{\partial u_y}{\partial y},\ \varepsilon_{zx}=\varepsilon_{xz}=\frac{1}{2}\left(\frac{\partial u_x}{\partial z}+\frac{\partial u_z}{\partial x}\right),\quad \omega_y=\frac{1}{2}\left(\frac{\partial u_x}{\partial z}-\frac{\partial u_z}{\partial x}\right)$$

$$\varepsilon_{zz}=\frac{\partial u_z}{\partial z},\ \varepsilon_{xy}=\varepsilon_{yx}=\frac{1}{2}\left(\frac{\partial u_y}{\partial x}+\frac{\partial u_x}{\partial y}\right),\quad \omega_z=\frac{1}{2}\left(\frac{\partial u_y}{\partial x}-\frac{\partial u_x}{\partial y}\right)$$

则式（3-42）恒等于

$$
\begin{aligned}
u_{Mx}&=u_x+(\varepsilon_{xx}\delta x+\varepsilon_{xy}\delta y+\varepsilon_{xz}\delta z)+(\omega_y\delta z-\omega_z\delta y)\\
u_{My}&=u_y+(\varepsilon_{yx}\delta x+\varepsilon_{yy}\delta y+\varepsilon_{yz}\delta z)+(\omega_z\delta x-\omega_x\delta z)\\
u_{Mz}&=u_z+(\varepsilon_{zx}\delta x+\varepsilon_{zy}\delta y+\varepsilon_{zz}\delta z)+(\omega_x\delta y-\omega_y\delta x)
\end{aligned} \tag{3-43}
$$

式（3-43）是微团运动速度的分解式，表示液体微团运动的速度为平移、变形（包括线变形和角变形）和旋转三种运动速度的组合，称为液体的速度分解定理。

3.7.2 微团运动的组成分析

式（3-43）中各项分别代表某一简单运动的速度。为简化分析，取平面运动的矩形微团 $O'AMB$，以 O' 为基点，该点的速度分量为 u_x、u_y，则 A、M、B 点的速度可由泰勒级数的前两项表示，如图 3-26 所示。

（1）平移速度 u_x，u_y 和 u_z

如图 3-26 所示，u_x 和 u_y 是微团各点共有的速度，如果微团只随基点平移，微团上各点的速度即为 u_x 和 u_y。从这意义上说，u_x 和 u_y，是微团平移在各点引起的速度，称为平移速度。同理，对于空间流场，u_x、u_y 和 u_z 称为平移速度。

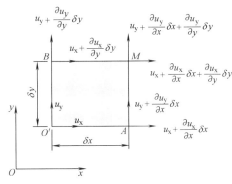

图 3-26　流体微团运动

（2）线变形速度 ε_{xx}，ε_{yy} 和 ε_{zz}

以 $\varepsilon_{xx} = \dfrac{\partial u_x}{\partial x}$ 为例，如图 3-27 所示。微团上 O' 点和 A 点在 x 方向的速度不同，经过 $\mathrm{d}t$ 时间，两点 x 方向的位移量不等，$O'A$ 边发生线变形，平行于 x 轴的直线都将发生线变形，即

$$\left(u_x + \frac{\partial u_x}{\partial x}\delta x\right)\mathrm{d}t - u_x\mathrm{d}t = \frac{\partial u_x}{\partial x}\delta x\,\mathrm{d}t$$

$\varepsilon_{xx} = \dfrac{\partial u_x}{\partial x}$ 是单位时间微团在 x 方向的相对线变形量，称为该方向的线变形速度。

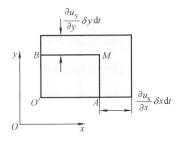

图 3-27　液体微团的线变形

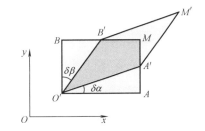

图 3-28　液体微团边的偏转

同理，$\varepsilon_{yy} = \dfrac{\partial u_y}{\partial y}$ 和 $\varepsilon_{zz} = \dfrac{\partial u_z}{\partial z}$ 是微团在 y 和 z 方向的线变形速度。

（3）角变形速度 ε_{xy}，ε_{yz} 和 ε_{zx}

以 $\varepsilon_{xy} = \dfrac{1}{2}\left(\dfrac{\partial u_y}{\partial x} + \dfrac{\partial u_x}{\partial y}\right)$ 为例，因微团 O' 点和 A 点 y 方向的速度不同，经过 $\mathrm{d}t$ 时间，两点 y 方向的位移量不等，$O'A$ 边发生偏转，如图 3-28 所示，偏转角度为

$$\delta\alpha = \frac{AA'}{\delta x} = \frac{\dfrac{\partial u_y}{\partial x}\delta x\,\mathrm{d}t}{\delta x} = \frac{\partial u_y}{\partial x}\mathrm{d}t \tag{3-44}$$

同理，$O'B$ 边也发生偏转，偏转角度为

$$\delta\beta = \frac{BB'}{\delta y} = \frac{\dfrac{\partial u_x}{\partial y}\delta y\,\mathrm{d}t}{\delta y} = \frac{\partial u_x}{\partial y}\mathrm{d}t \tag{3-45}$$

53

$O'A$、$O'B$ 偏转的结果，使微团由原来的矩形变成平行四边形 $O'A'M'B'$，这种变形即角变形，可用 $\frac{1}{2}(\delta\alpha+\delta\beta)$ 来衡量，即

$$\frac{1}{2}(\delta\alpha+\delta\beta)=\frac{1}{2}\left(\frac{\partial u_y}{\partial x}+\frac{\partial u_x}{\partial y}\right)\mathrm{d}t=\varepsilon_{xy}\mathrm{d}t$$

$\varepsilon_{xy}=\frac{1}{2}\left(\frac{\partial u_y}{\partial x}+\frac{\partial u_x}{\partial y}\right)$ 是单位时间微团在 xOy 面上的角变形，称为角变形速度。

同理，$\varepsilon_{yz}=\frac{1}{2}\left(\frac{\partial u_z}{\partial y}+\frac{\partial u_y}{\partial z}\right)$，$\varepsilon_{zx}=\frac{1}{2}\left(\frac{\partial u_x}{\partial z}+\frac{\partial u_z}{\partial x}\right)$ 是微团在 yOz、zOx 平面上的角变形速度。

（4）旋转角速度 ω_x，ω_y 和 ω_z

以 $\omega_z=\frac{1}{2}\left(\frac{\partial u_y}{\partial x}-\frac{\partial u_x}{\partial y}\right)$ 为例，在图 3-28 中，若微团 $O'A$、$O'B$ 边偏转的方向相反，转角相等，$\delta\alpha=\delta\beta$，如图 3-29 所示，此时微团发生角变形，但变形前后的角分线 $O'C$ 的指向不变，以此定义微团没有旋转，是单纯的角变形。若偏转角不等，即 $\delta\alpha\neq\delta\beta$，如图 3-30 所示，变形前后角分线 $O'C$ 的指向变化，即由 $O'C$ 变为 $O'C'$，表示该微团旋转，旋转角度

$$\delta\gamma=\frac{1}{2}(\delta\alpha-\delta\beta)$$

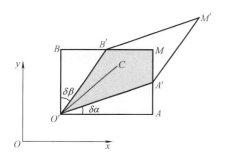

图 3-29　液体微团的角变形

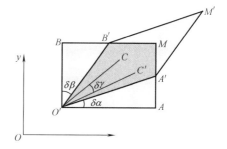

图 3-30　液体微团的旋转

将式（3-44）与式（3-45）代入上式

$$\delta\gamma=\frac{1}{2}\left(\frac{\partial u_y}{\partial x}-\frac{\partial u_x}{\partial y}\right)\mathrm{d}t=\omega_z\mathrm{d}t$$

$\omega_z=\frac{1}{2}\left(\frac{\partial u_y}{\partial x}-\frac{\partial u_x}{\partial y}\right)$ 是微团绕平行于 Oz 轴的基点轴的旋转角速度。

同理，$\omega_x=\frac{1}{2}\left(\frac{\partial u_z}{\partial y}-\frac{\partial u_y}{\partial z}\right)$，$\omega_y=\frac{1}{2}\left(\frac{\partial u_x}{\partial z}-\frac{\partial u_z}{\partial x}\right)$ 是微团绕平行于 Ox，Oy 轴的基点轴的旋转角速度。

以上分析说明了速度分解定理式（3-43）的物理意义，表明液体微团运动包括平移运动、旋转运动和变形（线变形和角变形）三部分，比刚体运动更为复杂。该定理对水力学的发展有深远影响。在速度分解基础上，根据微团自身是否旋转，将液体运动分为有旋运动和无旋运动两种类型，两者流动的规律性和计算方法不同，从而发展了对流动的分析和计算理论。此外，由于分解出微团的变形运动，为建立应力和变形速度的关系，并为最终

建立实际液体运动的基本方程式奠定了基础。

3.7.3　有旋运动和无旋运动

在速度分解定理的基础上，液体运动可分为有旋运动和无旋运动。

如在运动中，液体微团不存在旋转运动，即旋转角速度为零，即

$$\omega_x = \frac{1}{2}\left(\frac{\partial u_z}{\partial y} - \frac{\partial u_y}{\partial z}\right) = 0, \quad \frac{\partial u_z}{\partial y} = \frac{\partial u_y}{\partial z}$$

$$\omega_y = \frac{1}{2}\left(\frac{\partial u_x}{\partial z} - \frac{\partial u_z}{\partial x}\right) = 0, \quad \frac{\partial u_x}{\partial z} = \frac{\partial u_z}{\partial x} \tag{3-46}$$

$$\omega_z = \frac{1}{2}\left(\frac{\partial u_y}{\partial x} - \frac{\partial u_x}{\partial y}\right) = 0, \quad \frac{\partial u_y}{\partial x} = \frac{\partial u_x}{\partial y}$$

称之为无旋运动（irrotational flow）。

如在运动中液体微团存在旋转运动，即 ω_x、ω_y 和 ω_z 三者之中，至少有一个不为零，则称之为有旋运动（rotational flow）。

上述分类的依据仅仅是微团本身是否绕基点的瞬时轴旋转，不涉及是恒定流还是非恒定流、均匀流还是非均匀流，也不涉及微团（质点）运动的轨迹形状。即便微团运动的轨迹是圆，但微团本身无旋转，流动仍是无旋运动，如图 3-31 所示，只有微团本身有旋转，才是有旋运动，如图 3-32 所示。

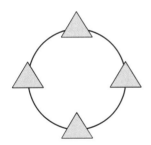

图 3-31　无旋运动

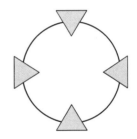

图 3-32　有旋运动

自然界中大多数流动是有旋运动，这些有旋运动有些以明显可见的旋涡形式表现出来，如桥墩后的旋涡区，航船船尾后面的旋涡等。更多的情况下，有旋运动没有明显可见的旋涡，不是一眼能看出来的，需要根据速度场分析加以判别。

【例 3-9】　判断下列流动是有旋运动还是无旋运动。

（1）已知速度场 $u_x = ay$，$u_y = u_z = 0$，其中 a 为常数，流线是平行于 x 轴的直线，如图 3-33 所示。

（2）已知速度场 $u_r = 0$，$u_\theta = \dfrac{b}{r}$，其中 b 是常数，流线是以原点为中心的同心圆，如图 3-34 所示。

【解】　（1）为平面流动，只需判别 ω_z 是否为零即可。因为

$$\omega_z = \frac{1}{2}\left(\frac{\partial u_y}{\partial x} - \frac{\partial u_x}{\partial y}\right) = \frac{1}{2}(0 - a) = -\frac{a}{2} \neq 0$$

为有旋运动。

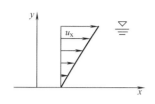

图 3-33　速度场（1）

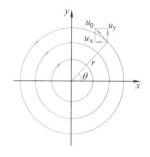

图 3-34　速度场（2）

（2）取直角坐标，任意点的速度分量

$$u_x = -u_\theta \sin\theta = -\frac{b}{r}\frac{y}{r} = -\frac{by}{r^2} = -\frac{by}{x^2+y^2}$$

$$u_y = u_\theta \sin\theta = \frac{b}{r}\frac{x}{r} = \frac{bx}{r^2} = \frac{bx}{x^2+y^2}$$

$$\omega_z = \frac{1}{2}\left(\frac{\partial u_y}{\partial x} - \frac{\partial u_x}{\partial y}\right) = 0$$

为无旋运动。

3.8　平面流动

在流场中，某一方向（如 z 轴方向）流速为零，$u_z = 0$，而另两个方向的流速 u_x、u_y 与坐标 z 无关的流动，称为平面流动。如水流绕过很长的圆柱体，忽略两端的影响，流动可简化为平面流动。

在平面流动中，不可压缩液体连续性微分方程简化为

$$\frac{\partial u_x}{\partial x} + \frac{\partial u_y}{\partial y} = 0 \tag{3-47}$$

而旋转角速度也只能有分量 ω_z。如果 ω_z 为零，即

$$\frac{\partial u_y}{\partial x} = \frac{\partial u_x}{\partial y} \tag{3-48}$$

则为平面无旋流动。

根据全微分理论，式（3-48）是使 $u_x \mathrm{d}x + u_y \mathrm{d}y$ 成为某函数 $\varphi(x, y)$ 全微分的必要与充分条件，则

$$\mathrm{d}\varphi = u_x \mathrm{d}x + u_y \mathrm{d}y \tag{3-49}$$

函数 $\varphi(x, y)$ 的全微分可写成

$$\mathrm{d}\varphi = \frac{\partial \varphi}{\partial x}\mathrm{d}x + \frac{\partial \varphi}{\partial y}\mathrm{d}y$$

比较以上两式得

$$u_x = \frac{\partial \varphi}{\partial x}, \quad u_y = \frac{\partial \varphi}{\partial y} \tag{3-50}$$

函数 $\varphi(x, y)$ 就称为平面无旋流动的流速势（velocity potential）。因此，平面无旋流又称平面势流（potential flow）。

同理，式（3-47）是使 $-u_y\mathrm{d}x+u_x\mathrm{d}y$ 成为某函数 $\psi(x,y)$ 全微分的必要与充分条件，则

$$\mathrm{d}\psi=-u_y\mathrm{d}x+u_x\mathrm{d}y \tag{3-51}$$

函数 $\psi(x,y)$ 的全微分可写成

$$\mathrm{d}\psi=\frac{\partial\psi}{\partial x}\mathrm{d}x+\frac{\partial\psi}{\partial y}\mathrm{d}y$$

比较上两式得

$$u_x=\frac{\partial\psi}{\partial y},\quad u_y=-\frac{\partial\psi}{\partial x} \tag{3-52}$$

函数 $\psi(x,y)$ 就称为不可压缩平面流动的流函数（stream function）。流函数等于常数的曲线就是流线。

平面无旋流动的流速势与流函数均为满足拉普拉斯方程的调和函数，即

$$\frac{\partial^2\varphi}{\partial x^2}+\frac{\partial^2\varphi}{\partial y^2}=0 \tag{3-53}$$

$$\frac{\partial^2\psi}{\partial x^2}+\frac{\partial^2\psi}{\partial y^2}=0 \tag{3-54}$$

在不可压缩液体的平面势流中，流速势与流函数之间存在着一定的关系，即等势线与流线处处正交。等势线与流线所构成的正交网格称为流网（flow net）。在工程上，可利用绘制流网的方法，图解与计算平面势流流速场和压强场。

3.9 几种基本的平面势流

3.9.1 等速均匀流

流场中各点的速度矢量皆相互平行，且大小相等的流动为等速均匀流，如图 3-35 所示。在等速均匀流中，各点流速在 x、y 轴分量为常数，即

$$u_x=a,u_y=b$$

求流速势：

$$\mathrm{d}\varphi=u_x\mathrm{d}x+u_y\mathrm{d}y=a\mathrm{d}x+b\mathrm{d}y$$

积分得

$$\varphi=\int\mathrm{d}\varphi=\int(a\mathrm{d}x+b\mathrm{d}y)=ax+by \tag{3-55}$$

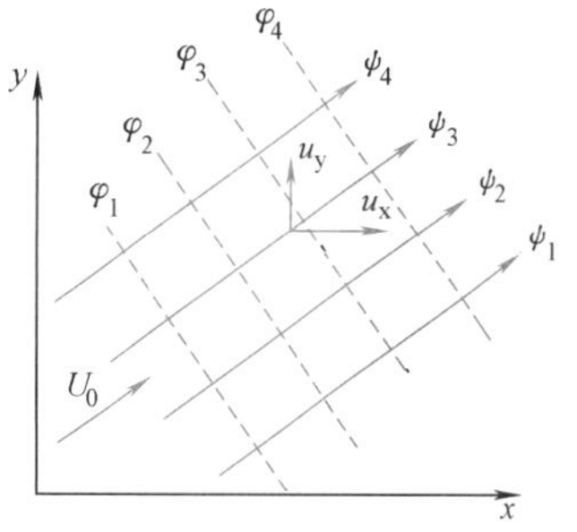

求流函数：

$$\mathrm{d}\psi=-u_y\mathrm{d}x+u_x\mathrm{d}y=-b\mathrm{d}x+a\mathrm{d}y$$

图 3-35 等速均匀流

积分得

$$\psi=\int\mathrm{d}\psi=\int(-b\mathrm{d}x+a\mathrm{d}y)=-bx+ay \tag{3-56}$$

当流动平行于 y 轴，$u_x=0$，则

$$\varphi=by \qquad \psi=-bx \tag{3-57}$$

当流动平行于 x 轴，$u_y=0$，则

$$\varphi=ax \qquad \psi=ay \tag{3-58}$$

在极坐标下，$x=r\cos\theta$，$y=r\sin\theta$，则

$$\varphi=ar\cos\theta \qquad \psi=ar\sin\theta \tag{3-59}$$

3.9.2　源流和汇流

液体从平面的一点 O 流出，沿径向均匀地流向四周的流动为源流（source），如图3-36

所示。O 点为源点。由源点流出的单位厚度流量 q_u 称为源流强度。根据连续性条件要求，流经任意半径 r 的圆周的流量保持不变，故源流的速度场为

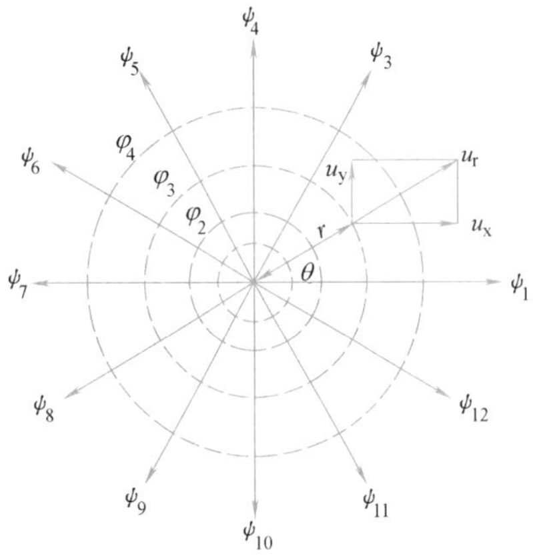

$$u_r = \frac{q_u}{2\pi r}, \quad u_\theta = 0 \tag{3-60}$$

求流速势：

$$d\varphi = u_r dr + u_\theta r d\theta = \frac{q_u}{2\pi r} dr$$

积分得

$$\varphi = \frac{q_u}{2\pi} \ln r \tag{3-61}$$

图 3-36　源流　　　　　求流函数：

$$d\psi = -u_\theta dr + u_r r d\theta = \frac{q_u}{2\pi} d\theta$$

积分得

$$\psi = \frac{q_u}{2\pi} \theta \tag{3-62}$$

相应的直角坐标表达式为

$$\varphi = \frac{q_u}{2\pi} \ln \sqrt{x^2 + y^2} \tag{3-63}$$

$$\psi = \frac{q_u}{2\pi} \arctan \frac{y}{x} \tag{3-64}$$

可以看出，源流流线为从源点向外射出的射线，而等势线则为同心圆周簇。

当流动以反向，即液体从四周沿径向流入一点的流动称为汇流（sink），汇流的流量称为汇流强度。汇流的流速势与流函数的表达式与源流相似，只是符号相反，即

$$\varphi = -\frac{q_u}{2\pi} \ln r \tag{3-65}$$

$$\psi = -\frac{q_u}{2\pi} \theta \tag{3-66}$$

3.9.3　势涡流

液体皆绕某一点做匀速圆周运动，且速度与圆周半径成反比的流动称为势涡流（vortex），如图 3-37 所示。衡量势涡强度的物理量称为速度环量 Γ（circulation），即速度沿某曲线的线积分。Γ 是个不随圆周半径而变的常数，具有方向性。$\Gamma > 0$ 时，环量为逆时针方向；$\Gamma < 0$ 时，为顺时针方向。

由定义，沿某半径 r 的圆周的速度环量为

$$\Gamma = 2\pi r u_\theta \tag{3-67}$$

因而势涡流的速度场可为

$$u_r = 0, \quad u_\theta = \frac{\Gamma}{2\pi r} \qquad (3\text{-}68)$$

求速度势：

$$\mathrm{d}\varphi = u_r \mathrm{d}r + u_\theta r \mathrm{d}\theta = \frac{\Gamma}{2\pi}\mathrm{d}\theta$$

积分得

$$\varphi = \frac{\Gamma}{2\pi}\theta \qquad (3\text{-}69)$$

求流函数：

$$\mathrm{d}\psi = -u_\theta \mathrm{d}r + u_r r \mathrm{d}\theta = -\frac{\Gamma}{2\pi r}\mathrm{d}r$$

积分得

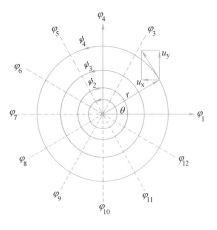

图 3-37 势涡流

$$\psi = -\frac{\Gamma}{2\pi}\ln r \qquad (3\text{-}70)$$

与源流相反，势涡流的等势线是一组由源点引出的径向直线，而流线则是一组同心圆。

3.10 势流叠加

势流在数学上的一个非常有意义的性质就是其可叠加性。

设两速度势 φ_1 和 φ_2 均满足拉普拉斯方程

$$\frac{\partial^2 \varphi_1}{\partial x^2} + \frac{\partial^2 \varphi_1}{\partial y^2} = 0, \qquad \frac{\partial^2 \varphi_2}{\partial x^2} + \frac{\partial^2 \varphi_2}{\partial y^2} = 0$$

这两个速度势之和 $\varphi = \varphi_1 + \varphi_2$ 也满足拉普拉斯方程，因为

$$\frac{\partial^2 \varphi_1}{\partial x^2} + \frac{\partial^2 \varphi_1}{\partial y^2} + \frac{\partial^2 \varphi_2}{\partial x^2} + \frac{\partial^2 \varphi_2}{\partial y^2} = \frac{\partial^2}{\partial x^2}(\varphi_1 + \varphi_2) + \frac{\partial^2}{\partial y^2}(\varphi_1 + \varphi_2) = \frac{\partial^2 \varphi}{\partial x^2} + \frac{\partial^2 \varphi}{\partial y^2} = 0$$

叠加后的速度

$$u_x = \frac{\partial \varphi}{\partial x} = \frac{\partial \varphi_1}{\partial x} + \frac{\partial \varphi_2}{\partial x} = u_{x1} + u_{x2}$$

$$u_y = \frac{\partial \varphi}{\partial y} = \frac{\partial \varphi_1}{\partial y} + \frac{\partial \varphi_2}{\partial y} = u_{y1} + u_{y2}$$

是原两势流流速的叠加。

同理可证，叠加后流动的流函数等于原流动流函数的代数和，即

$$\psi = \psi_1 + \psi_2$$

3.10.1 等速均匀流与源流的叠加

将流向与 x 轴正方向一致的等速均匀流和源点位于坐标原点的源流叠加，得流速势与流函数

$$\varphi = U_0 x + \frac{q_u}{2\pi}\ln \sqrt{x^2+y^2} = U_0 r\cos\theta + \frac{q_u}{2\pi}\ln r \qquad (3\text{-}71)$$

$$\psi = U_0 y + \frac{q_u}{2\pi} \arctan \frac{y}{x} = U_0 r \sin\theta + \frac{q_u}{2\pi}\theta \qquad (3\text{-}72)$$

速度场为

$$u_x = \frac{\partial \varphi}{\partial x} = U_0 + \frac{q_u}{2\pi}\frac{x}{x^2 + y^2} \qquad (3\text{-}73)$$

$$u_y = \frac{q_u}{2\pi}\frac{y}{x^2 + y^2} \qquad (3\text{-}74)$$

或

$$u_r = \frac{\partial \varphi}{\partial r} = U_0 \cos\theta + \frac{q_u}{2\pi r} \qquad (3\text{-}75)$$

$$u_\theta = \frac{1}{r}\frac{\partial \varphi}{\partial \theta} = -U_0 \sin\theta \qquad (3\text{-}76)$$

求驻点位置：设 s 为驻点，因驻点处 u_x、u_y 或极坐标 u_r、u_θ 均为零，

$$u_{ys} = \frac{q_u}{2\pi}\frac{y_s}{x_s^2 + y_s^2} = 0 \qquad y_s = 0$$

$$u_{xs} = U_0 + \frac{q_u}{2\pi}\frac{x_s}{x_s^2 + y_s^2} = 0 \quad x_s = -\frac{q_u}{2\pi u_0}$$

驻点的极坐标位置为

$$r_s = \frac{q_u}{2\pi U_0}, \quad \theta_s = \pi$$

通过驻点的流函数为

$$\psi_s = U_0 r_s \sin\theta + \frac{q_u}{2\pi}\theta_s = \frac{q_u}{2}$$

则通过驻点的流线方程为

$$U_0 y + \frac{q_u}{2\pi}\theta = \frac{q_u}{2} \qquad (3\text{-}77)$$

从式（3-72）可以看出，当 $x \to \infty$ 即 $\theta \to 0$ 或 2π 时，$y \to \pm\dfrac{q_u}{2u_0}$，即过驻点的流线在

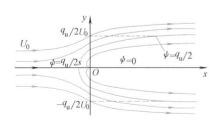

图 3-38　等速均匀流与源流叠加

$x \to \infty$ 时以 $y = \pm\dfrac{q_u}{2u_0}$ 为渐近线。

通过驻点的流线是一条沿 x 轴至驻点后分为上下两支的曲线，两支曲线所包围的区域相当于一个有头无尾的半无限体。因此，等速均匀流与源流的叠加结果就相当于等速均匀流绕半无限体的流动，如图 3-38 所示。

3.10.2　源流与势涡流的叠加

将强度为 q_u 的源流和强度为 Γ 的势涡流都放置在坐标原点上，叠加后得速度势和流函数为

$$\varphi = \frac{1}{2\pi}(q_u \ln r + \Gamma\theta) \qquad (3\text{-}78)$$

$$\psi=\frac{1}{2\pi}(q_u\theta-\Gamma\ln r) \tag{3-79}$$

速度场为

$$u_r=\frac{\partial\varphi}{\partial r}=\frac{q_u}{2\pi r} \tag{3-80}$$

$$u_\theta=\frac{\partial\varphi}{r\partial\theta}=\frac{\Gamma}{2\pi r} \tag{3-81}$$

令 $\psi=c$，得流线方程为

$$q_u\theta-\Gamma\ln r=c' \tag{3-82}$$

流线是一组发自坐标原点的对数螺线，如图 3-39 所示。

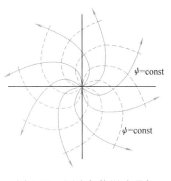

图 3-39　源流与势涡流叠加

小结及学习指导

1. 拉格朗日法和欧拉法是描述液体运动的两种不同方法。本章仅对欧拉法进行了展开叙述，给出了相应的一系列基本概念，诸如恒定流和非恒定流、一元流、流线、均匀流和非均匀流、元流和总流以及流量与断面平均流速等。正确理解这些内容将是掌握水动力学基本方程的基础。

2. 连续性方程，伯努利方程和动量方程分别是质量守恒原理、功能原理和动量定理的水力学表达式。作为本章乃至于本书的核心内容，三个方程既可以单独使用，又可以联立求解。连续性方程是一个不涉及力的运动学方程，因此对理想液体和实际液体均适用。伯努利方程可以通过对其各项意义的理解来更好地掌握，使用中要注意其应用条件。动量方程是建立在"控制体"的概念之上的，使用中要注意合理地划分控制体以及正确分析作用力。

3. 在液体微团运动分析的基础上，建立平面有势流动的基本概念。对于有势流动，可运用势流叠加原理分析速度场。

习　　题

1. 已知流速场 $u_x=2t+2x+2y$，$u_y=t-y+z$，$u_z=t+x-z$。试求流场中 $x=2$，$y=2$，$z=1$ 的点在 $t=3$s 时的加速度。

2. 已知流速场 $u_x=xy^2$，$u_y=-\frac{1}{3}y^3$，$u_z=xy$。试求：（1）点 $(1, 2, 3)$ 之加速度；（2）是几元流动；（3）是恒定流还是非恒定流；（4）是均匀流还是非均匀流？

3. 已知平面流动的流速分布为 $u_x=a$，$u_y=b$，其中 a、b 为常数。试求流线方程并画出若干条 $y>0$ 时的流线。

4. 已知平面流动速度分布为 $u_x=-\dfrac{cy}{x^2+y^2}$，$u_y=\dfrac{cx}{x^2+y^2}$，其中 c 为常数。试求流线方程并画出若干条流线。

5. 已知平面流动的速度场为 $\boldsymbol{u}=(4y-6x)t\boldsymbol{i}+(6y-9x)t\boldsymbol{j}$。试求 $t=1$ 时的流线方程并绘出 $x=0$ 至 $x=4$ 区间穿过 x 轴的 4 条流线图形。

6. 已知圆管中流速分布为 $u=u_{\max}\left(\dfrac{y}{r_0}\right)^{1/7}$，$r_0$ 为圆管半径，y 为离开管壁的距离，$u_{\max}$ 为管轴处最大流速。试求流速等于断面平均流速的点离管壁的距离 y。

7. 判断下列两个流动，是否有旋，是否有角变形?

(1) $u_x=-ay$，$u_y=ax$，$u_z=0$

(2) $u_x=-\dfrac{cy}{x^2+y^2}$，$u_y=\dfrac{cx}{x^2+y^2}$，$u_z=0$，式中的 a、c 为常数。

8. 不可压缩液体，下面的运动是否满足连续性条件?

(1) $u_x=2x^2+y^2$，$u_y=x^3-x(y^2-2y)$

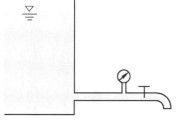

图 3-40　题 10 图

(2) $u_x=xt+2y$，$u_y=xt^2-yt$

(3) $u_x=y^2+2xz$，$u_y=-2yz+x^2yz$，

$u_z=\dfrac{1}{2}x^2z^2+x^3y^4$

9. 已知不可压缩液体平面流动在 y 方向的速度分量为 $u_y=y^2-2x+2y$。试求速度在 x 方向的分量 u_x。

10. 水管直径 $D=50\text{mm}$，末端的阀门关闭时，压力表读值 $p_{e1}=21\text{kPa}$，阀门打开后读值降至 5.5kPa，如图 3-40 所示。如不计水头损失，试求通过的流量 q_V。

11. 水在变直径竖管中流动（图 3-41），已知粗管直径 $D_1=300\text{mm}$，流速 $v_1=6\text{m/s}$，两压力表高差 $h=3\text{m}$。为使两断面的压力表读值相同，试求细管直径 D_2（不计水头损失）。

12. 变直径管段 AB（图 3-42），$D_A=0.2\text{m}$，$D_B=0.4\text{m}$，高差 $\Delta h=1.5\text{m}$，测得 $p_A=30\text{kPa}$，$p_B=40\text{kPa}$，B 点处断面平均流速 $v_B=1.5\text{m/s}$。试判断水在管中的流动方向。

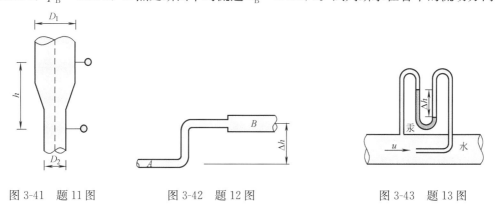

图 3-41　题 11 图　　　　　图 3-42　题 12 图　　　　　图 3-43　题 13 图

13. 用皮托管原理测量水管中的点流速，如图 3-43 所示，已知读值 $\Delta h=60\text{mmHg}$，试求该点流速 u。

14. 为了测量石油管道的流量，安装文丘里流量计（图 3-44）。管道直径 $D_1=200\text{mm}$，流量计喉管直径 $D_2=100\text{mm}$，石油密度 $\rho=850\text{kg/m}^3$，流量计流量系数 $\mu=0.95$。现测得水银压差计读数 $h_m=150\text{mm}$，问此时管中流量 q_V 是多少?

15. 水箱中的水从一扩散短管流到大气中（图 3-45）。直径 $D_1=100\text{mm}$，该处绝对压强 $p_1=0.5$ 大气压，直径 $D_2=150\text{mm}$，求水头 H。水头损失忽略不计。

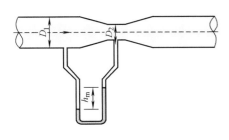

图 3-44　题 14 图

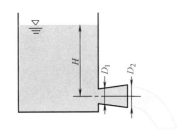

图 3-45　题 15 图

16. 离心式通风机用集流器 A 从大气中吸入空气（图 3-46）。直径 $D＝200$mm 处，接一根细玻璃管，管的下端插入水槽中。已知管中的水上升 $h＝150$mm，空气的密度 $\rho_a＝1.29$kg/m^3，求吸入的空气量 q_V。

17. 水由喷嘴射出（图 3-47）。已知流量 $q_V＝0.4$m^3/s，主管直径 $D_1＝400$mm，喷嘴直径 $D_2＝200$mm，不计水头损失，求水流作用在喷嘴上的力 F_R。

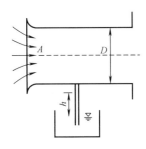

图 3-46　题 16 图

图 3-47　题 17 图

18. 水自狭缝水平射向一与其交角 $\theta＝60°$ 的光滑平板上（图 3-48）。狭缝高 $h＝20$mm，单宽流量 $q_u＝1.5$m^3/(s·m)，不计摩擦阻力。试求射流沿平板向两侧的单宽分流流量 q_{u1} 与 q_{u2}，以及射流对单宽平板的作用力 F_R，水头损失忽略不计。

19. 矩形断面的平底渠道（图 3-49），其宽度 $B＝2.7$m，渠底在某断面处抬高 $h_1＝0.5$m，抬高前的水深 $H＝2$m，抬高后水面降低 $h_2＝0.4$m，忽略边壁和底部阻力。试求：（1）渠道的流量 q_V；（2）水流对底坎的推力 F_R。

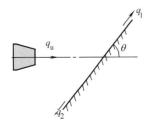

图 3-48　题 18 图

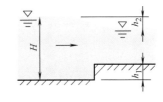

图 3-49　题 19 图

第 4 章　相似原理和量纲分析

除了应用基本方程求解水力学基本问题外，对于复杂的实际工程问题，往往由于数学分析上存在困难，需要应用定性的理论分析方法和实验方法进行研究。作为这种研究方法的理论基础，相似原理（similitude）和量纲分析（dimensional analysis）既可以为科学地组织实验及整理实验成果提供理论指导，又可以针对复杂的流动问题，建立各相关物理量之间的联系。

4.1　相似原理

很多复杂的流动问题无法直接应用基本方程式求得解析解，需要借助实验研究。由于规模等问题，诸多的工程实验只能在实验室通过模型来完成。这里定义的模型（model）通常是指与原型（prototype）或者说工程实物具有同样的流动规律，各相应参数存在固定比例关系的替代物。通过模型实验，把其研究结果换算为原型流动，预测在原型流动中将要发生的现象。然而只有在模型和原型之间建立一种正确的联系，才能保证模型实验的有效性，才可以将模型实验的结果用于原型。这种联系称为相似，即所谓模型和原型之间的流动相似。相似原理就是关于相似的基本理论，是模型实验的理论基础。

4.1.1　流动相似

广义地讲，流动相似（similarity）是指模型与原型所有与流动有关的对应物理量之间存在着固定的对应关系。根据物理量的分类，流动相似可以描述为以下三方面的内容。

（1）几何相似

几何相似（geometric similarity）指两流动（原型和模型）相应的线段长度成比例、夹角相等。设 l_p 和 l_m 分别为原型和模型的线段长度，θ_p 和 θ_m 分别为原型和模型的夹角，有

$$\left.\begin{array}{l} \dfrac{l_{p1}}{l_{m1}} = \dfrac{l_{p2}}{l_{m2}} = \cdots = \dfrac{l_p}{l_m} = l_r \\[2mm] \theta_{p1} = \theta_{m1}, \theta_{p2} = \theta_{m2} \end{array}\right\} \tag{4-1}$$

式中 l_r 称为长度比尺（length scale ratio）。由长度比尺可推得相应的面积比尺（area scale ratio）和体积比尺（volume scale ratio）。

面积比尺

$$A_r = \frac{A_p}{A_m} = \frac{l_p^2}{l_m^2} = l_r^2 \tag{4-2}$$

体积比尺

$$V_r = \frac{V_p}{V_m} = \frac{l_p^3}{l_m^3} = l_r^3 \tag{4-3}$$

长度比尺 l_r 还可用模型比尺 λ 来表示，二者的关系为

$$l_r = \frac{l_p}{l_m} = \frac{1}{\lambda} \tag{4-4}$$

（2）运动相似

运动相似（kinematic similarity）指两个流动相应点流速方向相同，大小成比例，即

$$u_r = \frac{u_p}{u_m} \tag{4-5}$$

式中 u_r 称为流速比尺（velocity scale ratio）。由于各相应点流速成比例，相应断面的平均流速必然成比例，即

$$u_r = \frac{u_p}{u_m} = \frac{v_p}{v_m} = v_r \tag{4-6}$$

将关系 $v = l/t$ 代入式（4-6），得

$$v_r = \frac{l_p/t_p}{l_m/t_m} = \frac{l_p/l_m}{t_p/t_m} = \frac{l_r}{t_r} \tag{4-7}$$

$t_r = t_p/t_m$ 称为时间比尺（time scale ratio），满足运动相似应有固定的长度比尺和时间比尺。

流速相似就意味着加速度相似，加速度比尺（acceleration scale ratio）可表示为

$$a_r = \frac{a_p}{a_m} = \frac{v_p/t_p}{v_m/t_m} = \frac{v_p/v_m}{t_p/t_m} = \frac{v_r}{t_r} = \frac{l_r}{t_r^2} \tag{4-8}$$

（3）动力相似

动力相似（dynamic similarity）指两个流动相应点处质点受同名力作用，力的方向相同，大小成比例。根据达朗伯原理，对于运动的质点，设想加上该质点的惯性力，形式上构成封闭力多边形。从这个意义上说，动力相似又可表述为相应点上的力多边形相似，相应边（即同名力）成比例，如图 4-1 所示。

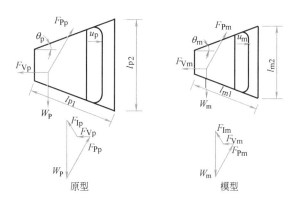

图 4-1 原型和模型流动

通常情况下，影响液体运动的作用力主要是黏滞力、重力、压力和惯性力等，如分别以符号 F_V、W、F_P 和 F_I 代表，那么

$$\boldsymbol{F}_V + \boldsymbol{W} + \boldsymbol{F}_P + \boldsymbol{F}_I = 0$$

如果动力相似，则有

$$\frac{F_{Vp}}{F_{Vm}} = \frac{W_p}{W_m} = \frac{F_{Pp}}{F_{Pm}} = \frac{F_{Ip}}{F_{Im}} \tag{4-9}$$

或
$$F_{Vr}=W_r=F_{Pr}=F_{Ir}$$

4.1.2 相似准则

以上说明了相似的含义，它是力学相似的结果，问题是如何来实现原型和模型流动的力学相似。

首先要满足几何相似，否则两个流动不存在相应点，当然也就无相似可言，可以说几何相似是力学相似的前提条件。其次是实现动力相似，以保证运动相似。要使两个流动动力相似，前面定义的各项比尺须符合一定的约束关系，这种约束关系称为相似准则（similarity criterion）。

根据动力相似的流动，相应点上的力多边形相似，相应边（即同名力）成比例，导出各单项力的相似关系。

（1）雷诺准则

考虑原型与模型之间黏滞力与惯性力的关系，由式（4-9）知

$$\frac{F_{Vp}}{F_{Vm}}=\frac{F_{Ip}}{F_{Im}} \qquad 或 \qquad \frac{F_{Ip}}{F_{Vp}}=\frac{F_{Im}}{F_{Vm}} \tag{4-10}$$

鉴于式（4-10）表示两个流动相应点上惯性力与单项作用力（如黏滞力）的对比关系，而不是计算力的绝对量，所以式中的力可用运动的特征量表示，则黏滞力和惯性力可分别表示为

$$F_V=\mu A\frac{du}{dy}=\mu l^2\frac{v}{l}=\mu lv$$

和

$$F_I=ma=\rho l^3\frac{l}{t^2}=\rho l^2 v^2$$

代入式（4-10）整理，得

$$\frac{F_I}{F_V}=\frac{\rho l^2 v^2}{\mu lv}=\frac{\rho vl}{\mu}=\frac{vl}{\nu} \tag{4-11}$$

$$\frac{v_p l_p}{\nu_p}=\frac{v_m l_m}{\nu_m}$$

或
$$(Re)_p=(Re)_m$$

无量纲数 $Re=\dfrac{\rho vl}{\mu}=\dfrac{vl}{\nu}$ 以雷诺（O. Reynolds，英国物理学家、工程师，1842 年～1912 年）命名，称雷诺数（Reynolds number）。雷诺数表征惯性力与黏滞力之比，两流动的雷诺数相等，黏滞力相似。

（2）弗劳德准则

考虑原型与模型之间重力与惯性力的关系，由式（4-9）知

$$\frac{W_p}{W_m}=\frac{F_{Ip}}{F_{Im}} \qquad 或 \qquad \frac{F_{Ip}}{W_p}=\frac{F_{Im}}{W_m} \tag{4-12}$$

式（4-12）中重力 $W=\rho gV=\rho gl^3$，惯性力 $F_I=\rho l^2 v^2$，于是

$$\frac{F_I}{W}=\frac{\rho l^2 v^2}{\rho gl^3}=\frac{v^2}{lg} \tag{4-13}$$

$$\frac{v_p^2}{l_p g_p} = \frac{v_m^2}{l_m g_m}$$

开方
$$\frac{v_p}{\sqrt{l_p g_p}} = \frac{v_m}{\sqrt{l_m g_m}}$$

或
$$(Fr)_p = (Fr)_m$$

无量纲数 $Fr = \dfrac{v}{\sqrt{lg}}$ 以弗劳德（W. Froude，英国造船工程师，1810 年～1879 年）命名，称弗劳德数（Froude number）。弗劳德数表征惯性力与重力之比，两流动的弗劳德数相等，重力相似。

（3）欧拉准则

考虑原型与模型之间压力与惯性力的关系，由式（4-9）知

$$\frac{F_{Pp}}{F_{Pm}} = \frac{F_{Ip}}{F_{Im}} \qquad 或 \qquad \frac{F_{Pp}}{F_{Ip}} = \frac{F_{Pm}}{F_{Im}} \tag{4-14}$$

式（4-14）中压力 $F_P = pA = pl^2$，惯性力 $F_I = \rho l^2 v^2$，于是

$$\frac{F_P}{F_I} = \frac{pl^2}{\rho l^2 v^2} = \frac{p}{\rho v^2} \tag{4-15}$$

$$\frac{p_p}{\rho_p v_p^2} = \frac{p_m}{\rho_m v_m^2}$$

或
$$(Eu)_p = (Eu)_m$$

无量纲数 $Eu = \dfrac{p}{\rho v^2}$ 以欧拉命名，称欧拉数（Euler number）。欧拉数表征压力与惯性力之比，两流动的欧拉数相等，压力相似。

在多数流动中，对流动起作用的是压强差 Δp，而不是压强的绝对值，因此欧拉数中常以相应点的压强差 Δp 代替压强 p，欧拉数则又可表示为

$$Eu = \frac{\Delta p}{\rho v^2} \tag{4-16}$$

如图 4-1 所示，两个相似流动相应点上的封闭力多边形是相似形，若决定流动的作用力只有黏滞力、重力和压力，则只要其中两个同名作用力和惯性力成比例，另一个对应的同名力将自动成比例。由于压力通常是待求量，这样只要黏滞力、重力相似，压力将自行相似。换言之，若雷诺准则、弗劳德准则成立，欧拉准则自行成立。所以又将雷诺准则、弗劳德准则称为独立准则，欧拉准则称为导出准则。

液体的运动是由边界条件和作用力决定的，当两个流动一旦实现了几何相似和动力相似，就必然以相同的规律运动。因此，几何相似与独立准则成立是实现流动相似的充分与必要条件。

4.2　模　型　实　验

模型实验是依据相似原理，制成和原型相似的小尺度模型进行实验研究，并以实验的结果预测出原型将会发生的流动现象。进行模型实验需要解决下面两个问题。

4.2.1　模型律的选择

为了使模型和原型流动完全相似，除要几何相似外，各独立的相似准则应同时满足。

首先考虑雷诺准则

$$(Re)_p = (Re)_m$$

若 $\rho_p = \rho_m$，原型与模型的速度比尺可表示为

$$\frac{v_p}{v_m} = \frac{\mu_p}{\mu_m} \frac{l_m}{l_p} \tag{4-17}$$

即

$$v_r = \frac{\mu_r}{l_r}$$

雷诺数相等，表示黏滞力相似。原型与模型流动雷诺数相等的这个相似条件，称为雷诺模型律。按照上述比尺关系调整原型流动和模型流动的流速比尺和长度比尺，就是根据雷诺模型律进行设计。

再考虑弗劳德准则

$$(Fr)_p = (Fr)_m$$

一般情况下 $g_p = g_m$，原型与模型的速度比尺可表示为

$$\frac{v_p}{v_m} = \sqrt{\frac{l_p}{l_m}} \tag{4-18}$$

即

$$v_r = \sqrt{l_r}$$

弗劳德数相等，表示重力相似。原型与模型流动弗劳德数相等的这个相似条件，称为弗劳德模型律。按照上述比尺关系调整原型流动和模型流动的流速比尺和长度比尺，就是根据弗劳德模型律进行设计。

要同时满足雷诺准则和弗劳德准则，就要同时满足式（4-17）和式（4-18）。

$$\frac{\mu_p}{\mu_m} \frac{l_m}{l_p} = \sqrt{\frac{l_p}{l_m}} \tag{4-19a}$$

当原型和模型为相同温度下的同种液体时，$\mu_p = \mu_m$，得

$$\frac{l_m}{l_p} = \sqrt{\frac{l_p}{l_m}} \tag{4-19b}$$

显然，只有 $l_p = l_m$，即 $l_r = \lambda = 1$ 时，式（4-19）才能成立。多数情况下，已失去模型实验的意义。

由以上分析可见，模型实验做到完全相似是困难的，一般只能达到近似相似，即保证对流动起主要作用的力相似，这就是模型律的选择问题。如在有压管流中，黏滞力起主要作用，应采用雷诺模型律；而在大多数明渠流动中，重力起主要作用，应采用弗劳德模型律。

在下一章阐述的流动阻力实验中将指出，当雷诺数 Re 超过某一数值后，阻力系数将不随 Re 变化，此时流动阻力的大小与 Re 无关，这个流动范围称为自动模型区。若原型和模型流动都处于自动模型区，只需保持几何相似，不需 Re 相等，自动实现阻力相似。工程上许多明渠水流处于自动模型区，按弗劳德准则设计的模型，只要模型中的流动进入自动模型区，便同时满足阻力相似。

4.2.2 模型设计

在模型设计中，首先根据实验场地、模型制作能力和量测条件等定出长度比尺 l_r 或模型比尺 λ；再以选定的比尺根据原型的几何尺寸计算模型尺寸，得出模型的几何边界；然后根据流动受力情况分析，找出对流动起主要作用的力，选择模型律；最后按所选用的相似准则，确定流速比尺及模型的流量。

按雷诺模型律进行设计并设 $\mu_p = \mu_m$，$\rho_p = \rho_m$，流速比尺与长度比尺的关系为

$$v_r = l_r^{-1} = \lambda \tag{4-20}$$

按弗劳德模型律进行设计并设 $g_p = g_m$，流速比尺与长度比尺的关系为

$$v_r = \sqrt{l_r} \tag{4-21}$$

根据流量比尺（flow rate scale ratio）

$$q_{Vr} = \frac{q_{Vp}}{q_{Vm}} = \frac{v_p A_p}{v_m A_m} = v_r l_r^2 \tag{4-22}$$

得模型流量

$$q_{Vm} = \frac{q_{Vp}}{v_r l_r^2} \tag{4-23}$$

将速度比尺关系式（4-20）和式（4-21）分别代入式（4-23），可求得按雷诺模型律确定的模型流量

$$q_{Vm} = \frac{q_{Vp}}{l_r^{-1} l_r^2} = \frac{q_{Vp}}{l_r}$$

和按弗劳德模型律确定的模型流量

$$q_{Vm} = \frac{q_{Vp}}{l_r^{0.5} l_r^2} = \frac{q_{Vp}}{l_r^{2.5}}$$

二者的流量比尺与长度比尺的关系可分别表示为 $q_{Vr} = l_r$ 和 $q_{Vr} = l_r^{2.5}$。

【例 4-1】 桥孔过水模型实验，如图 4-2 所示。已知桥墩长 $l_p = 24$m，墩宽 $b_p = 4.3$m，两桥台间距 $B_p = 90$m，水深 $h_p = 8.2$m，水流平均流速 $v_p = 2.3$m/s。若确定长度比尺 $l_r = 50$，要求设计模型。

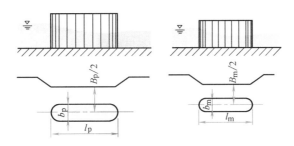

图 4-2 桥孔过水模型

【解】

（1）由给定比尺 $l_r = 50$，设计模型各几何尺寸。

墩长 $$l_{\mathrm{m}} = \frac{l_{\mathrm{p}}}{l_{\mathrm{r}}} = \frac{24}{50} = 0.48\mathrm{m}$$

墩宽 $$b_{\mathrm{m}} = \frac{b_{\mathrm{p}}}{l_{\mathrm{r}}} = \frac{4.3}{50} = 0.086\mathrm{m}$$

台距 $$B_{\mathrm{m}} = \frac{B_{\mathrm{p}}}{l_{\mathrm{r}}} = \frac{90}{50} = 1.8\mathrm{m}$$

水深 $$h_{\mathrm{m}} = \frac{h_{\mathrm{p}}}{l_{\mathrm{r}}} = \frac{8.2}{50} = 0.164\mathrm{m}$$

（2）对流动起主要作用的力是重力，按弗劳德模型律确定模型流速及流量，并令 $g_{\mathrm{p}} = g_{\mathrm{m}}$，计算得

流速 $$v_{\mathrm{m}} = \frac{v_{\mathrm{p}}}{\sqrt{l_{\mathrm{r}}}} = \frac{2.3}{\sqrt{50}} = 0.325\mathrm{m/s}$$

流量 $$q_{V\mathrm{p}} = v_{\mathrm{p}}(B_{\mathrm{p}} - b_{\mathrm{p}})h_{\mathrm{p}} = 2.3 \times (90 - 4.3) \times 8.2 = 1616.3\mathrm{m}^3/\mathrm{s}$$

$$q_{V\mathrm{m}} = \frac{q_{V\mathrm{p}}}{l_{\mathrm{r}}^{2.5}} = \frac{1616.3}{50^{2.5}} = 0.0914\mathrm{m}^3/\mathrm{s}$$

4.3　量纲分析

4.3.1　量纲

在水力学中涉及各种不同的物理量，如长度、时间、质量、力、速度和黏度等，所有这些物理量都具有各自的量度单位。例如长度可以用米、英里甚至光年来表示，质量则可表示为千克或磅等。单位虽有不同，但相同物理量的单位均属于同一个单位类别，我们称之为量纲（dimension）。水力学中，通常以 L 代表长度量纲，M 代表质量量纲，T 代表时间量纲；对于其他物理量 q，则采用 $\mathrm{dim}q$ 表示该物理量的量纲。例如面积 A 的量纲为两个长度的乘积，即

$$\mathrm{dim}A = L^2$$

而密度的量纲则可表示为

$$\mathrm{dim}\rho = ML^{-3}$$

不具量纲的量为无量纲（dimensionless）量，或称为数，如圆周率、角度等。

一个物理过程所涉及的各物理量量纲之间是有联系的。根据物理量量纲之间的关系，把无任何联系、相互独立的量纲作为基本量纲，可以由基本量纲导出的量纲就是导出量纲。

基本量纲的选取，原则上并无一定的标准。例如取长度量纲 L 和时间量纲 T 作为基本量纲，则速度量纲 $\mathrm{dim}v$ 是导出量纲 $\mathrm{dim}v = L/T$。若取长度和速度的量纲作为基本量纲，那么时间量纲便是导出量纲 $T = L/\mathrm{dim}v$。为了应用方便，并同国际单位制相一致，普遍采用 MLT 基本量纲系，即选取 M、L 和 T 作为质量、长度和时间基本量纲，其他物理量量纲均为导出量纲。诸如：

速度 $$\mathrm{dim}v = LT^{-1}$$

加速度 $$\mathrm{dim}a = LT^{-2}$$

力 $\dim F = MLT^{-2}$

压强 $\dim p = ML^{-1}T^{-2}$

动力黏度 $\dim \mu = ML^{-1}T^{-1}$

运动黏度 $\dim \nu = L^2 T^{-1}$

流量 $\dim q_V = L^3 T^{-1}$

综合以上各量纲式，不难得出，任一物理量 q 的量纲 $\dim q$ 都可用 3 个基本量纲的指数乘积形式表示，即

$$\dim q = M^a L^b T^c \tag{4-24}$$

式（4-24）称为量纲公式，物理量 q 的性质由量纲指数 a、b、c 决定：当 $a=0$，$b\neq0$，$c=0$ 时，q 为几何量；当 $a=0$，$b\neq0$，$c\neq0$ 时，q 为运动学量；而当 $a\neq0$，$b\neq0$，$c\neq0$ 时，q 则为动力学量。

当量纲公式（4-24）中各量纲指数均为零，即 $a=b=c=0$ 时，$\dim q=1$，物理量 q 为无量纲量，也就是纯数。无量纲量可由两个具有相同量纲的物理量相比得到，如线应变 $\varepsilon = \Delta l/l$，其量纲 $\dim \varepsilon = L/L = 1$。也可由几个有量纲物理量乘除组合，使组合量的量纲指数为零得到。例如对有压管流，由断面平均速度 v、管道直径 D、液体的运动黏度 ν 组合为

$$Re = \frac{vD}{\nu}$$

量纲 $$\dim Re = \dim\left(\frac{vD}{\nu}\right) = \frac{(LT^{-1})L}{L^2 T^{-1}} = 1$$

Re 是由 3 个有量纲量乘除组合得到的无量纲量，即雷诺数。

依据其定义和构成，可归纳出无量纲量具有以下特点：

（1）客观性

正如前面指出，凡有量纲的物理量，都有单位。同一个物理量，因选取的度量单位不同，数值也不同。如果用有量纲量作过程的自变量，计算出的因变量数值，将随自变量选取单位的不同而不同。因此，要使运动方程式的计算结果不受人主观选取单位的影响，就需要把方程中各项物理量组合成无量纲项。从这个意义上说，真正客观的方程式应是由无量纲项组成的方程式。

（2）不受运动规模影响

既然无量纲量是纯数，数值大小与度量单位无关，也就不受运动规模的影响。规模大小不同的流动，如两者是相似的流动，则相应的无量纲数相同。在模型实验中，常用同一个无量纲数（如雷诺数 Re）作为模型和原型流动相似的判据。

（3）可进行超越函数运算

由于有量纲量只能作简单的代数运算，作对数、指数和三角函数运算是没有意义的，只有无量纲化才能进行超越函数运算。

4.3.2 量纲和谐原理

量纲和谐原理是一个公理，是已被无数事实证实的客观原理。其表述是：凡正确反映客观规律的物理方程，各项量纲必须一致。例如欧拉运动微分方程

$$X - \frac{1}{\rho}\frac{\partial p}{\partial x} = \frac{\partial u_x}{\partial t} + u_x\frac{\partial u_x}{\partial x} + u_y\frac{\partial u_x}{\partial y} + u_z\frac{\partial u_x}{\partial z} \tag{4-25}$$

中各项的量纲均为 LT^{-2}；伯努利方程

$$z_1 + \frac{p_1}{\rho g} + \frac{\alpha_1 v_1^2}{2g} = z_2 + \frac{p_2}{\rho g} + \frac{\alpha_2 v_2^2}{2g} + h_l \tag{4-26}$$

中各项的量纲均为 L。上两式中虽然组成每一项的物理量不尽相同，但每个方程式中各项的量纲始终是一致的。

量纲和谐的方程式中，用式中任何一项除其他各项，均可得到一个由无量纲量组成的无量纲式。

量纲和谐原理也规定了一个物理过程中相关物理量之间的关系。在一个完整正确的物理方程中，各量之间的量纲关系是确定的，因此根据这一确定的量纲关系就可以建立该物理过程各物理量的关系式。

然而至今在工程中还使用一些由实验和观测资料整理而成的经验公式，这些经验公式大都不满足量纲和谐。这是因为人们对这些经验公式所涉及的流动尚无充分的认识，或者只是由于使用简便而在误差允许范围内适当取舍，这样的公式将逐渐被修正或被完整正确的公式所代替。

4.3.3　量纲分析法

1. 瑞利法

瑞利（Lord J. W. Rayleigh，英国物理学家、数学家，1842 年～1919 年）法的基本原理是某一物理过程同几个物理量有关

$$f(q_1 q_2 q_3 \cdots q_n) = 0$$

其中的某个物理量 q_i 可表示为其他物理量的指数乘积

$$q_i = k q_1^a q_2^b \cdots q_{n-1}^p \tag{4-27}$$

写出量纲式

$$\dim q_i = k\dim(q_1^a q_2^b \cdots q_{n-1}^p)$$

将量纲式中各物理量的量纲按式（4-24）表示为基本量纲的指数乘积形式，并根据量纲和谐原理，确定指数 a、b、$\cdots$、p，就可得出表达该物理过程的方程式。

下面通过例题说明瑞利法的应用步骤。

【例 4-2】　求水泵输出功率的表达式。

【解】　水泵输出功率指单位时间水泵输出的能量。

（1）找出同水泵输出功率 N 有关的物理量，包括水的重度 $\gamma = \rho g$，流量 q_V、扬程 H，即

$$f(N, \gamma, q_V, H) = 0$$

（2）写出指数乘积关系式为

$$N = k\gamma^a q_V^b H^c$$

（3）写出量纲式为

$$\dim N = \dim(\gamma^a q_V^b H^c)$$

（4）按式（4-24），以基本量纲（M、L、T）表示各物理量量纲为

$$ML^2 T^{-3} = (ML^{-2} T^{-2})^a (L^3 T^{-1})^b (L)^c$$

（5）根据量纲和谐原理求量纲指数为

$$M：1 = a$$
$$L：2 = -2a + 3b + c$$
$$T：-3 = -2a - b$$

得 $a=1$，$b=1$，$c=1$。

（6）整理方程式，得

$$N = k\gamma q_V H = k\rho g q_V H$$

k 为由实验确定的系数。

【例 4-3】 求圆管层流的流量关系式。

【解】 圆管层流运动将在第 5 章详述，这里仅作为量纲分析的方法来讨论。

（1）找出影响圆管层流流量的各物理量，包括管段两端的压强差 Δp、管段长 l、半径 r_0 和液体的动力黏度 μ。根据经验和已有实验资料的分析，得知流量 q_V 与压强差 Δp 成正比，与管段长 l 成反比。因此，可将 Δp、l 归为一项 $\Delta p/l$，得到

$$f(q_V, \Delta p/l, r_0, \mu) = 0$$

（2）写出指数乘积关系式为

$$q_V = k\left(\frac{\Delta p}{l}\right)^a r_0{}^b \mu^c$$

（3）写出量纲式为

$$\dim q_V = \dim\left[\left(\frac{\Delta p}{l}\right)^a r_0^b \mu^c\right]$$

（4）按式（4-24），以基本量纲（M、L、T）表示各物理量量纲为

$$L^3 T^{-1} = (ML^{-2} T^{-2})^a (L)^b (ML^{-1} T^{-1})^c$$

（5）根据量纲和谐求量纲指数，即

$$M：0 = a + c$$
$$L：3 = -2a + b - c$$
$$T：-1 = -2a - c$$

得 $a=1$，$b=4$，$c=-1$。

（6）整理方程式，得

$$q_V = k\left(\frac{\Delta p}{l}\right) r_0^4 \mu^{-1} = k\frac{\Delta p r_0^4}{l\mu}$$

系数 k 由实验确定，$k = \dfrac{\pi}{8}$，

则

$$q_V = \frac{\pi}{8} \frac{\Delta p r_0^4}{l\mu}$$

流速为

$$v = \frac{\rho g J}{8\mu} r_0^2$$

其中有

$$J = \frac{\Delta p/\rho g}{l}$$

由以上例题可以看出，用瑞利法求力学方程，在相关物理量不超过 4 个、待求的量纲指数不超过 3 个时，可直接根据量纲和谐条件求出各量纲指数，建立方程，如【例 4-2】。

当相关物理量超过 4 个时，则需要归并相关物理量或选取待定系数，以求得量纲指数，如【例 4-3】。

2. Π 定理

Π 定理是量纲分析更为普遍的原理，由布金汉（E. Buckingham，美国物理学家，1867 年～1940 年）提出，又称为布金汉定理。Π 定理指出，若某一物理过程包含 n 个物理量，即

$$f(q_1 q_2 q_3 \cdots q_n) = 0$$

其中有 m 个基本量（量纲独立，不能相互导出的物理量），则该物理过程可由 n 个物理量构成的（$n-m$）个无量纲项所表达的关系式来描述。即

$$F(\Pi_1 \cdots \Pi_{n-m}) = 0 \qquad (4\text{-}28)$$

由于无量纲项用 Π 表示，Π 定理由此得名。

Π 定理的应用步骤：

（1）找出物理过程有关的物理量

$$f(q_1 q_2 q_3 \cdots q_n) = 0$$

（2）从 n 个物理量中选取 m 个基本量，不可压缩液体运动，一般取 $m=3$。设 q_1、q_2 和 q_3 为所选基本量，由量纲公式（4-24）得

$$\dim q_1 = M^{a_1} L^{b_1} T^{c_1}$$
$$\dim q_2 = M^{a_2} L^{b_2} T^{c_2}$$
$$\dim q_3 = M^{a_3} L^{b_3} T^{c_3}$$

满足基本量量纲独立条件是量纲式中的指数行列式不等于零，即

$$\begin{vmatrix} a_1 & b_1 & c_1 \\ a_2 & b_2 & c_2 \\ a_3 & b_3 & c_3 \end{vmatrix} \neq 0$$

对于不可压缩液体运动，通常选取速度 v（q_1）、密度 ρ（q_2）和特征长度 l（q_3）为基本量。

（3）基本量依次与其余物理量组成 Π 项，即

$$\Pi_1 = \frac{q_4}{q_1^{a_1} q_2^{b_1} q_3^{c_1}}$$

$$\Pi_2 = \frac{q_5}{q_1^{a_2} q_2^{b_2} q_3^{c_2}}$$

$$\vdots$$

$$\Pi_{n-3} = \frac{q_n}{q_1^{a_{n-3}} q_2^{b_{n-3}} q_3^{c_{n-3}}}$$

（4）满足 Π 为无量纲项，定出各 Π 项基本量的指数 a、b 和 c。

（5）整理方程式。

【例 4-4】　求有压管流沿程水头损失的表达式。

【解】

（1）找出相关物理量。在水平流动的均匀流有压管流中，沿程水头损失 h_f 可以用压强水头差，即 $\Delta p / \rho g$ 来表示，此时的 Δp 又称为压强损失。由经验和对已有资料的分析可

知，有压管流的压强损失 Δp 与液体的性质（密度 ρ、运动黏度 ν）、管道条件（管长 l、直径 D、壁面粗糙高度 e）以及流动情况（流速 v）有关，相关物理量数 $n=7$，于是有

$$f(\Delta p, \rho, \nu, l, D, e, v) = 0$$

（2）选取基本量。在相关物理量中选流速 v、直径 D 和液体的密度 ρ 为基本量，基本量数 $m=3$。

（3）组成 Π 项。Π 数为 $n-m=4$，即

$$\Pi_1 = \frac{\Delta p}{v^{a_1} D^{b_1} \rho^{c_1}}$$

$$\Pi_2 = \frac{\nu}{v^{a_2} D^{b_2} \rho^{c_2}}$$

$$\Pi_3 = \frac{l}{v^{a_3} D^{b_3} \rho^{c_3}}$$

$$\Pi_4 = \frac{e}{v^{a_4} D^{b_4} \rho^{c_4}}$$

（4）决定各 Π 项基本量指数。

Π_1：
$$[\Delta p] = [v]^{a_1} [D]^{b_1} [\rho]^{c_1}$$
$$ML^{-1}T^{-2} = (LT^{-1})^{a_1} (L)^{b_1} (ML^{-3})^{c_1}$$
$$M：1 = c_1$$
$$L：-1 = a_1 + b_1 - 3c_1$$
$$T：-2 = -a_1$$

得 $a_1 = 2$，$b_1 = 0$，$c_1 = 1$，$\Pi_1 = \dfrac{\Delta p}{v^2 \rho}$

Π_2：
$$[\nu] = [v]^{a_2} [D]^{b_2} [\rho]^{c_2}$$
$$L^2 T^{-1} = (LT^{-1})^{a_2} (L)^{b_2} (ML^{-3})^{c_2}$$
$$M：0 = c_2$$
$$L：2 = a_2 + b_2 - 3c_2$$
$$T：-1 = -a_2$$

得 $a_2 = 1$，$b_2 = 1$，$c_2 = 0$，$\Pi_2 = \dfrac{\nu}{vD}$

Π_3：不需对基本量纲逐个分析，便可直接由无量纲条件得出 $a_3 = 0$，$b_3 = 1$，$c_3 = 0$，$\Pi_3 = \dfrac{l}{D}$。

Π_4：由无量纲的条件直接得出 $a_4 = 0$，$b_4 = 1$，$c_4 = 0$，$\Pi_4 = \dfrac{e}{D}$。

（5）整理方程式。

$$f_1 = \left(\frac{\Delta p}{v^2 \rho}, \frac{\nu}{vd}, \frac{l}{D}, \frac{e}{D} \right) = 0$$

$$f_2 = \left(\frac{\Delta p}{v^2 \rho}, \frac{vd}{\nu}, \frac{l}{D}, \frac{e}{D} \right) = 0$$

对 $\dfrac{\Delta p}{v^2 \rho}$ 求解得

$$\frac{\Delta p}{v^2 \rho} = f_3 \left(\frac{vd}{\nu}, \frac{l}{D}, \frac{e}{D} \right) = f_3 \left(Re, \frac{l}{D}, \frac{e}{D} \right)$$

Δp 与管长 l 成比例，将 l/D 提至函数式外，得

$$\frac{\Delta p}{v^2 \rho} = f_4 \left(Re, \frac{e}{D} \right) \frac{l}{D}$$

$$\frac{\Delta p}{\rho g} = f_5 \left(Re, \frac{e}{D} \right) \frac{l}{D} \frac{v^2}{2g} = \lambda \frac{l}{D} \frac{v^2}{2g}$$

或

$$h_f = \lambda \frac{l}{D} \frac{v^2}{2g}$$

$$\lambda = f_5 \left(Re, \frac{e}{D} \right)$$

上式就是管道沿程水头损失的计算公式，其中 λ 称为沿程阻力系数，一般情况下是雷诺数 Re 和壁面相对粗糙 e/D 的函数。

【例 4-5】　为了实验研究水流对光滑球形潜体的作用力，要求预先做出实验的方案。

【解】

（1）找出相关物理量。水流对光滑球形潜体的作用力 F_D 与流速 v、球体直径 D、水的密度 ρ 和水的动力黏度 μ 等诸物理量有关，即

$$F_D = f(v, D, \rho, \mu)$$

（2）选取基本量。在相关物理量中选流速 v、圆球直径 D 和液体的密度 ρ 为基本量，基本量数 $m = 3$。

（3）组成 Π 项。Π 数为 $n - m = 2$，即

$$\Pi_1 = \frac{F_D}{v^{a_1} D^{b_1} \rho^{c_1}}$$

$$\Pi_2 = \frac{\mu}{v^{a_2} D^{b_2} \rho^{c_2}}$$

（4）决定各 Π 项基本量指数。

$$a_1 = 2, \ b_1 = 2, \ c_1 = 1$$
$$a_2 = 1, \ b_2 = 1, \ c_2 = 1$$

（5）整理方程式。

$$f_1 \left(\frac{F_D}{v^2 D^2 \rho}, \frac{\mu}{v D \rho} \right) = 0$$

$$\frac{F_D}{v^2 D^2 \rho} = f_2 \left(\frac{v D \rho}{\mu} \right) = f_2 (Re)$$

$$F_D = f_2 (Re) \rho v^2 D^2 = f_2 (Re) \frac{8}{\pi} \frac{\pi D^2}{4} \frac{\rho v^2}{2} = C_D A \frac{\rho v^2}{2} \tag{4-29}$$

式中无量纲项 $C_D = \frac{8}{\pi} f_2 (Re) = f(Re)$ 为阻力系数。

由上面分析可知，实验研究对光滑球形潜体的作用力，归结为实验测定阻力系数 C_D 与雷诺数 Re 的关系。这样一来，实施这项实验研究只需用一个球，在一个温度的水流中实验，通过改变水流速度，整理成不同 Re 和 C_D 的实验曲线。按式（4-29）及该实验曲线计算流体对光滑球形潜体的作用力。这对不同尺寸的球和不同黏度的液体都是适用的。

小结及学习指导

1. 水力学的相似指两个流动的几何条件、运动条件和动力条件均相似，其中的动力相似又可用相似准则来描述。针对流动对象，模型律的选择是模型设计中的主要问题。

2. 量纲的概念以及物理方程中各项量纲的和谐一致是量纲分析的基础。量纲分析为组织实施实验研究，以及整理实验数据提供了科学的方法。

习　　题

1. 用水管模拟输油管道。已知输油管直径 $D_p = 500\text{mm}$，管长 $l_p = 100\text{m}$，输油量 $q_{Vp} = 0.1\text{m}^3/\text{s}$，油的运动黏度 $\nu_p = 1.5 \times 10^{-4}\text{m}^2/\text{s}$。水管直径 $D_m = 25\text{mm}$，水的运动黏度 $\nu_m = 1.01 \times 10^{-6}\text{m}^2/\text{s}$。试求：（1）模型管道的长度 l_m 和模型的流量 q_{Vm}；（2）如模型上测得的压强水头差 $(\Delta p/\rho g)_m = 2.35\text{cmH}_2\text{O}$，输油管上的压强水头差 $(\Delta p/\rho g)_p$ 是多少？

2. 为研究输水管道上直径 $D_p = 600\text{mm}$ 阀门的阻力特性，采用直径 $D_m = 300\text{mm}$，几何相似的阀门用气流做模型实验。已知输水管道的流量 $q_{Vp} = 0.283\text{m}^3/\text{s}$，水的运动黏度 $\nu_p = 1.01 \times 10^{-6}\text{m}^2/\text{s}$，空气的运动黏度 $\nu_m = 1.6 \times 10^{-5}\text{m}^2/\text{s}$。试求模型的气流量 q_{Vm}。

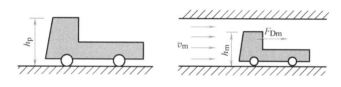

图 4-3　题 3 图

3. 为研究汽车的空气动力特性，在风洞中进行模型实验（图 4-3）。已知原型汽车高 $h_p = 1.5\text{m}$，行车速度 $v_p = 108\text{km/h}$，风洞风速 $v_m = 45\text{m/s}$，测得模型车的阻力 $F_{Dm} = 14\text{kN}$。试求模型车的高度 h_m 及原型汽车受到的阻力。

4. 为研究风对高层建筑物的影响，在风洞中进行模型实验，当风速 $v_m = 9\text{m/s}$ 时，测得迎风面压强 $p_{mf} = 42\text{Pa}$，背风面压强 $p_{mb} = -20\text{Pa}$。试求温度不变，风速增至 12m/s 时，迎风面和背风面的压强。

5. 贮水池放水模型实验，长度比尺 $l_r = 225$，开闸后 10min 水全部放空。试求放空贮水池所需时间。

6. 防浪堤模型实验，长度比尺 $l_r = 40$，测得浪压力 $F_{Pm} = 130\text{N}$。试求作用在原型防浪堤上的浪压力。

7. 溢流堰泄流模型实验（图 4-4），模型长度比尺 $l_r = 60$，溢流堰的泄流量 $q_{Vp} = 500\text{m}^3/\text{s}$。试求：（1）模型的泄

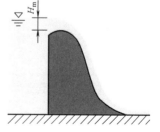

图 4-4　题 7 图

流量 q_{Vm}；（2）模型的堰上水头 $H_m = 6\text{cm}$，原型对应的堰上水头是多少？

8. 假设自由落体的下落距离 s 与落体的质量 m，重力加速度 g 及下落时间 t 有关。试用瑞利法导出自由落体下落距离的关系式。

9. 水泵的轴功率 N 与泵轴的转矩 M，角速度 ω 有关。试用瑞利法导出轴功率表达式。

10. 已知文丘里流量计喉管流速 v 与流量计压强差 Δp、主管直径 D_1、喉管直径 D_2 以及流体的密度 ρ 和运动黏度 ν 有关。试用 Π 定理确定流速关系式

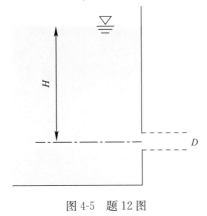

$$v = \sqrt{\frac{\Delta p}{\rho}} f\left(Re, \frac{D_2}{D_1}\right)$$

11. 球形固体颗粒在液体中的自由沉降速度 u_f 与颗粒的直径 D 和密度 ρ_s、液体的密度 ρ 和动力黏度 μ 以及重力加速度 g 有关。试用 Π 定理证明自由沉降速度关系式

$$u_f = f\left(\frac{\rho_s}{\rho}, \frac{\rho u_f D}{\mu}\right) \sqrt{gD}$$

图 4-5　题 12 图

12. 圆形孔口出流（图 4-5）的流速 v 与作用水头 H，孔口直径 D，水的密度 ρ 和动力黏度 μ，重力加速度 g 有关。试用 Π 定理推导孔口流量公式。

第5章　水头损失

黏滞性导致实际液体在流动过程中内部质点之间产生阻碍其相对运动的流动阻力。流动阻力做功使得液体的一部分机械能不可逆地转化为热能而散失，造成机械能损失。总流受单位重力作用的液体的平均机械能损失称为水头损失（head loss）。只有解决了水头损失计算问题，实际液体总流伯努利方程才能得以很好地应用。

5.1　水头损失的分类

水头损失的规律，因液体的流动状态和流动的边界条件而异。为便于分析计算，按流动边界的变化情况，对水头损失进行分类研究。

（1）水头损失的分类

在边壁沿程无变化的均匀流流段上，产生的流动阻力称为沿程阻力或摩擦阻力（friction）。沿程阻力做功而引起的水头损失称为沿程水头损失（friction loss）。沿程水头损失均匀分布在整个流段上，与流段的长度成比例，又称为长度损失。流体在等直径直管中流动的水头损失就是沿程水头损失，以 h_f 表示。

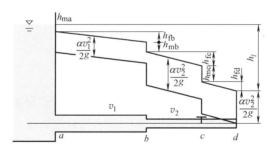

图 5-1　水头损失

在边壁沿程急剧变化，流速分布发生变化的局部区段上，集中产生的流动阻力称为局部阻力。由局部阻力引起的水头损失，称为局部水头损失（minor loss）。发生在管道入口、变径管、弯管以及阀门等各种管件处的水头损失，称为局部水头损失，以 h_m 表示。通常情况下，整个管道的总水头损失 h_l 等于各管段的沿程水头损失和所有局部水头损失的总和，如图 5-1 所示，即

2. 水头线的绘制

$$h_l = \sum h_f + \sum h_m \tag{5-1}$$

（2）水头损失的计算

水头损失的计算是建立在经验公式的基础上的。达西（H. Darcy，法国工程师，1803年～1858年）与魏斯巴赫（J. Weisbach，德国水力学家，1806年～1871年）于19世纪中叶在总结与归纳前人工作的基础上，提出了圆管沿程水头损失的计算公式

$$h_{f}=\lambda \frac{l}{D}\frac{v^{2}}{2g} \tag{5-2}$$

式中　λ——沿程阻力系数；

　　　l——管长（m）；

　　　D——管径（m）；

　　　v——断面平均流速（m/s）；

　　　g——重力加速度（m/s^{2}）。

在大量实验的基础上，局部水头损失按以下公式计算

$$h_{m}=\zeta \frac{v^{2}}{2g} \tag{5-3}$$

式中　ζ——局部阻力系数。

事实上，式（5-2）和式（5-3）只是在形式上给出了沿程水头损失和局部水头损失与流速水头的关系，并没有真正解决水头损失的计算问题，而是把求解水头损失的问题转化为对沿程阻力系数和局部阻力系数的研究。

5.2　雷诺实验与流态

达西-魏斯巴赫公式虽然从形式上表述了沿程水头损失与流速的关系，但研究表明，这一关系并非恒定不变。在流速较大时，沿程水头损失与流速的二次方或接近二次方成正比；而在流速较小时，沿程水头损失只与流速的一次方成正比。这说明，沿程阻力系数是至少与流速有关的变量。直到 1883 年，雷诺通过 3 年的实验研究揭示了这一关系，使人们认识到沿程水头损失之所以与流速有着不同的关系，是因为液体在流动过程中存在着不同的流动形态。

5.2.1　雷诺实验

雷诺实验装置由水箱、玻璃出水管、测压管、调节阀门以及颜色水系统组成，如图 5-2 所示。实验时水箱充满水并保持水位恒定。缓慢开启调节阀门，保证玻璃出水管内较低的水流流速。然后适当开启颜色水系统调节阀门，使颜色水经针管出口流入玻璃管内。此时玻璃管内呈现出一

3. 雷诺实验

条界线分明的颜色水流，如图 5-2（a）所示。这说明颜色水与周围的水互不掺混，管内水流以流层的形式，沿玻璃管轴向流动，流层间不存在液体质点的相互交换，这种流态就称为层流（laminar flow）。继续开大调节阀门，使玻璃管内断面平均流速达到所谓上临界流速 v_{c}' 时，颜色水流开始波动，但仍能看清其形状，如图 5-2（b）所示。再开大调节阀门，颜色水流破散，并将玻璃管内的整个水流均匀染色，如图 5-2（c）所示。这说明，玻璃管内水流质点相互掺混，表现出极不规则的运动规律，这种流态便称为紊流（turbulence）。

紊流状态下，将调节阀门逐渐关小直至断面平均流速达到所谓下临界流速 v_{c} 时，颜色水流再度出现。流态由紊流又变为层流。

实验表明，虽然层流和紊流的流态转变是一个可逆过程，但上、下临界流速是不相同的，上临界流速与实验环境等有关，不稳定。下临界流速相对较稳定，不受实验环境影响。实用中采用下临界流速作为层流与紊流流态转变的临界值。

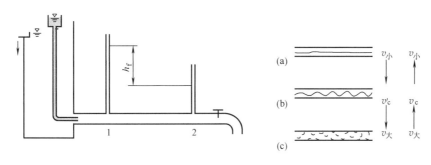

图 5-2 雷诺实验

为分析沿程水头损失与流速的关系，在玻璃管上取实验段，利用测压管测得实验段的沿程水头损失为

$$h_{\mathrm{f}} = \left(z_1 + \frac{p_1}{\rho g} \right) - \left(z_2 + \frac{p_2}{\rho g} \right)$$

对照颜色水流的变化调节阀门的开度，同时量测沿程水头损失与相应的断面平均流速，将实验数据点绘在 $\lg h_{\mathrm{f}} \sim \lg v$ 双对数坐标上，如图 5-3 所示。其中 $abcde$ 为沿程水头损失随流速增加时二者的关系曲线，而 $edfba$ 则为沿程水头损失随流速减小时二者的关系曲线。b、d 两点分别对应下临界流速和上临界流速。根据

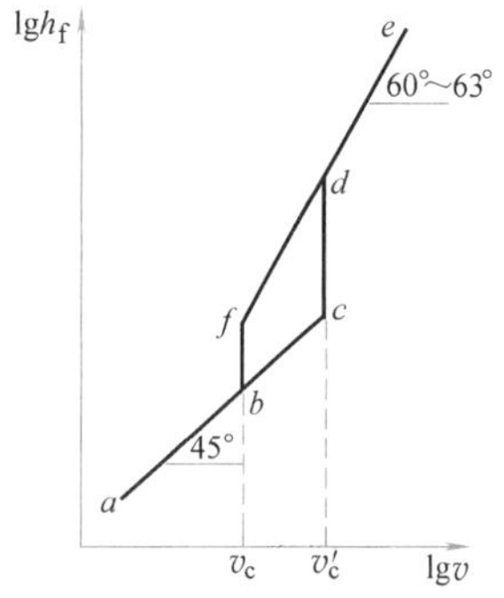

$$h_{\mathrm{f}} = k v^m$$

或

$$\lg h_{\mathrm{f}} = \lg k + m \lg v$$

图 5-3 沿程损失与流速的关系

求得：

层流时，$m = 1$，$h_{\mathrm{f}} = k_1 v$，沿程水头损失与断面平均流速成正比。

紊流时，$m = 1.75 \sim 2.0$，$h_{\mathrm{f}} = k_2 v^{1.75 - 2}$，沿程水头损失与断面平均流速的 1.75～2 次方成正比。

5.2.2 流态的判别标准

雷诺实验揭示了因流态不同而导致的沿程水头损失与断面平均流速的关系不同，因此在计算沿程水头损失之前必须要判别流态。雷诺发现，临界流速只是某一特定条件下流态的转捩点，它将随实验条件的改变而变化。研究表明，临界流速 v_{c} 与实验管段的管径 D、液体的动力黏度 μ 和密度 ρ 有关，即

$$v_{\mathrm{c}} \propto \frac{\mu}{\rho D}$$

写成等式

$$v_{\mathrm{c}} = Re_{\mathrm{c}} \frac{\mu}{\rho D}$$

或

$$Re_{\mathrm{c}} = \frac{\rho v_{\mathrm{c}} D}{\mu} = \frac{v_{\mathrm{c}} D}{\nu} \tag{5-4}$$

Re_c 称为临界雷诺数。大量实验证明，临界雷诺数为一常数，一般取 $Re_c = 2300$。

流态判别时，计算出实际流动液体的雷诺数

$$Re = \frac{\rho v D}{\mu} = \frac{vD}{\nu} \tag{5-5}$$

与临界雷诺数比较

$Re < Re_c = 2300$，流态为层流；

$Re > Re_c = 2300$，流态为紊流；

$Re = Re_c = 2300$，流态为临界流。

上述比较以圆管直径作为特征长度，适用于圆管满流。对于非圆管（noncircular conduit）流动以及圆管非满流，可采用水力半径作为特征长度取代其中的圆管管径。现定义水力半径

$$R = \frac{A}{P} \tag{5-6}$$

式中　R——水力半径（hydraulic radius）（m）；

　　　A——过水断面面积（m^2）；

　　　P——过水断面上液体与固体壁面接触的周界长，称湿周（wetted perimeter）（m）。

比较圆管满流，有

$$R = \frac{A}{P} = \frac{\frac{\pi}{4}D^2}{\pi D} = \frac{D}{4}$$

定义

$$D_e = 4R \tag{5-7}$$

为当量直径，并代入临界雷诺数表达式，得

$$Re_c = \frac{\rho v_c D_e}{\mu} = \frac{\rho v_c (4R)}{\mu} = 2300$$

或

$$Re_{Rc} = \frac{\rho v_c R}{\mu} = \frac{v_c R}{\nu} = 575$$

因此，对采用水力半径作为特征长度的流动进行流态判别时，计算出实际流动液体的雷诺数

$$Re_R = \frac{\rho v R}{\mu} = \frac{vR}{\nu}$$

与临界雷诺数比较

$Re_R < Re_{Rc} = 575$，流态为层流；

$Re_R > Re_{Rc} = 575$，流态为紊流；

$Re_R = Re_{Rc} = 575$，流态为临界流。

【例 5-1】　一直径 $D = 32\text{mm}$ 的给水管，输送水温 $t = 15℃$、流速 $v = 1.5\text{m/s}$ 的水。试判别管中水流的流态。

【解】　由表 1-3 查得，15℃时水的运动黏度为 $\nu = 1.146 \times 10^{-6}\text{m}^2/\text{s}$。

雷诺数

$$Re = \frac{vD}{\nu} = \frac{1.5 \times 0.032}{1.146 \times 10^{-6}} = 41885$$

$Re > Re_c = 2300$，流态为紊流。

【例 5-2】 平流沉淀池断面为矩形。池宽 $B = 7m$，池内有效水深 $h = 1.5m$。若通过水温 $t = 10℃$、流量 $q_V = 0.01m^3/s$ 的水，试判别池中水流的流态。若保持池中水流的流态为层流，最大流量应为多少？

【解】 由表 1-3 查得，10℃时水的运动黏度为 $\nu = 1.31 \times 10^{-6} m^2/s$。

水力半径
$$R = \frac{Bh}{B + 2h} = \frac{7 \times 1.5}{7 + 2 \times 1.5} = 1.05m$$

断面平均流速
$$v = \frac{q_V}{Bh} = \frac{0.01}{7 \times 1.5} = 9.5 \times 10^{-4} m/s$$

雷诺数
$$Re_R = \frac{vR}{\nu} = \frac{9.5 \times 10^{-4} \times 1.05}{1.31 \times 10^{-6}} = 761$$

$Re_R > Re_{Rc} = 575$，流态为紊流；

为保持池中水流的流态为层流，令
$$Re_{Rc} = \frac{v_c R}{\nu} = 575$$

解得临界流速
$$v_c = \frac{Re_{Rc} \nu}{R} = \frac{575 \times 1.31 \times 10^{-6}}{1.05} = 7.17 \times 10^{-4} m/s$$

最大流量
$$q_V = vBh = 7.17 \times 10^{-4} \times 7 \times 1.5 = 0.0075 m^3/s$$

5.3 沿程水头损失与切应力的关系

取恒定均匀流段 1-2，如图 5-4 所示。由于不存在加速度，牛顿第二定律可表示为作用在该流段上的压力、重力以及壁面切力之和等于零，即

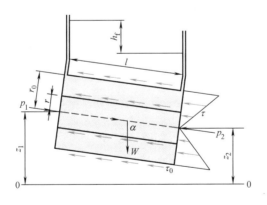

图 5-4 均匀流段

$$\sum (\boldsymbol{F}_{P1} + \boldsymbol{F}_{P2} + \boldsymbol{W} + \boldsymbol{F}_V) = 0$$

将其投影在流动方向上，得

$$p_1 A - p_2 A + \rho g Al \cos\alpha - \tau_0 Pl = 0$$

式中 p_1、p_2——两端过水断面形心点的压强（Pa）；

A——过水断面面积（m^2）；

l——流段长（m）；

τ_0——壁面切应力（Pa）；

P——湿周（m）。

以 $\rho g A$ 除式中各项，并注意 $l\cos\alpha = z_1 - z_2$，整理得

$$\left(z_1 + \frac{p_1}{\rho g}\right) - \left(z_2 + \frac{p_2}{\rho g}\right) = \frac{\tau_0 P l}{\rho g A}$$

再列 1-2 断面间的伯努利方程，得

$$\left(z_1 + \frac{p_1}{\rho g}\right) - \left(z_2 + \frac{p_2}{\rho g}\right) = h_f$$

两式合并

$$h_f = \frac{\tau_0 P l}{\rho g A} = \frac{\tau_0 l}{\rho g R} \tag{5-8}$$

或

$$\tau_0 = \rho g R \frac{h_f}{l} = \rho g R J \tag{5-9}$$

式中　τ_0——壁面切应力（Pa）；

J——水力坡度。

式（5-9）称为均匀流基本方程式。

对于半径为 r_0 的圆管满流，式（5-9）可表示为

$$\tau_0 = \rho g \frac{r_0}{2} J \tag{5-10}$$

对于管中任意半径 r 的流束，式（5-9）又可表示为

$$\tau = \rho g \frac{r}{2} J \tag{5-11}$$

式中　τ——流束表面的切应力。

将式（5-10）与式（5-11）相比，得

$$\tau = \frac{r}{r_0} \tau_0 \tag{5-12}$$

圆管均匀流过水断面上切应力呈直线分布，管轴处最小值 $\tau = 0$，管壁处达到最大值 $\tau = \tau_0$，如图 5-4 所示。

5.4　圆管中的层流运动

雷诺实验给出了层流运动的特征，即液体呈现一种"分层"流动。对于圆管来说，由于管内液体对称于管中心轴，因此在流动时则表现出一种"同轴嵌套"式的滑动，每一流层有着相同的半径和流速，如图 5-5 所示。

层流运动时，液体内部流层间的摩擦力，或是切应力满足牛顿内摩擦定律

$$\tau = \mu \frac{du}{dy}$$

对于圆管，有 $y = r_0 - r$，如图 5-5 所示。代入上式，得

$$\tau = -\mu \frac{du}{dr} \tag{5-13}$$

将式（5-11）与式（5-13）联立，得

$$-\mu \frac{du}{dr} = \rho g \frac{r}{2} J$$

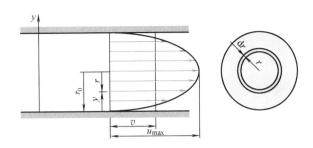

图 5-5 圆管中的层流

分离变量
$$\mathrm{d}u = -\frac{\rho g J}{2\mu} r \,\mathrm{d}r$$

积分
$$u = -\frac{\rho g J}{4\mu} r^2 + c$$

根据边界条件 $r = r_0$ 时，$u = 0$，确定积分常数

$$c = \frac{\rho g J}{4\mu} r_0^2$$

代回上式，得圆管层流流速分布（velocity profile）为

$$u = \frac{\rho g J}{4\mu}(r_0^2 - r^2) \tag{5-14}$$

式（5-14）说明圆管层流流速在过水断面上呈旋转抛物面分布。

显然，在圆管管轴处，即当 $r = 0$ 时，流速最大

$$u_{\max} = \frac{\rho g J}{4\mu} r_0^2 \tag{5-15}$$

根据式（3-13）与式（5-14），可求得层流时流量的计算公式为

$$q_V = \int_A u \,\mathrm{d}A = \int_0^{r_0} \frac{\rho g J}{4\mu}(r_0^2 - r^2) 2\pi r \,\mathrm{d}r$$

$$= \int_0^{r_0} -\frac{\rho g J}{4\mu}\pi(r_0^2 - r^2)\mathrm{d}(r_0^2 - r^2) = \frac{\rho g J}{8\mu}\pi r_0^4 \tag{5-16}$$

断面平均流速
$$v = \frac{q_V}{A} = \frac{\rho g J}{8\mu} r_0^2 \tag{5-17}$$

比较式（5-15）与式（5-17），得断面平均流速

$$v = \frac{1}{2} u_{\max} \tag{5-18}$$

即圆管层流断面平均流速是最大流速的一半。这说明层流的过水断面上，流速分布是不均匀的。第 3 章伯努利方程中动量方程中涉及的动能修正系数 α 和动量修正系数 β 与流速分布有关。根据式（5-14）可分别求得

动能修正系数
$$\alpha = \frac{\int_A u^3 \mathrm{d}A}{A v^3} = 2$$

动量修正系数
$$\beta = \frac{\int_A u^2 \mathrm{d}A}{A v^2} = \frac{4}{3}$$

将 $r_0 = \dfrac{D}{2}$ 与 $J = \dfrac{h_f}{l}$ 代入式（5-17），整理得

$$h_f = \frac{32\mu l}{\rho g D^2}\upsilon \tag{5-19}$$

式（5-19）为圆管层流沿程水头损失的计算公式，该式证明了层流时沿程水头损失和断面平均流速的一次方成正比。

式（5-19）又称为哈根-泊肃叶公式（Hagen-Poiseuille law）。由哈根（G. Hagen，德国工程师，1797 年～1884 年）和泊肃叶（J. L. Poiseuille，法国物理学家，1799 年～1869 年）分别于 1839 年和 1840 年通过实验得出。

将式（5-19）改写成达西-魏斯巴赫公式的形式

$$h_f = \frac{64\mu}{\rho \upsilon D}\frac{l}{D}\frac{\upsilon^2}{2g} = \frac{64}{\frac{\rho \upsilon D}{\mu}}\frac{l}{D}\frac{\upsilon^2}{2g} = \frac{64}{Re}\frac{l}{D}\frac{\upsilon^2}{2g} = \lambda\frac{l}{D}\frac{\upsilon^2}{2g} \tag{5-20}$$

得圆管层流沿程阻力系数为

$$\lambda = \frac{64}{Re} \tag{5-21}$$

【例 5-3】　应用细管式黏度计测定油的黏度，如图 5-6 所示。已知测量段细管直径 $D = 6\text{mm}$，测量段管长 $l = 2\text{m}$，通过测量段油的流量 $q_V = 77\text{cm}^3/\text{s}$，油的密度 $\rho = 900\text{kg/m}^3$，水银压差计的读值 $h_m = 30\text{cm}$。试求该油的动力黏度 μ 和运动黏度 ν。

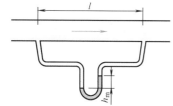

图 5-6　细管式黏度计

【解】　列测量段两测点间的伯努利方程

$$h_f = \left(z_1 + \frac{p_1}{\rho g}\right) - \left(z_2 + \frac{p_2}{\rho g}\right)$$

再根据水静力学基本方程式求得

$$\left(z_1 + \frac{p_1}{\rho g}\right) - \left(z_2 + \frac{p_2}{\rho g}\right) = \left(\frac{\rho_m}{\rho} - 1\right)h_m = \left(\frac{13600}{900} - 1\right) \times 0.3 = 4.23\text{m}$$

流速

$$\upsilon = \frac{4q_V}{\pi D^2} = \frac{4 \times 77 \times 10^{-6}}{3.14 \times 0.006^2} = 2.73\text{m/s}$$

设为层流，根据哈根-泊肃叶公式，解得

$$\mu = \frac{\rho g D^2 h_f}{32 l \upsilon} = \frac{900 \times 9.8 \times 0.006^2 \times 4.23}{32 \times 2 \times 2.73} = 7.69 \times 10^{-3}\text{Pa}\cdot\text{s}$$

$$\nu = \frac{\mu}{\rho} = \frac{7.69 \times 10^{-3}}{900} = 8.54 \times 10^{-6}\text{m}^2/\text{s}$$

校核流态

$$Re = \frac{\rho \upsilon D}{\mu} = \frac{900 \times 2.73 \times 0.006}{7.69 \times 10^{-3}} = 1917 < 2300$$

所设正确。

5.5　液体的紊流运动

自然界和工程中的流动问题，大多是紊流。工业生产中的许多工艺过程，如流体的管

道输送、燃烧过程、掺混过程、传热和冷却过程等都涉及紊流问题，紊流研究具有广泛意义。

5.5.1 紊流的特征与时均化

由雷诺实验知，紊流状态下，液体质点在流动过程中不断相互掺混。激光测速与热线等现代流场显示技术表明，紊流中不断产生的无数大小不等的无规则涡团致使质点掺混，从而导致空间各点的速度随时间无规则地变化，与之相关联的压强、密度等量也随时间无规则地变化，这种现象称为紊流脉动。

研究表明，紊流运动空间各点上，运动参数的瞬时值是无规则的随机量，而其时间平均值却存在规律性。若以时间为依据，一段时间内，脉动参数所围绕的平均值就称为时间平均值。参数的这个处理过程称为时间平均化，简称时均化。使用热线/热膜流速仪实测圆管紊流，可得到液体质点通过某一空间点不同方向的瞬时流速，如图 5-7 所示。结果表明，流速 u 在 x 方向的分量 u_x 是围绕某一值在很小的范围内变化，即所谓的脉动；流速 u 在 y 方向的分量 u_y 也是围绕某一值在脉动。

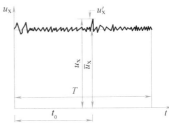

图 5-7　圆管中瞬时流速与时均流速

现取足够长的时间段 T，则 u_x 的变化范围是围绕某一值 $\overline{u}_x$，即

$$\overline{u}_x = \frac{1}{T}\int_{t_0-\frac{T}{2}}^{t_0+\frac{T}{2}} u_x(x,y,z,t)\mathrm{d}t \tag{5-22}$$

式中　t——时间积分变量；

　　　T——平均周期，常数，其取值应比紊流的脉动周期大得多，而比流动的不恒定性的特征时间又小得多，视具体流动情况而定。

$\overline{u}_x$ 称为时间平均流速，简称时均流速。引入了时均速度后，流场中任意空间点的瞬时流速可表示为时均流速与脉动流速之和，即

$$u_x = \overline{u}_x + u'_x \tag{5-23a}$$
$$u_y = \overline{u}_y + u'_y \tag{5-23b}$$
$$u_z = \overline{u}_z + u'_z \tag{5-23c}$$

式中，u'_x，u'_y 和 u'_z 分别为该点在 x，y 和 z 方向的脉动流速。脉动流速随时间改变，时正时负，时大时小。在 T 时段内，脉动流速的时均值为零。

紊流中的压强也可进行时均化处理，即

$$p = \overline{p} + p' \tag{5-24}$$

式中，p 为瞬时压强，$\overline{p}$ 为时均压强，p' 则为脉动压强。其中时均压强亦可表示为

$$\overline{p} = \frac{1}{T}\int_{t_0-\frac{T}{2}}^{t_0+\frac{T}{2}}(x,y,z,t)\mathrm{d}t \tag{5-25}$$

在引入时均化概念的基础上，把紊流分解为时均流动和脉动流动，而脉动量的时均值为零。这样一来，紊流便可根据时均运动参数是否随时间变化，分为恒定流和非恒定流。本书在前面章节建立的流线、流管、元流和总流等欧拉法描述流动的基本概念，在"时均"的意义上继续成立。需要指出，掺混和脉动是紊流固有的特征，这一特征不因采用时均化研究方法而消失。紊流的许多问题，如紊流切应力的产生与过流断面上流速分布等，

仍须从紊流的特征出发进行研究，否则不能得到符合实际的结论。

5.5.2　紊流的切应力与流速分布

由于紊流中存在着液体质点的脉动，时均化后，液体质点的瞬时流速分为时均值和脉动值两部分，因此与层流相比，紊流切应力也由两部分组成。一部分是因时均流层相对运动而产生的黏性切应力，符合牛顿内摩擦定律，即

$$\bar{\tau}_1 = \mu \frac{\mathrm{d}\,\bar{u}_x}{\mathrm{d}y} \tag{5-26}$$

另一部分则是由于紊流脉动，上下层质点相互掺混引起的动量交换产生的附加切应力，又称为雷诺应力，即

$$\bar{\tau}_2 = -\rho \overline{u'_x u'_y} \tag{5-27}$$

紊流切应力则可表示为

$$\bar{\tau} = \bar{\tau}_1 + \bar{\tau}_2 = \mu \frac{\mathrm{d}\,\bar{u}_x}{\mathrm{d}y} - \rho \overline{u'_x u'_y} \tag{5-28}$$

式中两部分切应力所占比重随流动情况而异。在雷诺数较小，即紊流脉动较弱时，前者占主导地位。随着雷诺数增大，紊流脉动加剧，后者不断加大。当雷诺数很大时，紊动发展充分，黏性切应力与附加切应力相比甚小，可忽略不计。

在紊流附加切应力表达式中，脉动流速为随机量，因此该式难以直接计算，需找出脉动流速与时均流速的关系方可。为此，诸多的学者给出了不同的解决方法。其中以普朗特（L. Prandtl，德国力学家，1875 年~1953 年）的混合长度理论最具代表。1925 年普朗特比拟气体分子自由程的概念，提出假设：流体质点从原流层横向位移经过混合长度 l'，到达新的流层，其间一直保持原有运动特性，直至同周围质点掺混并产生动量交换。普朗特假设脉动流速与混合前后两流层的时均流速差成比例，即

$$u'_x = c_1 \Delta u_x = c_1 l' \frac{\mathrm{d}\,\bar{u}_x}{\mathrm{d}y}$$

且不同方向的脉动流速具有相同的数量级，但符号相反，即

$$u'_y = -c_2 \Delta u_x = -c_2 l' \frac{\mathrm{d}\,\bar{u}_x}{\mathrm{d}y}$$

于是有

$$\bar{\tau}_2 = -\rho \overline{u'_x u'_y} = \rho l^2 \left(\frac{\mathrm{d}\,\bar{u}_x}{\mathrm{d}y} \right)^2$$

式中 l 也称为混合长度。普朗特还假设混合长度与液体黏滞性无关，只与质点到壁面的距离有关，即

$$l = Ky \tag{5-29}$$

式中 K 为待定的无量纲系数，又称卡门（T. von Karman，美国工程师、空气动力学家，1881 年~1963 年）通用常数，一般取 $K = 0.4$。

对于充分发展的紊流，切应力中黏性项可忽略不计，并假设近壁处的切应力与壁面切应力相同，为简便计，略去表示时均量的横标线，即

$$\tau = \tau_0$$

于是有

$$\tau_0 = \rho K^2 y^2 \left(\frac{\mathrm{d}u}{\mathrm{d}y}\right)^2$$

$$\mathrm{d}u = \frac{1}{K}\sqrt{\frac{\tau_0}{\rho}}\frac{1}{y}\mathrm{d}y$$

令式中 $\sqrt{\dfrac{\tau_0}{\rho}} = v_*$ 为阻力流速，由于 τ_0 一定，v_* 亦为常数。积分上式，得

$$\frac{u}{v_*} = \frac{1}{K}\ln y + c \tag{5-30}$$

上式为壁面附近紊流流速分布的一般式，又称普朗特—卡门对数分布律。

5.5.3 黏性底层

在近壁处，液体质点的脉动受到抑制，以致脉动流速和附加切应力趋于消失。根据黏性流体壁面无滑移条件，在近壁处，流速由零急剧增至一定值，在这一薄层内流速虽小，但速度梯度很大，因而黏性切应力远大于紊流附加切应力。这样的一个薄层，称为黏性底层（viscous sublayer）。之后才是紊流的主体，又称紊流核心，如图 5-8 所示。黏性底层通常很薄，其厚度随雷诺数的增大而减小。

在黏性底层内，切应力取壁面切应力，即

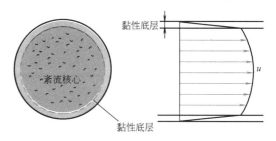

图 5-8 黏性底层与紊流核心

$$\tau_0 = \tau = \mu\frac{\mathrm{d}u}{\mathrm{d}y}$$

积分
$$u = \frac{\tau_0}{\mu}y + c$$

根据边界条件 $y=0$ 时，$u=0$ 得 $c=0$，于是有

$$u = \frac{\tau_0}{\mu}y \tag{5-31}$$

代入阻力流速，得

$$\frac{u}{v_*} = \frac{\rho v_* y}{\mu} = \frac{v_* y}{\nu} \tag{5-32}$$

显然，在黏性底层中，流速按线性分布。黏性底层虽然很薄，但它对紊流的流速分布和流动阻力却有重大影响，这一点将在 5.6 节得到阐述。

5.6 紊流的沿程水头损失

5.6.1 尼古拉兹阻力实验

如前所述，根据达西—魏斯巴赫公式，计算沿程水头损失的问题归结为沿程阻力系数的求解。为寻求其变化规律，1933 年尼古拉兹（J. Nikuradse，德国力学家和工程师，

1894 年～1979 年）采用人工粗糙管进行了管流沿程阻力系数和断面流速分布的测定实验。

由前面分析知，圆管层流沿程阻力系数只是雷诺数的函数。在紊流中，除此以外，壁面粗糙对流动的扰动使其构成了影响沿程阻力系数的另一个重要因素。为便于分析粗糙的影响，尼古拉兹将经过筛选的均匀砂粒，紧密地黏贴在管壁表面，制成人工粗糙（artificial roughness）管，如图5-9所示。对于这种简化的粗糙形式，可用砂粒直径 e 表示糙粒的突起高度，称为壁面的绝对粗糙度（absolute roughness）。绝对粗糙 e 与管道直径 D 之比称为相对粗糙（relative roughness）。

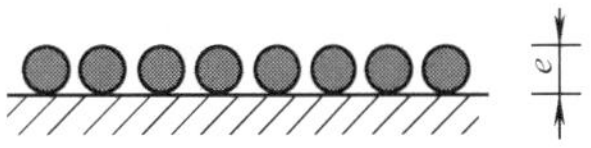

图 5-9　人工粗糙

由以上分析得出，雷诺数和相对粗糙是沿程阻力系数的两个影响因素，即

$$\lambda = f(Re, e/D)$$

量纲分析法中，借助 Π 定理可验证上述关系。

尼古拉兹采用类似雷诺实验的实验装置，用人工粗糙管替代玻璃管进行实验。实验管相对粗糙 e/D 的变化范围从 $1/30 \sim 1/1014$，针对每一根不同相对粗糙的实验管实测不同流量下的断面平均流速 v 和沿程水头损失 h_f，根据雷诺数计算式和达西—魏斯巴赫公式

$$Re = \frac{\rho v D}{\mu}$$

$$\lambda = \frac{D}{l} \frac{2g}{v^2} h_f$$

求出若干组雷诺数 Re 和沿程阻力系数 λ 值，并将其点绘在双对数坐标上，所得到的 $\lambda = f(Re, e/D)$ 曲线，即尼古拉兹曲线图，如图 5-10 所示。

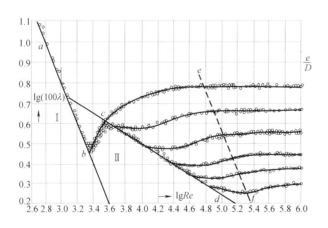

图 5-10　尼古拉兹曲线图

根据沿程阻力系数 λ 的变化特性，尼古拉兹实验曲线可分为 5 个部分，也称为 5 个阻力区。

（1）在 ab 之间（$\lg Re < 3.36$，$Re < 2300$），不同相对粗糙管的实验点均落在同一直线上。表明沿程阻力系数 λ 与相对粗糙 e/D 无关，只是雷诺数 Re 的函数，并符合 $\lambda = 64/Re$ 的规律。由此也证明了前面章节中推导的理论结果与实验相符，该区为层流区。

（2）在 bc 之间（$3.36 < \lg Re < 3.6$，$2300 < Re < 4000$），不同相对粗糙管的实验点均

落在在同一曲线上。表明沿程阻力系数 λ 与相对粗糙 e/D 无关，只是雷诺数 Re 的函数，此区是层流向紊流过渡的临界区域，实用意义不大，不予讨论。

（3）在 cd 之间，实验点虽已进入紊流区，仍表现出不同相对粗糙管的实验点落在同一直线上。表明沿程阻力系数 λ 与相对粗糙 e/D 无关，只是雷诺数 Re 的函数。与层流区所不同的是，随着雷诺数的增大，不同相对粗糙管的实验点相继脱离此线。相对粗糙越大，其实验点脱离此线的雷诺数越小，相对粗糙越小，其实验点脱离此线的雷诺数越大。这种现象是黏性底层厚度 δ_v 与壁面粗糙突起高度 e 的关系所致。当黏性底层厚度大于壁面粗糙突起高度 e 时，粗糙突起完全被掩盖在黏性底层内，壁面粗糙对紊流核心的流动几乎没有影响，流动呈现一种"水力光滑"现象，如图 5-11（a）所示。该区就称为紊流光滑区。

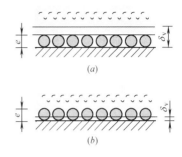

图 5-11 水力光滑与水力粗糙

（4）在 cd 与 ef 之间，不同相对粗糙管的实验点分别落在不同的曲线上。这表明沿程阻力系数 λ 既与雷诺数 Re 有关，又与相对粗糙 e/D 有关。在这个区，由于黏性底层的厚度 δ_v 随雷诺数 Re 增加而减小，粗糙突起不断突入紊流核心内，从而影响到紊流核心的紊动度，雷诺数 Re 和相对粗糙 e/D 对沿程阻力系数 λ 均有影响。该区称为紊流过渡区。

（5）在 ef 右侧，不同相对粗糙管的实验点分别落在不同的水平直线上。这表明沿程阻力系数 λ 与雷诺数 Re 无关，而只与相对粗糙 e/D 有关。在这个区，黏性底层的厚度 δ_v 远小于粗糙突起高度 e，粗糙突起几乎完全突入紊流核心内，流动呈现一种"水力粗糙"现象，如图 5-11（b）所示。黏性底层对流动的影响已微不足道，也就是说决定黏性底层厚度 δ_v 的雷诺数 Re 已不再起作用，影响流动的主要因素只有相对粗糙，该区则称为紊流粗糙区。在这个区内，对于一定的管道（即相对粗糙一定），沿程阻力系数 λ 是常数。根据达西—魏斯巴赫公式，沿程水头损失 h_f 与流速 v 的平方成正比，故紊流粗糙区又称为阻力平方区。

5.6.2 紊流流速分布

尼古拉兹通过实测流速分布，完善了由混合长度理论得到的流速分布一般式（5-30），使之具有实用意义。

（1）在紊流光滑区，流速分布分为黏性底层和紊流核心两部分。黏性底层内流速呈线性分布，符合式（5-31）。在紊流核心，将边界条件 $y=\delta_v$，$u=u_v$ 代入式（5-30），得

$$c=\frac{u_v}{v_*}-\frac{1}{K}\ln\delta_v$$

再根据式（5-31），得

$$\delta_v=\frac{u_v}{\tau_0}\mu=\frac{u_v}{v_*^2}\nu$$

将 c 与 δ_v 代入紊流流速分布一般公式（5-30），得

$$\frac{u}{v_*}=\frac{1}{K}\ln\frac{yv_*}{\nu}+\frac{u_v}{v_*}-\frac{1}{K}\ln\frac{u_v}{v_*}$$

或

$$\frac{u}{v_*} = \frac{1}{K} \ln \frac{y v_*}{\nu} + c_1$$

根据尼古拉兹实验，$c_1 = 5.0$，于是得光滑区流速分布半经验公式为

$$\frac{u}{v_*} = 5.75 \lg \frac{y v_*}{\nu} + 5.0 \tag{5-33}$$

（2）在紊流粗糙区，紊流充分发展，黏性底层忽略不计，于是边界条件为 $y = e$，$u = u_e$，并代入式（5-30），得

$$c = \frac{u_e}{v_*} - \frac{1}{K} \ln e$$

将其代回式（5-30），得

$$\frac{u}{v_*} = \frac{1}{K} \ln \frac{y}{e} + \frac{u_e}{v_*} = \frac{1}{K} \ln \frac{y}{e} + c_2$$

根据尼古拉兹实验，$c_2 = 8.48$，于是得粗糙区流速分布半经验公式为

$$\frac{u}{v_*} = 5.75 \lg \frac{y}{e} + 8.48 \tag{5-34}$$

5.6.3　沿程阻力系数 λ 的半经验公式

根据流速分布可导出沿程阻力系数 λ 的半经验公式。

（1）光滑区沿程阻力系数

根据流量计算公式

$$q_V = \int_0^{r_0} u 2\pi r \mathrm{d}r = v \pi r_0^2$$

得断面平均流速为

$$v = \frac{\int_0^{r_0} u 2\pi r \mathrm{d}r}{\pi r_0^2}$$

将式（5-33）代入其中，并求得

$$\frac{v}{v_*} = 5.75 \lg \frac{v_* r_0}{\nu} + 2.0 \tag{5-35}$$

对比达西—魏斯巴赫公式（5-2）与均匀流基本方程式（5-9），得

$$\frac{\lambda}{8} = \frac{\tau_0}{\rho v^2} = \frac{v_*^2}{v^2}$$

或

$$v_* = v \sqrt{\frac{\lambda}{8}}$$

将其代入式（5-35），整理得

$$\frac{1}{\sqrt{\lambda}} = 2 \lg Re \sqrt{\lambda} - 0.8 \tag{5-36}$$

或

$$\frac{1}{\sqrt{\lambda}} = 2 \lg \frac{Re \sqrt{\lambda}}{2.51} \tag{5-37}$$

上式为紊流光滑区沿程阻力系数 λ 的半经验公式，也称尼古拉兹光滑管公式。

（2）粗糙区沿程阻力系数

按推导光滑管半经验公式的相同步骤，可得到紊流粗糙区沿程阻力系数 λ 的半经验公式，或尼古拉兹粗糙管公式，即

$$\frac{1}{\sqrt{\lambda}} = 2\lg\frac{D}{e} + 1.136 \tag{5-38}$$

或

$$\frac{1}{\sqrt{\lambda}} = 2\lg\frac{3.7}{e/D} \tag{5-39}$$

5.6.4 工业管的沿程阻力系数半经验公式

由混合长度理论结合人工粗糙管阻力实验，尼古拉兹总结出了紊流光滑区和粗糙区的半经验公式（5-37）和式（5-39），但未能得出紊流过渡区的公式。此外，上述半经验公式都是在人工粗糙管的基础上得到的，而工业管（commercial pipe）的粗糙大小不同、分布不均，与人工粗糙管有很大差异。如何把这两种不同的粗糙形式联系起来，是尼古拉兹的成果能否用于实际工程管计算的一个关键问题。

在紊流光滑区，工业管和人工粗糙管虽然粗糙不同，但都被黏性底层所掩盖，对紊流核心无影响。实验证明，式（5-37）也适用于工业管。

在紊流粗糙区，工业管和人工粗糙管道的粗糙突起，都几乎完全突入紊流核心，沿程阻力系数 λ 有着相同的变化规律，若能解决两种不同的粗糙的关系，式（5-39）也可用于工业管。

为解决这个问题，以尼古拉兹实验采用的人工粗糙为度量标准，把工业管的粗糙折算成人工粗糙，即所谓的当量粗糙（equivalent roughness）。定义：直径 D 相同、紊流粗糙区沿程阻力系数 λ 值相等的人工粗糙管的粗糙突起高度 e 为相应的工业管的当量粗糙高度。也就是说，以工业管在紊流粗糙区实测的沿程阻力系数 λ 值，代入尼古拉兹粗糙管公式（5-39），反算得到的 e 值。按沿程损失的效果折算出的工业管的当量粗糙高度是反映了粗糙的各种因素对 λ 的综合影响。常用工业管的当量粗糙高度见表 5-1。有了当量粗糙高度，式（5-39）就可用于工业管的计算。

常用工业管的当量粗糙　　表 5-1

管道材料	绝对粗糙度 e(mm)	管道材料	绝对粗糙度 e(mm)
新聚乙烯管	0～0.002	镀锌钢管	0.15
铜管,玻璃管	0.01	新铸铁管	0.15～0.5
普通钢管	0.046	旧铸铁管	1.0～1.5
涂沥青铸铁管	0.12	混凝土管	0.3～3.0
化学管材(聚乙烯管、聚氯乙烯管、玻璃纤维增强树脂加砂管等)，内衬与内涂塑料的钢管	0.01～0.03		

在紊流过渡区，与粒径均匀的人工粗糙不同，工业管的不均匀粗糙突入紊流核心是一个逐渐过程，两者的变化规律相差很大。直至 1939 年，柯列勃洛克（C. F. Colebrook，美

国工程师）给出适用于工业管紊流过渡区的计算公式，即柯列勃洛克公式

$$\frac{1}{\sqrt{\lambda}} = -2\lg\left(\frac{2.51}{Re\sqrt{\lambda}} + \frac{e/D}{3.7}\right) \tag{5-40}$$

式中　e——实际工程管的当量粗糙高度（mm）。

　　事实上，柯列勃洛克公式就是尼古拉兹光滑区公式和粗糙区公式的简单结合。然而这种结合不仅弥补了尼古拉兹紊流过渡区无公式的空缺，同时也建立了一个工业管紊流计算的普适公式。也就是说，当雷诺数 Re 很小时，公式右边括号内第二项相对第一项很小，该式接近尼古拉兹光滑区公式；当 Re 很大时，公式右边括号内第一项很小，该式接近尼古拉兹粗糙区公式。这样，柯列勃洛克公式不仅适用于工业管的紊流过渡区，还可用于紊流的全部三个阻力区，故又称为紊流综合公式。由于公式适用性广，与工业管的实验结果符合良好，因此得到了普遍应用。

　　为了简化计算，1944 年穆迪（F. Moody，美国工程师与教授，1880 年～1953 年）以柯列勃洛克公式为基础，以相对粗糙为参数，把沿程阻力系数 λ 作为雷诺数 Re 的函数，绘制出工业管的沿程阻力系数曲线图，即穆迪图，如图 5-12 所示。在图上，取不同相对粗糙 e/D 对应的曲线，根据雷诺数 Re 可直接查出沿程阻力系数 λ 值。

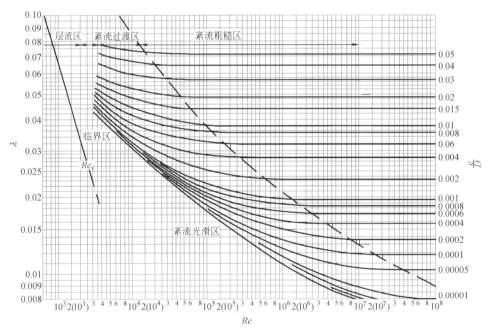

图 5-12　穆迪图

5.6.5　沿程阻力系数的经验公式

除了以上的半经验公式外，还有很多学者根据实验资料整理成不同的经验公式。

（1）布拉修斯公式

1913 年布拉修斯（H. Blasius，德国工程师、水力学家，1883 年～1970 年）提出了紊流光滑区经验公式

$$\lambda = \frac{0.316}{Re^{0.25}} \tag{5-41}$$

该式适用范围为 $3000 < Re < 10^5$。将该式代入达西—魏斯巴赫公式，可得到沿程水头损失与流速的 1.75 次方成正比的关系。

（2）谢才公式

1769 年谢才（A. Chezy，法国工程师，1718 年～1798 年）根据河渠的实测资料提出

$$v = C\sqrt{RJ} \tag{5-42}$$

式中　v——断面平均流速（m/s）；

　　　R——水力半径（m）；

　　　J——水力坡度；

　　　C——谢才系数（$m^{0.5}/s$）。

谢才公式是以不同形式给出了沿程水头损失与流速的关系。对比达西—魏斯巴赫公式，可以得到谢才系数 C 与沿程阻力系数 λ 的关系，即

$$\lambda = \frac{8g}{C^2} \tag{5-43}$$

谢才系数一般由经验公式求得。1890 年，曼宁（R. Manning，爱尔兰工程师，1816 年～1897 年）发表了他的研究结果

$$C = \frac{1}{n}R^{1/6} \tag{5-44}$$

式中　n——壁面的粗糙系数，见表 5-2 与表 5-3；

　　　R——水力半径（m）。

在 $n < 0.02$、$R < 0.5$m 的范围内，结果与实际符合较好，适用于混凝土输水管道及排水管渠的计算。还须指出，就谢才公式（5-42）本身而言，可用于有压或无压均匀流的各阻力区。但采用曼宁公式（5-44）计算的 C 值，只与壁面的粗糙有关，而与雷诺数无关，因此谢才公式在理论上仅适用于紊流粗糙区。

巴甫洛夫斯基（Н. Н. Павловский，俄罗斯水力学家，1884 年～1937 年）根据明渠水流的实验研究，于 1925 年提出谢才系数的计算公式

$$C = \frac{1}{n}R^y \tag{5-45}$$

式中 y 值可采用下式计算

$$y = 2.5\sqrt{n} - 0.13 - 0.75\sqrt{R}(\sqrt{n} - 0.10) \tag{5-46}$$

巴甫洛夫斯基公式的适用范围为 $0.1\text{m} \leqslant R \leqslant 3.0\text{m}$，$0.011 \leqslant n \leqslant 0.04$。

给水管粗糙系数　　　　　　　　　　　　　　表 5-2

管　道　类　别		粗糙系数 n
钢管、铸铁管	水泥砂浆内衬	0.011～0.012
	涂料内衬	0.0105～0.0115
	旧钢管、旧铸铁管（未加内衬）	0.014～0.018
混凝土管	预应力混凝土管（PCP）	0.012～0.013
	预应力钢筒混凝土管（PCCP）	0.011～0.0125
	矩形混凝土管道	0.012～0.014

注：引自《室外给水设计标准》GB 50013—2018。

	排水管渠粗糙系数	表 5-3		
管渠类别	粗糙系数度 n	管渠类别	粗糙系数度 n
UPVC管、PE管、玻璃钢管	0.009~0.011	浆砌砖渠道	0.015
石棉水泥管、钢管	0.012	浆砌块石渠道	0.017
陶土管、铸铁管	0.013	干砌块石渠道	0.020~0.025
混凝土及钢筋混凝土管 水泥砂浆抹面渠道	0.013~0.014	土明渠 （包括带草皮）	0.025~0.030

注：引自《室外排水设计规范》GB 50014—2006（2016年版）。

（3）海曾—威廉公式

海曾（A. Hazen）与威廉（G. S. Williams）于1905年提出管道流速与沿程水头损失的计算公式

$$v = 0.355 C_{HW} D^{0.63} J^{0.54} \tag{5-47}$$

变换上式

$$J = \frac{10.67 q_V^{1.852}}{C_{HW}^{1.852} D^{4.87}} \tag{5-48}$$

将式（5-2）代入式（5-47），解得

$$\lambda = \frac{133.38}{C_{HW}^{1.852} D^{0.167} v^{0.148}} \tag{5-49}$$

或

$$\lambda = \frac{128.74 D^{0.129}}{C_{HW}^{1.852} q_V^{0.148}} \tag{5-50}$$

式中　C_{HW}——海曾—威廉系数，由实验测得，见表5-4；

　　　q_V——流量（m³/s）；

　　　v——流速（m/s）；

　　　D——管径（m）；

　　　J——水力坡度。

	海曾—威廉系数	表 5-4
管 道 类 别		海曾—威廉系数 C_{HW}
钢管、铸铁管	水泥砂浆内衬	120~130
	涂料内衬	130~140
	旧钢管、旧铸铁管（未加内衬）	90~100
混凝土管	预应力混凝土管（PCP）	110~130
	预应力钢筒混凝土管（PCCP）	120~140
塑料管	塑料管材（聚乙烯管、聚氯乙烯管、玻璃纤维增强 树脂夹砂管等），内衬塑料的管道	140~150

注：引自《室外给水设计标准》GB 50013—2018。

海曾—威廉公式是目前许多国家用于给水管道水力计算的公式，也是我国《室外给水设计标准》GB 50013—2018 的选用公式。

【例 5-4】 长 $l=30\mathrm{m}$、管径 $D=75\mathrm{mm}$ 的旧铸铁水管，通过流量 $q_\mathrm{V}=7.25\mathrm{L/s}$，水温 $t=10℃$。试求该管段的沿程水头损失。

【解】

（1）采用穆迪图计算。

首先计算雷诺数 Re 与相对粗糙 e/D。

$$A=\frac{\pi D^2}{4}=\frac{3.14\times0.075^2}{4}=0.0044\mathrm{m}^2$$

$$v=\frac{q_\mathrm{V}}{A}=\frac{0.00725}{0.0044}=1.65\mathrm{m/s}$$

查表 1-3，$t=10℃$ 时，水的运动黏度 $\nu=1.31\times10^{-6}\mathrm{m}^2/\mathrm{s}$，于是雷诺数为

$$Re=\frac{vD}{\nu}=\frac{1.65\times0.075}{1.31\times10^{-6}}=94466$$

查表 5-1，取绝对粗糙度 $e=1.25\mathrm{mm}$，求得相对粗糙为

$$\frac{e}{D}=\frac{0.00125}{0.075}=0.017$$

在穆迪图上，找出相对粗糙 e/D 对应的曲线，由所求雷诺数查得对应的沿程阻力系数为

$$\lambda=0.046$$

再根据达西—魏斯巴赫公式，计算沿程水头损失

$$h_\mathrm{f}=\lambda\frac{l}{D}\frac{v^2}{2g}=0.046\times\frac{30}{0.075}\times\frac{1.65^2}{2\times9.8}=2.56\mathrm{m}$$

（2）采用海曾—威廉公式计算。

查表 5-4，取 $C_\mathrm{HW}=95$，由式（5-48），得

$$h_\mathrm{f}=J\cdot l=\frac{10.67q_\mathrm{V}^{1.852}l}{C_\mathrm{HW}^{1.852}D^{4.87}}=\frac{10.67\times0.00725^{1.852}\times30}{95^{1.852}\times0.075^{4.87}}=2.32\mathrm{m}$$

5.7 局部水头损失

在实际工程的管道或渠道中，设有弯头、变径管、分岔管、量水表、控制闸门以及拦污格栅等部件和设备。当液体流经这些部件或设备时，均匀流动受到破坏，流速的大小、方向或分布发生变化，产生局部阻力，引起的机械能损失称为局部水头损失。局部水头损失和沿程水头损失一样，不同的流态遵循不同的规律。但由于局部的强烈扰动，流动在较小雷诺数时就已进入阻力平方区，故本节中只讨论紊流阻力平方区的局部水头损失。

5.7.1 局部水头损失的一般分析

（1）局部水头损失产生的主要原因

造成局部水头损失的部件和设备称为局部阻碍，通过对典型局部阻碍的流动分析，如图 5-13 所示，说明局部水头损失产生的主要原因。液体流经突然扩大、突然缩小等局部阻碍时，因惯性作用，主流与壁面相脱离，并在其间形成旋涡区。在渐扩管内，液体沿程减速增压，紧靠壁面的质点由于流速较小，在反向压差作用下，主流逐渐与边壁脱离，形

成旋涡区。显然，局部水头损失同旋涡区的形成有关，旋涡区内，质点旋涡运动集中消耗机械能。此外，做涡旋运动的质点不断被主流带向下游，加剧下游一定范围内主流的紊动强度，产生附加水头损失。由于主流脱离壁面，局部阻碍附近的流速分布不断改组，也将造成额外的水头损失。

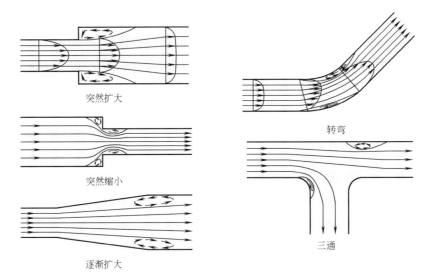

图 5-13　几种典型的局部水头损失

综上所述，主流脱离边壁，旋涡区的形成是造成局部水头损失的主要原因。实验结果表明，局部阻碍处旋涡区越大，旋涡强度越大，局部水头损失越大。

（2）局部阻力系数的影响因素

前面已给出局部水头损失计算公式

$$h_{\mathrm{m}} = \zeta \frac{v^2}{2g}$$

式中局部阻力系数 ζ 应与雷诺数 Re 和边界变化情况有关。但因受局部阻碍的强烈扰动，局部阻碍处的流动在较小的雷诺数时，已进入阻力平方区。因此，一般情况下，ζ 只决定于局部阻碍的形状，而与 Re 无关。但因局部阻碍的形式繁多，流动现象复杂，局部阻力系数多由实验确定。

5.7.2　几种典型的局部阻力系数

（1）突然扩大管

以圆管为例，设突然扩大（sudden expansion）管如图 5-14 所示。列扩前断面 1-1 和扩后断面 2-2 的伯努利方程，忽略两断面间的沿程水头损失，得

$$h_{\mathrm{m}} = \left(z_1 + \frac{p_1}{\rho g}\right) - \left(z_2 + \frac{p_2}{\rho g}\right) + \frac{\alpha_1 v_1^2 - \alpha_2 v_2^2}{2g}$$

再对 AB 断面、2-2 断面及侧壁所构成的控制体列动量方程，并将其投影在流动方向上

$$\sum F = \rho Q (\beta_2 v_2 - \beta_1 v_1)$$

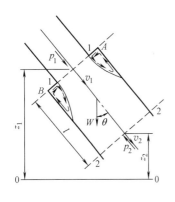

图 5-14　圆管突然扩大

式中作用力包括：

1）作用在 AB 面上的压力 F_{P1}。严格地讲，AB 面并非渐变流过水断面，但实测表明，该断面上压强基本符合水静压强分布规律，因此作用在该面上的压力可以表示成 AB 面形心点压强与该面面积的乘积，即

$$F_{P1} = p_1 A_2$$

2）作用在 2-2 面上的压力 F_{P2}。该面上的压力等于 2-2 面形心点压强与该面面积的乘积，即

$$F_{P2} = p_2 A_2$$

3）控制体内液体所受重力在运动方向的分力。该分力可表示为

$$W\cos\theta = \rho g A_2 l \cos\theta = \rho g A_2 l \frac{z_1 - z_2}{l} = \rho g A_2 (z_1 - z_2)$$

两断面之间的切应力于其他力相比，可忽略不计。于是将以上诸力代入动量方程，整理得

$$\frac{v_2}{g}(\beta_2 v_2 - \beta_1 v_1) = \left(z_1 + \frac{p_1}{\rho g}\right) - \left(z_2 + \frac{p_2}{\rho g}\right)$$

将伯努利方程与动量方程合并，得

$$h_m = \frac{v_2}{g}(\beta_2 v_2 - \beta_1 v_1) + \frac{\alpha_1 v_1^2 - \alpha_2 v_2^2}{2g}$$

在紊流状态下，式中的动能修正系数 α_1 与 α_2 和动量修正系数 β_1 与 β_2 均可近似取为 1，于是上式整理后得

$$h_m = \frac{(v_1 - v_2)^2}{2g} \tag{5-51}$$

式（5-51）即为突然扩大管的局部水头损失理论计算公式。该式由包达（J. C. Borda，法国军事工程师与数学家，1733 年～1799 年）于 1767 年提出，又称为包达公式。为把式（5-51）表示为局部水头损失的一般式。引入连续性方程

$$v_1 A_1 = v_2 A_2$$

将 v_1 和 v_2 分别代入式（5-51），得

$$h_m = \left(1 - \frac{A_1}{A_2}\right)^2 \frac{v_1^2}{2g} = \zeta_1 \frac{v_1^2}{2g} \tag{5-52}$$

或

$$h_m = \left(\frac{A_2}{A_1} - 1\right)^2 \frac{v_2^2}{2g} = \zeta_2 \frac{v_2^2}{2g} \tag{5-53}$$

式（5-52）和式（5-53）中的 ζ_1 和 ζ_2 均为突然扩大管的局部阻力系数。只是在计算时应注意与其对应的流速水头相一致。

液体在淹没情况下，即从管道流入断面很大的容器时，如图 5-15 所示，作为突然扩大的特例，根据式（5-52），面积比 A_1/A_2 近似为 0，局部阻力系数 $\zeta_{ex} = 1$。这种流动现象称为管道的出口（exit），相应的阻力系数则称为出口阻力系数。

（2）突然缩小管

突然缩小（sudden contraction）管的水头损失，如

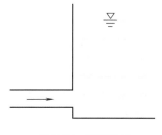

图 5-15　管道出口

图 5-16 所示，主要发生在下游管进口处收缩断面附近的旋涡区。突然缩小的局部阻力系数决定于收缩面积比 A_2/A_1，其值可按经验公式计算，与下游断面流速 v_2 相对应，即

$$h_{\mathrm{m}} = \zeta \frac{v_2^2}{2g}$$

阻力系数

$$\zeta = 0.5\left(1 - \frac{A_2}{A_1}\right) \tag{5-54}$$

当液体由断面很大的容器流入管道时，如图 5-17 所示，作为突然缩小的特例，根据式（5-54），面积比 A_2/A_1 近似为 0，局部阻力系数 $\zeta_{\mathrm{en}} = 0.5$。这种流动现象称为管道的进口（entrance），相应的阻力系数则称为进口阻力系数。

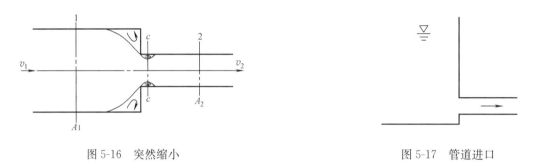

图 5-16　突然缩小　　　　　　　　　　　　图 5-17　管道进口

鉴于大量的局部阻力系数均通过实验得出，此处不再赘述，具体可通过相关图表等查得。

局部水头损失产生的主要原因除旋涡区外，对于弯管还有另一个原因，即所谓的二次流（secondary flow）现象。二次流是指液体沿弯管运动时受离心惯性力作用，弯管外侧处的压强大于弯管内侧强压，而左、右两侧压强变化不大，于是就会在过水断面上出现自外向内的压强降低，使得弯管内产生一对由管中心流向外侧，再沿管壁流向内侧的旋转流动。二次流与主流叠加，使流过弯管的液体质点作螺旋运动，从而加大了液体流经弯管的水头损失。在弯管内形成的二次流，要经过一段距离之后才能消失，弯管后面的影响长度最大可超过 50 倍管径。

局部阻力系数测定，一般是在局部阻碍前后都有足够长的均匀流段的条件下进行的。测得的损失也不仅仅是局部阻碍范围内的损失，还包括它下游一段长度上因紊动加剧而引起的损失。若局部阻碍之间相距很近，液体流出前一个局部阻碍，在流速分布和紊流脉动还未达到正常均匀流之前，又流入后一个局部阻碍，这相连的两个局部阻碍存在相互干扰，其阻力系数不等于正常条件下两个局部阻碍的阻力系数之和。实验研究表明，局部阻碍直接连接，相互干扰的结果，局部损失可能有较大的增大或减小，变化幅度约为单个正常局部损失总和的 0.5～3 倍。

5.8　边界层与绕流阻力

液体在通道内的运动，属内流问题。液体绕物体的运动，如泥沙在水中沉降、水流绕过格栅或微生物载体、河水绕过桥墩以及船舶在水中航行等，则属外流问题。绕流运动既

有液体绕过静止物体的运动，也有物体在静止液体中的运动。不论是哪一种方式，研究时，都可以把坐标系固结于物体，将物体看作静止，探讨流体相对于物体的运动。液体作用在绕流物体上的力，可分解为垂直于来流方向的分力和平行于来流方向的分力，前者称为升力（lift），后者称为绕流阻力（drag）。本节将主要讨论其中的绕流阻力以及相关的边界层（boundary layer）概念。

（1）边界层的概念

将一薄平板置于等速均匀来流中，如图 5-18 所示。当流速很大的实际液体流经平板时，紧贴壁面的一层液体在壁面上无滑移，流速 $u_x=0$。而沿壁面法线方向流速很快增大到来流速度 $u_x \approx U_0$。显然，平板上部流场存在两个不同的流动区域。一个是在贴近壁面很薄的流层内，流速梯度 du_x/dy 大，黏性的影响不能忽略，这一区域称为边界层；另一区域在边界层以外，流速梯度 $du_x/dy \approx 0$，黏性影响可以忽略，相当于理想液体运动。于是，边界层内的流动按实际液体求解，而边界层外则可按理想液体求解。实际液体运动微分方程（N-S 方程）在边界层内经量级比较略去高阶小量后可大大简化，使求解成为可能。边界层概念是普朗特在 1904 年首先提出的，为解决实际液体绕流问题开辟了新途径，并使液体绕流运动中一些复杂现象得到解释。

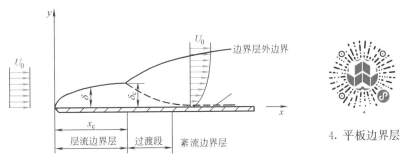

图 5-18 平板边界层

（2）曲面边界层及其分离现象

设一无限长圆柱面。液体沿垂直于圆柱方向绕流，如图 5-19 所示。当液体沿 DE 段流动时，由于流动空间减小，边界层外边界上的流速沿程增加，$\dfrac{\partial u_e}{\partial x}>0$，压强沿程减小，$\dfrac{\partial p}{\partial x}<0$。由于边界层厚度很小，可以认为边界层内法线上各点压强相等，等于边界层外边界上的压强，所以边界层内的压强变化与外边界相同，即 $\dfrac{\partial p}{\partial x}<0$。在这种顺压梯度的作用下，贴近壁面的液体克服近壁处摩擦力后，所余能量足以使其继续流动。而当液体流过 E 点后，流动区域逐渐扩大，边界层外边界上的流速沿程减小，$\dfrac{\partial u_e}{\partial x}<0$，而压强沿程增加，$\dfrac{\partial p}{\partial x}>0$，

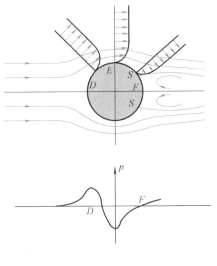

图 5-19 曲面边界层的分离

流动受逆压梯度作用。紧靠壁面的液体要克服近壁处摩擦阻力和逆压梯度作用，流速沿程迅速减缓，到 S 点动能消耗殆尽，流速减至零。S 点下游靠近壁面的液体在逆压梯度作用下出现回流，而远离壁面处的液体，因摩擦阻力较小，仍能继续向下游流动。于是由 S 点开始形成一条两侧流速方向相反的间断面，并发展成旋涡。上游来的主流和流速梯度很大的边界层，因受旋涡排挤脱离壁面，这就是曲面边界层的分离。S 点称为边界层的分离点。

在物体边界层分离点下游形成的旋涡区通称为尾流（wake）。液体绕流除了沿物体表面的摩擦阻力耗能，更有尾流旋涡耗能，使得尾流区的压强大为降低。物体上下游表面的压

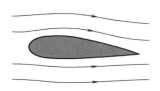

图 5-20　流线形物体

强差，造成作用于物体上的压强阻力（pressure drag）。显然，压强阻力的大小，决定于尾流区的尺度，也就是决定于边界层分离点的位置。分离点移向下游，尾流区减小，则压强阻力减小，表面摩擦阻力增加。但是，在较高雷诺数时，摩擦阻力较压强阻力小得多，因此，降低压强阻力便降低了总的阻力，工程上将这样的绕流物体称为流线形物体，如图 5-20 所示。

（3）绕流阻力

1726 年，牛顿提出以单位体积来流的动能与物体特征面积乘积的倍数表示绕流阻力的大小，即

$$F_D = C_D A \frac{\rho U_0}{2} \tag{5-55}$$

式中　C_D——绕流阻力系数；

　　　A——物体与来流垂直的迎流投影面积（m^2）；

　　　ρ——液体的密度（kg/m^3）；

　　　U_0——未受扰动的来流速度（m/s）。

绕流阻力系数 C_D 主要取决于雷诺数，并和物体的形状、表面粗糙情况以及来流的紊动强度有关，除特殊情况外，一般由实验确定。以圆球为例，进一步说明绕流阻力的变化规律。

设一直径为 D 的圆球在液体中作直线运动，其流动的雷诺数为

$$Re = \frac{\rho U_0 D}{\mu} \tag{5-56}$$

当流动的雷诺数很小时，忽略惯性项，可根据 N-S 方程得到斯托克斯公式

$$F_D = 3\pi\mu U_0 D \tag{5-57}$$

将斯托克斯公式（5-57）用绕流阻力公式（5-55）的形式表示，即

$$F_D = \frac{24\mu}{\rho U_0 D} \frac{\pi D^2}{4} \frac{\rho U_0^2}{2} = \frac{24}{Re} A \frac{\rho U_0^2}{2}$$

对比得小雷诺数圆球的绕流阻力系数为

$$C_D = \frac{24}{Re} \tag{5-58}$$

将式（5-58）点绘在双对数坐标上，并与实测数据进行比较。比较发现，在 $Re < 1$ 的情况下，斯托克斯公式与实测结果吻合较好，说明该式只适合于液体黏性大或圆球直径小的绕流运动。当 $Re > 1$ 时，斯托克斯公式将偏离实验曲线，也就是说绕流阻力系数将取决于实验，如图 5-21 所示。

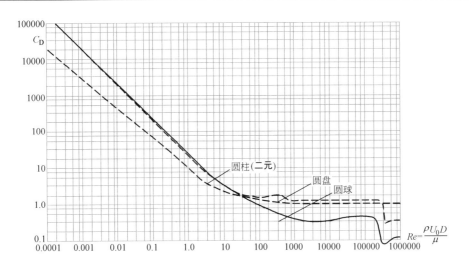

图 5-21　绕流阻力系数

在水处理的沉淀过程以及滤池的反冲洗过程中，固体颗粒在水中的运动取决于自身重力 F_G、所受浮力 F_B 与所受水流阻力 F_D 的关系。重力大于浮力与阻力之和，颗粒下降；重力小于浮力与阻力之和，颗粒上升；重力等于浮力与阻力之和，颗粒悬浮。

若颗粒（假定为圆球）的重力（固体颗粒密度为 ρ_s）

$$W=\frac{1}{6}\pi D^3\rho_s g$$

所受的浮力

$$F_B=\frac{1}{6}\pi D^3\rho g$$

所受的绕流阻力

$$F_D=\frac{1}{8}C_D\pi D^2\rho U_0^2$$

颗粒处于悬浮状态时，有

$$W=F_B+F_D$$

或

$$\frac{1}{6}\pi D^3\rho_s g=\frac{1}{6}\pi D^3\rho g+\frac{1}{8}C_D\pi D^2\rho U_0^2$$

解得的流速称为悬浮速度，即

$$u=\sqrt{\frac{4}{3}\left(\frac{\rho_s-\rho}{\rho}\right)\frac{gD}{C_D}} \tag{5-59}$$

当 $Re<1$ 时，将 $C_D=\dfrac{24}{Re}$ 代入式（5-59），可得斯托克斯悬浮速度公式

$$u=\frac{1}{18}\frac{D^2}{\mu}(\rho_s-\rho)g \tag{5-60}$$

当 $Re>1$ 时，多采用经验公式计算绕流阻力系数。

在 $1<Re<1000$ 范围内，属于过渡区，绕流阻力系数 $C_D\approx\dfrac{10}{\sqrt{Re}}$，代入式（5-59），得

阿兰（Allen）公式

$$u=\left[\left(\frac{4}{225}\right)\frac{(\rho_s-\rho)^2g^2}{\mu\rho}\right]^{\frac{1}{3}}D \tag{5-61}$$

在 $1000<Re<250000$ 范围内，绕圆球流过的水流呈紊流状态，绕流阻力系数 $C_D\approx0.4$，代入式（5-59），得牛顿（Newton）公式

$$u=1.83\sqrt{\frac{\rho_s-\rho}{\rho}gD} \tag{5-62}$$

当 $Re=250000$ 时，绕流阻力系数 C_D 值骤然下降到 0.2 左右，如图 5-21 所示，应代入式（5-59）计算球体颗粒沉速。

式（5-60）、式（5-61）和式（5-62）是在不同 Re 范围内基本公式（5-59）的特定形式，可用在设计沉淀池、清淤及污水处理等分析中。不难理解，在求某一特定颗粒沉速时，既不能直接应用基本公式（5-59），也无法确定采用式（5-60）、式（5-61）或式（5-62），因为沉速 u 本身为待求值，既然 u 为未知数，Re 也就为未知数。实际计算中常用的一种办法就是先假定沉速 u，然后再经试算以求得确定的沉速 u。

在低 Re 范围内，由于颗粒很小，测定粒径很困难，但是测定颗粒沉速往往较容易，故常以测定的沉速用斯托克斯悬浮速度公式（5-60）反算颗粒粒径。不过此粒径只是相应于球形颗粒的直径，并非实际粒径。在实用上常用沉速代表某一特定颗粒而不细究颗粒粒径。

【例 5-5】 已知球形细砂颗粒粒径 $D=0.45\text{mm}$，颗粒密度 $\rho_s=2.65\text{g/cm}^3$，水的动力黏度系数 $\mu=1.14\times10^{-3}\text{Pa}\cdot\text{s}$，求该细砂颗粒在静水中的沉速。

【解】 假定该细砂颗粒在静水中的运动属于过渡区范围，代入阿兰公式（5-61），得沉速

$$u=\left[\left(\frac{4}{225}\right)\frac{(\rho_s-\rho)^2g^2}{\mu\rho}\right]^{\frac{1}{3}}D=\left[\left(\frac{4}{225}\right)\frac{(2650-1000)^2 9.81^2}{1.14\times10^{-3}\times1000}\right]^{\frac{1}{3}}\times0.00045$$

解得 $u=0.072\text{m/s}$。

校核此时雷诺数

$$Re=\frac{\rho uD}{\mu}=\frac{1000\times0.072\times0.00045}{1.14\times10^{-3}}=28.4$$

该颗粒沉淀时，$1<Re<1000$，属过渡区范围，应用阿兰公式（5-70）解得该细砂颗粒在静水中的沉速 $u=0.072\text{m/s}$，计算结果正确。

小结及学习指导

1. 水头损失分为沿程水头损失和局部水头损失，计算水头损失的关键是确定阻力系数，即沿程阻力系数和局部阻力系数。运用雷诺数判别流态则是正确使用水头损失计算公式的前提。

2. 通过层流运动分析，从理论上认识实际流动的速度分布，并根据这一速度分布得到了圆管层流和二元明渠均匀层流总流的流量、断面平均流速、动能修正系数、动量修正系数、沿程水头损失以及沿程阻力系数的求解。紊流运动主要就紊流结构、紊流的特征与时均化和紊流切应力做了概念性的叙述，最后给出了半经验对数速度分布。

3. 尼古拉兹实验明确了紊流运动中存在着不同的阻力规律，即阻力分区。通过尼古拉兹实验得到的沿程阻力系数半经验计算公式以及其他的经验公式均存在不同的适用条件，使用中应注意区别。局部阻力系数一般由经验公式或实测得到。

4. 本章主要涉及边界层理论中绕流物体的边界层分离现象以及颗粒沉降等问题。

习　题

1. 水管直径 $D=10$cm，管中流速 $v=1$m/s，水温为 $t=10$℃。试判别流态并求临界流速。

2. 有一矩形断面的排水沟，水深 $h=15$cm，底宽 $b=20$cm，流速 $v=0.15$m/s，水温 $t=10$℃。试判别流态。

3. 输油管的直径 $D=150$mm，流量 $q_V=16.3$m³/h，油的运动黏度 $\nu=0.2$cm²/s。试求每千米管长的沿程水头损失。

4. 为了确定管径，在管内通过运动黏度 $\nu=0.013$cm²/s 的水，实测流量 $q_V=35$cm³/s，长 $l=15$m 管段上的水头损失为 $h_f=2$cmH₂O。试求此圆管的内径。

5. 油管直径 $D=75$mm，油的密度为 900kg/m³，油的运动黏度 $\nu=0.9$cm²/s，在管轴位置安放连接水银压差计的皮托管，水银面高差 $\Delta h=20$mm（图 5-22）。试求油的流量。

6. 自来水管长 $l=600$m，直径 $D=300$mm，旧铸铁管，通过流量 $q_V=60$m³/h。试用穆迪图和海曾—威廉公式分别计算沿程水头损失。

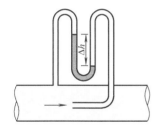

图 5-22　题 5 图

图 5-23　题 9 图

7. 预应力混凝土输水管直径为 $D=300$mm，长度 $l=500$m，沿程水头损失 $h_f=1$m。试用谢才公式和海曾—威廉公式分别求解管道中流速。

8. 圆管和正方形管道的断面面积、长度和相对粗糙都相等，且通过的流量相等。试求两种形状管道沿程损失之比：（1）管流为层流；（2）管流为紊流粗糙区。

9. 输水管道中设有阀门（图 5-23）。已知管道直径 $D=50$mm，通过流量 $q_V=3.34$L/s，水银压差计读值 $\Delta h=150$mm，沿程水头损失不计。试求阀门的局部阻力系数。

10. 水箱中的水通过等直径的垂直管道向大气流出（图 5-24）。已知水箱的水深 H，管道直径 D，管道长 l，沿程阻力系数 λ，局部阻力系数 ζ。试问在什么条件下，流量随管长的增加而减小？

11. 用突然扩大使管道的平均流速由 v_1 减到 v_2，如图 5-25 所示，若直径 D_1 及流速 v_1 一定。试求使测压管液面差 Δh 成为最大的 v_2 和 D_2 以及 Δh 的最大值。

12. 水箱中的水经管道出流（图 5-26）。已知管道直径 $D=25$mm，长度 $l=6$m，水位 $H=13$m，沿程阻力系数 $\lambda=0.02$。试求流量及管壁切应力 τ_0。

105

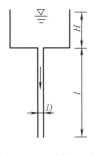

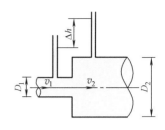

图 5-24 题 10 图

图 5-25 题 11 图

13. 水管直径 $D=50\text{mm}$，两测点间相距 $l=15\text{m}$，通过的流量 $q_V=6\text{L/s}$，水银压差计读值 $\Delta h=250\text{mm}$（图 5-27）。试求管道的沿程阻力系数。

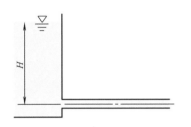

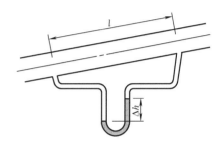

图 5-26 题 12 图

图 5-27 题 13 图

14. 两水池水位恒定（图 5-28）。已知管道直径 $D=100\text{mm}$，管长 $l=20\text{m}$，沿程阻力系数 $\lambda=0.042$，弯管和阀门的局部阻力系数分别为 $\zeta_b=0.8$，$\zeta_v=0.26$，通过流量 $q_V=65\text{L/s}$。试求水池水面高差 H。

15. 自水池中引出一根具有三段不同直径的水管（图 5-29），已知直径 $D_1=D_3=50\text{mm}$，$D_2=200\text{mm}$，长度 $l=100\text{m}$，水位 $H=12\text{m}$，沿程阻力系数 $\lambda=0.03$，阀门局部阻力系数 $\zeta_v=5.0$。试求通过水管的流量并绘总水头线及测压管水头线。

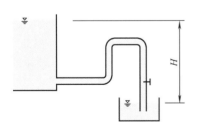

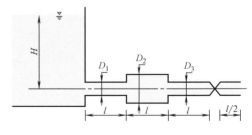

图 5-28 题 14 图

图 5-29 题 15 图

第6章 有压管流

前面各章阐述了水流运动的基本规律，从本章起将应用这些基本规律对工程中的各类水力学问题进行具体研究。本章研究有压管道中的水力学问题。

有压管流（pipe flow）指液体在管道中的满管流动，除特殊点外，管中液体的相对压强一般不等于零。工程上为了简化计算，将有压管流按沿程水头损失和局部水头损失在全部损失中所占比例不同，分为短管和长管。短管是指水头损失中，沿程水头损失和局部水头损失都占相当大比例，两者都不可忽略的管道，如水泵吸水管、虹吸管（siphon）以及建筑给水管等。长管是指水头损失以沿程水头损失为主，包括流速水头在内的局部水头损失同沿程水头损失相比很小，可按百分比近似折算成沿程水头损失或忽略不计，仍能满足工程要求的管道，如市政给水干管等。

本章先叙述短管的水力计算，然后讨论长管的水力计算，最后阐述管网水力计算基础和有压管流中的水击现象。

6.1 短管的水力计算

6.1.1 基本公式

按液体流经管道后出流的方式分为自由出流和淹没出流。

以水为例，短管自由出流指水流经管道后流入大气，流出管口的水流各点压强均等于大气压。短管淹没出流指水流经管道后直接流入水中，并发生出口局部水头损失。

短管流动的基本公式是在伯努利方程的基础上，结合水头损失的计算公式以及自身特点得到的。设短管自由出流，如图 6-1 所示。取水箱内过水断面 1-1 与管道出口断面 2-2 为计算断面列伯努利方程，其中 $v_1 \approx 0$，有

$$H = \frac{\alpha v^2}{2g} + h_l$$

水头损失 $h_l = \left(\lambda \frac{l}{D} + \Sigma \zeta \right) \frac{v^2}{2g}$，代入上式整理得流速

$$v = \frac{1}{\sqrt{\alpha + \lambda \dfrac{l}{D} + \Sigma \zeta}} \sqrt{2gH}$$

令 $\mu_s = \dfrac{1}{\sqrt{\alpha + \lambda \dfrac{l}{D} + \Sigma \zeta}}$，于是流量

$$q_v = vA = \mu_s A \sqrt{2gH} \tag{6-1}$$

式中　μ_s——短管管系流量系数；

H——作用水头。

式（6-1）为短管自由出流的基本公式。

短管淹没出流与短管自由出流具有同样形式的计算公式，可由对图 6-2 所示短管淹没出流列伯努利方程得到。不同之处在于短管淹没出流基本公式中的作用水头为短管上下游自由液面高差，管系流量系数为 $\mu_s = \dfrac{1}{\sqrt{\lambda \dfrac{l}{D} + \Sigma \zeta}}$，局部阻力系数中包含出口阻力系数。

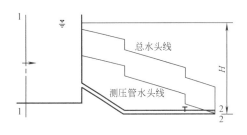

图 6-1　短管自由出流

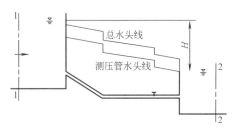

图 6-2　短管淹没出流

6.1.2　基本问题

短管水力计算的基本问题有三类：

第一类为已知作用水头、管道长度、直径、管材（管壁粗糙情况）和局部阻碍的组成，求流量；

第二类为已知流量、管道长度、直径、管材和局部阻碍的组成，求作用水头；

第三类为已知流量、作用水头、管道长度、管材和局部阻碍的组成，求直径。

以上各类问题都能通过建立伯努利方程求解，也可以直接用基本公式（6-1）求解，下面结合实际问题做进一步说明。

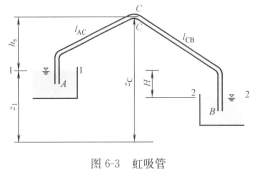

图 6-3　虹吸管

（1）虹吸管的水力计算

管道轴线的一部分高出上游供水的自由液面，这样的管道称为虹吸管，如图 6-3 所示。应用虹吸管输水，具有可以跨越高地，减少挖方，以及便于自动操作等优点，在市政工程中广泛应用。

由于虹吸管部分管段高出自由液面，管内必存在真空区段。若其内真空度增至极限值，管中的水汽化并在虹吸管顶部聚集，形成气塞，阻碍水流运动。为保证虹吸管正常过流，工程上限制管内最大真空高度不超过允许值 $[h_v] = 7 \sim 8.5 \text{mH}_2\text{O}$。

根据流动特点，虹吸管按淹没出流计算流量，即

$$q_v = \mu_s A \sqrt{2gH}$$

式中 $\mu_s = \dfrac{1}{\sqrt{\lambda \dfrac{l_{AB}}{D} + \underset{AB}{\Sigma} \zeta}}$，$l$ 为虹吸管的管长，D 为管径，局部水头损失包括进口、3 个弯道

和出口。

虹吸管最大真空高度的计算可直接应用伯努利方程。取已知断面 1-1 和最大真空断面 C-C 列伯努利方程，其中 $v_1 \approx 0$，得

$$\frac{p_{\mathrm{abm}} - p_{\mathrm{C}}}{\rho g} = (z_{\mathrm{C}} - z_1) + \left(\alpha + \lambda \frac{l_{\mathrm{AC}}}{D} + \sum_{AC} \zeta\right) \frac{v^2}{2g}$$

即

$$\frac{p_{\mathrm{v}}}{\rho g} = h_{\mathrm{s}} + \left(\alpha + \lambda \frac{l_{\mathrm{AC}}}{D} + \sum_{AC} \zeta\right) \frac{v^2}{2g} < [h_{\mathrm{v}}] \tag{6-2}$$

$$\frac{p_{\mathrm{v}}}{\rho g} = h_{\mathrm{s}} + \frac{\alpha + \lambda \dfrac{l_{\mathrm{AC}}}{D} + \sum\limits_{AC} \zeta}{\lambda \dfrac{l_{\mathrm{AB}}}{D} + \sum\limits_{AB} \zeta} H < [h_{\mathrm{v}}]$$

h_{s} 称为虹吸管超高。为保证虹吸管正常工作，必须要满足 $\dfrac{p_{\mathrm{v}}}{\rho g} < [h_{\mathrm{v}}]$，这对虹吸管的安装高度 h_{s} 和作用水头 H 都提出了限制。

【例 6-1】 如图 6-3 所示虹吸管，上下游水池的水位差 $H = 2\mathrm{m}$，管长 $l_{\mathrm{AC}} = 15\mathrm{m}$，$l_{\mathrm{CB}} = 20\mathrm{m}$，管径 $D = 200\mathrm{mm}$。进口阻力系数 $\zeta_{\mathrm{en}} = 0.5$，出口阻力系数 $\zeta_{\mathrm{ex}} = 1$，各转弯的阻力系数 $\zeta_{\mathrm{b}} = 0.2$，沿程阻力系数 $\lambda = 0.025$，管顶最大允许吸水真空高度 $[h_{\mathrm{v}}] = 7\mathrm{m}$。试求通过流量及管道最大的允许超高 h_{s}。

【解】 根据

$$v = \frac{1}{\sqrt{\lambda \dfrac{l_{\mathrm{AB}}}{D} + \zeta_{\mathrm{en}} + 3\zeta_{\mathrm{b}} + \zeta_{\mathrm{ex}}}} \sqrt{2gH}$$

$$= \frac{1}{\sqrt{0.025 \times \dfrac{35}{0.2} + 0.5 + 0.6 + 1}} \sqrt{2 \times 9.8 \times 2} = 2.46\mathrm{m/s}$$

得流量为

$$q_{\mathrm{v}} = vA = 0.077\mathrm{m}^3/\mathrm{s}$$

将 $\dfrac{p_{\mathrm{v}}}{\rho g}$ 以 $\left[\dfrac{p_{\mathrm{v}}}{\rho g}\right] = 7\mathrm{m}$ 代入式（6-2）

$$\frac{p_{\mathrm{v}}}{\rho g} = h_{\mathrm{s}} + \left(\alpha + \lambda \frac{l_{\mathrm{AC}}}{D} + \sum_{AC} \zeta\right) \frac{v^2}{2g}$$

整理得最大允许超高为

$$h_{\mathrm{s}} = \left(\frac{p_{\mathrm{v}}}{\rho g}\right) - \left(\alpha + \lambda \frac{l_{\mathrm{AC}}}{D} + \sum_{AC} \zeta\right) \frac{v^2}{2g}$$

$$= 7 - \left(1 + 0.025 \times \frac{15}{0.2} + 0.5 + 0.2 \times 2\right) \frac{2.46^2}{19.6} = 5.83\mathrm{m}$$

（2）水泵吸水管的水力计算

水泵吸水管的水力计算，主要为确定泵的安装高度，即泵轴线在吸水池水面上的高度 H_{p}，如图 6-4 所示。

取吸水池水面 1-1 和水泵进口断面 2-2 列伯努利方程，忽略吸水池水面流速，得

$$\frac{p_{\mathrm{abm}}}{\rho g} = H_{\mathrm{p}} + \frac{p_2}{\rho g} + \frac{\alpha v^2}{2g} + h_l$$

则
$$H_{p}=h_{v}-\left(\alpha+\lambda\frac{l}{D}+\sum\zeta\right)\frac{v^{2}}{2g} \tag{6-3}$$

式中　H_{p}——水泵安装高度（m）；

　　　h_{v}——水泵进口断面真空高度 $h_{v}=\dfrac{p_{abm}-p_{2}}{\rho g}$（m）；

　　　λ——吸水管沿程阻力系数；

　　　$\sum\zeta$——吸水管各项局部阻力系数之和。

　　式（6-3）表明，水泵的安装高度与其进口的真空高度有关。进口断面的真空高度是有限制的，当该断面绝对压强低于该水温下的汽化压强时，水汽化生成大量气泡，气泡随

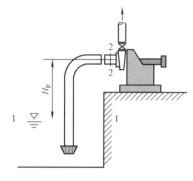

图 6-4　离心泵抽水系统

水流进入泵内，受到压缩而突然溃灭。周围的水以极大的速度向溃灭点冲击，在该点造成高达数十兆帕的压强。这个过程发生在水泵部件的表面，就会使部件很快损坏，发生气蚀。为防止气蚀，通常由实验确定允许吸水真空高度 $[h_{v}]$，作为水泵的性能指标之一。

【例 6-2】　离心泵抽水系统如图 6-4 所示。已知泵的抽水量 $q_{v}=8.8L/s$，吸水管长度与直径分别为 $l=7.5m$ 和 $D=100mm$，吸水管沿程阻力系数 $\lambda=0.045$，有滤网底阀的局部阻力系数 $\zeta_{v}=7.0$，直角弯管局部阻力系数 $\zeta_{b}=0.3$，泵的允许吸水真空高度 $[h_{v}]=5.7m$，

试确定水泵的最大安装高度 H_{p}。

【解】　由式（6-3）

$$H_{p}=h_{v}-\left(\alpha+\lambda\frac{l}{D}+\sum\zeta\right)\frac{v^{2}}{2g}$$

式中　局部阻力系数总和 $\sum\zeta=7+0.3=7.3$

　　　管中流速　　　　　$v=\dfrac{4q_{v}}{\pi D^{2}}=1.12m/s$

h_{v} 以允许吸水真空高度 $[h_{v}]=5.7m$ 代入，得最大安装高度

$$H_{p}=5.7-\left(1+0.045\times\frac{7.5}{0.1}+7.3\right)\frac{1.12^{2}}{19.6}=4.95m$$

　（3）短管直径计算

　　管道直径的计算，最后化简为解算高次代数方程，难以由公式直接求解。一般可采用试算法，或编程计算。

【例 6-3】　圆形倒虹管（adverse siphon），如图 6-5 所示。管长 $l=50m$，上、下游水位差 $H=3m$。管道的沿程阻力系数 $\lambda=0.03$。局部阻力系数：进口 $\zeta_{en}=0.5$，转弯 $\zeta_{b}=0.65$，出口 $\zeta_{ex}=1$，通过流量 $q_{v}=2.9m^{3}/s$。计算所需管径 D。

图 6-5　倒虹管

【解】　取上、下游过水断面 1-1、2-2 列伯努利方程。忽略上、下游流速，得

$$H=h_{l}=\left(\lambda\frac{l}{D}+\zeta_{en}+\zeta_{ex}+2\zeta_{b}\right)\frac{1}{2g}\left(\frac{4q_{v}}{\pi D^{2}}\right)^{2}$$

代入已知数值，化简得

$$3D^5 - 1.949D - 1.044 = 0$$

用试算法求 D，设 $D=1.0$m 代入上式

$$3 \times 1 - 1.949 \times 1 - 1.044 \approx 0$$

采用规格管径 $D=1.0$m。

6.2 长管的水力计算

6.2.1 简单管道

沿程直径不变，流量不变的管道称为简单管道。简单管道是复杂管道水力计算的基础。

由水箱引出简单管道，长度 l，直径 D，水箱水面距管道出口高度为 H，如图 6-6 所示。

取水箱内过水断面 1-1 和管道出口断面 2-2，列伯努利方程

$$H = \frac{\alpha_2 v_2^2}{2g} + h_f + h_m$$

因长管 $\left(\dfrac{\alpha_2 v_2^2}{2g} + h_m\right) \ll h_f$，可以忽略不计，则

$$H = h_f \qquad (6-4)$$

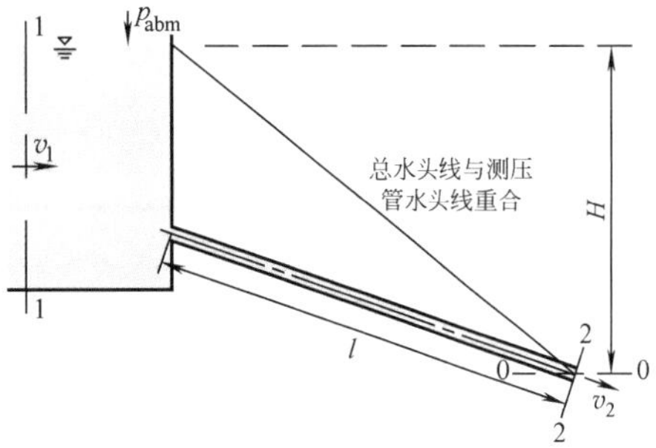

图 6-6 简单管道

式（6-4）表明长管的全部作用水头都消耗为沿程水头损失，总水头线是连续下降的直线，并与测压管水头线重合。

根据式（6-4）可以解决与短管水力计算相同的三类问题，并将计算公式表示为作用水头与流量的直接关系。

将达西—魏斯巴赫公式代入式（6-4）

$$H = h_f = \lambda \frac{l}{D} \frac{v^2}{2g} = \frac{8\lambda}{g\pi^2 D^5} l q_v^2$$

令其中

$$a = \frac{8\lambda}{g\pi^2 D^5} \qquad (6-5)$$

代入上式，得

$$H = h_f = a l q_v^2 = s q_v^2 \qquad (6-6)$$

或

$$J = \frac{h_f}{l} = a q_v^2 \qquad (6-7)$$

式中 a——单位管长的阻抗，称比阻（s^2/m^6）；

         s——阻抗（s^2/m^5）；

         J——水力坡度。

若将沿程阻力系数与谢才系数的关系式（5-43）代入式（6-5），则可得用谢才系数表示的比阻关系式

111

$$a=\frac{64}{\pi^2 C^2 D^5} \tag{6-8}$$

显然，比阻 a 取决于沿程阻力系数 λ 或谢才系数 C 与管径 D，使用中可根据具体的沿程阻力系数 λ 或谢才系数 C 计算公式求得比阻。例如选用曼宁公式（5-44）计算谢才系数 C，得比阻的计算式为

$$a=\frac{10.3n^2}{D^{5.33}} \tag{6-9}$$

式中 n——壁面的粗糙系数。

或将其以表格形式表示，见表 6-1。

曼宁公式比阻计算表　　　　　　　表 6-1

水管直径（mm）	$n=0.012$	$n=0.013$	$n=0.014$
75	1480	1740	2010
100	319	375	434
125	96.5	113	131
150	36.7	43.0	49.9
200	7.92	9.30	10.8
250	2.41	2.83	3.28
300	0.911	1.07	1.24
350	0.401	0.471	0.545
400	0.196	0.230	0.267
450	0.105	0.123	0.143
500	0.0598	0.0702	0.0815
600	0.0226	0.0265	0.0307
700	0.00993	0.0117	0.0135
800	0.00487	0.00573	0.00663
900	0.00260	0.00305	0.00354
1000	0.00148	0.00174	0.00201

【例 6-4】 由水塔向车间供水（图 6-7），采用铸铁管。管长 $l=2500\mathrm{m}$，管径 $D=400\mathrm{mm}$，水塔地面标高 $z_t=61\mathrm{m}$，水塔水面距地面的高度 $H_1=18\mathrm{m}$，车间地面标高 $z_w=45\mathrm{m}$，供水点需要的最小服务水头 $H_2=25\mathrm{m}$，求供水量 q_v。

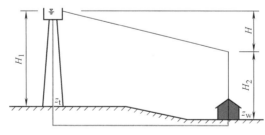

图 6-7 长管计算

【解】 首先计算作用水头

$$H=(z_t+H_1)-(z_w+H_2)$$
$$=(61+18)-(45+25)=9\mathrm{m}$$

由表 5-2 知铸铁管粗糙系数 $n=0.013$，查表 6-1 知 $D=400\mathrm{mm}$ 的铸铁管比阻 $a=0.23\mathrm{s}^2/\mathrm{m}^6$，代入式（6-6），得

$$q_v=\sqrt{\frac{H}{al}}=\sqrt{\frac{9}{0.23\times2500}}=0.125\mathrm{m}^3/\mathrm{s}$$

【例 6-5】 上题中，如车间需水量 $q_v=0.152\mathrm{m}^3/\mathrm{s}$，管线布置、地面标高及供水点需要

的最小服务水头都不变，试设计水塔高度。

【解】　由表 6-1 查得 $a=0.23\mathrm{s}^2/\mathrm{m}^6$，代入式（6-6），得

$$H=h_{\mathrm{f}}=alq_{\mathrm{v}}^2=0.23\times2500\times0.152^2=13.28\mathrm{m}$$

于是　　　$H=(z_{\mathrm{t}}+H_1)-(z_{\mathrm{w}}+H_2)=(61+H_1)-(45+25)=13.28\mathrm{m}$

得水塔高 $H_1=22.28\mathrm{m}$。

【例 6-6】　保持上题车间需水量 $q_{\mathrm{v}}=0.152\mathrm{m}^3/\mathrm{s}$，水塔高度 $H_1=18\mathrm{m}$，管线布置、地面标高以及供水点需要的最小服务水头都不变，试计算管径 D。

【解】　首先计算作用水头

$$H=(z_{\mathrm{t}}+H_1)-(z_{\mathrm{w}}+H_2)=(61+18)-(45+25)=9\mathrm{m}$$

代入式（6-6），得比阻

$$a=\frac{H}{lq_{\mathrm{v}}^2}=\frac{9}{2500\times(0.152)^2}=0.156\mathrm{s}^2/\mathrm{m}^6$$

由表 6-1 查得

$$D_1=450\mathrm{mm}\quad a_1=0.123\mathrm{s}^2/\mathrm{m}^6$$
$$D_2=400\mathrm{mm}\quad a_2=0.230\mathrm{s}^2/\mathrm{m}^6$$

可见所需管径在 D_1 与 D_2 之间。由于无此规格的产品，采用管径较小者，流量达不到要求，采用管径较大者将浪费管材。合理的办法是在满足管道总长度的前提下，两个直径（450mm 和 400mm）的管道各取一部分，并串接起来，即串联管道。

6.2.2　串联管道

由直径不同的管段顺序串接起来的管道，称为串联管道（pipes in series）。串联管道常用于沿程向几处输水，经过一段距离后有流量分出，随着沿程流量减少，所采用的管径也相应减小的情况。

设串联管道，如图 6-8 所示。各管段的长度分别为 l_1、l_2……，相应的管径分别为 D_1、D_2……，通过流量分别为 q_{v1}、q_{v2}……，两管段的连接点，即节点处分出流量分别为 q_{j1}、q_{j2}……。根据连续性方程流向节点的流量等于流出节点的流量，即节点流量平衡

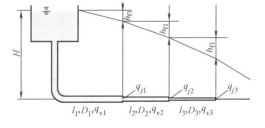

图 6-8　串联管道

$$q_{\mathrm{v1}}=q_{j1}+q_{\mathrm{v2}}$$
$$q_{\mathrm{v2}}=q_{j2}+q_{\mathrm{v3}}$$

一般形式为　　　　　　　$q_{\mathrm{v}i}=q_{ji}+q_{\mathrm{v}i+1}$　　　　　　　　（6-10）

因为串联管道每段管段均为简单管道，水头损失按公式（6-6）计算，即

$$h_{\mathrm{f}i}=a_il_iq_{\mathrm{v}i}^2=s_iq_{\mathrm{v}i}^2$$

式中　a_i——管段的比阻（$\mathrm{s}^2/\mathrm{m}^6$）；

　　　s_i——管段的阻抗（$\mathrm{s}^2/\mathrm{m}^5$）。

串联管道的总水头损失等于各管段水头损失的总和

$$H=\sum_{i=1}^{n}h_{\mathrm{f}i}=\sum_{i=1}^{n}s_iq_{\mathrm{v}i}^2\qquad\qquad(6\text{-}11)$$

当节点无流量分出，通过各管段的流量相等，即 $q_{v1}=q_{v2}=\cdots=q_v$ 时，总管路的阻抗 s 等于各管段的阻抗叠加，即 $s=\sum\limits_{i=1}^{n}s_i$。

于是式（6-11）可化简为

$$H=sq_v^2 \tag{6-12}$$

串联管道的水头线是一条折线，这是因为各管段的水力坡度不等之故。

【例 6-7】 在【例 6-6】中，为了充分利用水头和节省管材，采用 450mm 和 400mm 两种直径管段串联。试求每段的长度。

【解】 设 $D_1=450$mm 的管段长 l_1，$D_2=400$mm 的管段长 l_2，由表 6-1 查得

$$D_1=450\text{mm} \quad a_1=0.123\text{s}^2/\text{m}^6$$
$$D_2=400\text{mm} \quad a_2=0.230\text{s}^2/\text{m}^6$$

根据

$$H=alq_v^2=(a_1l_1+a_2l_2)q_v^2$$

得

$$\frac{H}{q_v^2}=al=a_1l_1+a_2l_2$$

或

$$390=0.123l_1+0.230l_2$$

另外

$$l_1+l_2=2500$$

联立求解上两式，得

$$l_1=1729\text{m} \qquad l_2=2500-1729=771\text{m}$$

6.2.3　并联管道

在两节点之间，首尾并接两根以上支管的管道称为并联管道（pipes in parallel），如图 6-9 所示。图中节点 A、B 之间就是三根并接的并联管道。

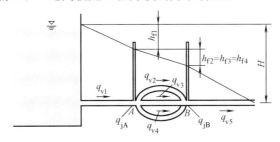

图 6-9　并联管道

设并联节点 A、B 间各支管流量分别为 q_{v2}、q_{v3} 和 q_{v4}，节点分出流量分别为 q_{jA} 和 q_{jB}。由节点流量平衡条件得

节点 A　　　　　　　　　　$q_{v1}=q_{jA}+q_{v2}+q_{v3}+q_{v4}$

节点 B　　　　　　　　　　$q_{v2}+q_{v3}+q_{v4}=q_{jB}+q_{v5}$

因为各支管的首端 A 和末端 B 是共同的，则受单位重力作用的液体由断面 A 通过 A、B 间任一根支管至断面 B 的水头损失，均等于 A、B 两断面的总水头差，即

$$h_{f2}=h_{f3}=h_{f4}=h_{fAB} \tag{6-13}$$

以阻抗和流量表示

$$s_2q_{v2}^2=s_3q_{v3}^2=s_4q_{v4}^2=sq_v^2 \tag{6-14}$$

式（6-14）表示了并联管道各支管流量与总流量及其相互间的关系。其中 s 为并联管道的总阻抗，q_v 为总流量。式（6-14）还可以表示成

$$\frac{q_{vi}}{q_{vj}} = \sqrt{\frac{s_j}{s_i}} \tag{6-15}$$

或

$$\frac{q_{vi}}{q_v} = \sqrt{\frac{s}{s_i}} \tag{6-16}$$

式中 i、j 表示任意支管，式（6-15）与式（6-16）为并联管道流量分配规律。

由于 $q_v = q_{v2} + q_{v3} + q_{v4}$，由式（6-16）可得

$$\frac{1}{\sqrt{s}} = \frac{1}{\sqrt{s_2}} + \frac{1}{\sqrt{s_3}} + \frac{1}{\sqrt{s_4}} \tag{6-17}$$

【例 6-8】 三根并联铸铁输水管道，如图 6-10 所示，由节点 A 分出，在节点 B 重新汇合。已知总流量 $q_v = 0.28\text{m}^3/\text{s}$；管长 $l_1 = 500\text{m}$，$l_2 = 800\text{m}$，$l_3 = 1000\text{m}$；直径 $D_1 = 300\text{mm}$，$D_2 = 250\text{mm}$，$D_3 = 200\text{mm}$。试求各并联支管的流量及 AB 间的水头损失 h_{fAB}。

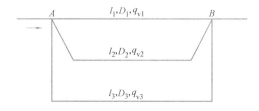

图 6-10 并联管道计算

【解】 并联支管的比阻由表 6-1 查得

$$D_1 = 300\text{mm} \quad a_1 = 1.07\text{s}^2/\text{m}^6$$
$$D_2 = 250\text{mm} \quad a_2 = 2.83\text{s}^2/\text{m}^6$$
$$D_3 = 200\text{mm} \quad a_3 = 9.30\text{s}^2/\text{m}^6$$

由式（6-14）得

$$a_1 l_1 q_{v1}^2 = a_2 l_2 q_{v2}^2 = a_3 l_3 q_{v3}^2$$

将各 a，l 值代入上式，得

$$1.07 \times 500 q_{v1}^2 = 2.83 \times 800 q_{v2}^2 = 9.30 \times 1000 q_{v3}^2$$

即

$$535 q_{v1}^2 = 2264 q_{v2}^2 = 9300 q_{v3}^2$$

则

$$q_{v1} = 4.17 q_{v3}$$
$$q_{v2} = 2.03 q_{v3}$$

由连续性方程得

$$q_{v1} + q_{v2} + q_{v3} = q_v$$
$$(4.17 + 2.03 + 1) q_{v3} = 0.28\text{m}^3/\text{s}$$

所以

$$q_{v3} = 0.0389\text{m}^3/\text{s}$$
$$q_{v2} = 0.0789\text{m}^3/\text{s}$$
$$q_{v1} = 0.1622\text{m}^3/\text{s}$$

AB 间水头损失为

$$h_{fAB} = a_3 l_3 q_{v3}^2 = 9.30 \times 1000 \times 0.0389^2 = 14.07\text{m}$$

6.2.4 沿程均匀泄流管道

前面所述管道流动中，在一段路程内通过的流量是不变的，这种流量称为通过流量或

115

转输流量。除此以外，还有一种管道流动，例如水处理设备中的穿孔管等，管道中除一部分通过流量外，还有一部分沿流动路程从管壁的开孔口不断泄出的流量，称之为途泄流量或沿线流量。泄流方式以单位管长等流量泄流最为简单，以这种方式泄流的管道称为沿程均匀泄流管道。

设沿程均匀泄流管长度为 l，直径为 D，通过流量 q_{vp}，总途泄流量 q_{vs}，如图 6-11 所示。

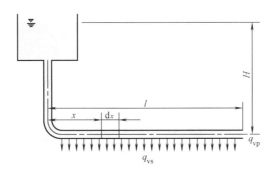

图 6-11　均匀泄流管道

距开始泄流断面 x 处，取长度 dx 管段，认为通过该管段的流量 q_{vx} 不变。其水头损失按简单管道计算，即

$$q_{vx} = q_{vp} + q_{vs} - \frac{q_{vs}}{l}x$$

$$dh_f = aq_{vx}^2 dx = a\left(q_{vp} + q_{vs} - \frac{q_{vs}}{l}x\right)^2 dx$$

整个泄流管段的水头损失

$$h_f = \int_0^l dh_f = \int_0^l a\left(q_{vp} + q_{vs} - \frac{q_{vs}}{l}x\right)^2 dx$$

当管段直径和粗糙一定，且流动处于粗糙管区时，比阻 a 是常数，积分上式得

$$h_f = al\left(q_{vp}^2 + q_{vp}q_{vs} + \frac{1}{3}q_{vs}^2\right) \tag{6-18}$$

为便于计算，式（6-18）可近似简化成

$$h_f = al(q_{vp} + 0.55q_{vs})^2 = alq_{vc}^2 \tag{6-19}$$

式（6-19）将途泄流量折算成通过流量来计算沿程均匀泄流管段的水头损失。

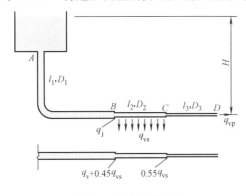

图 6-12　复杂管道计算

若管段无通过流量，只有途泄流量，即 $q_{vp} = 0$，由式（6-18）得

$$h_f = \frac{1}{3}alq_{vs}^2 \tag{6-20}$$

式（6-20）表明只有途泄流量的管道，水头损失是通过相同数量的通过流量的三分之一。

【例 6-9】　水塔供水的输水管道，由三段铸铁管串联而成，BC 为均匀泄流管段，如图 6-12 所示。其中 $l_1 = 500m$，$l_2 = 150m$，$l_3 = 200m$；$D_1 = 200mm$，$D_2 = 150mm$，$D_3 = $

100mm。节点 B 分出流量 $q_{\mathrm{j}} = 0.01\mathrm{m}^3/\mathrm{s}$，通过流量 $q_{\mathrm{vp}} = 0.02\mathrm{m}^3/\mathrm{s}$，途泄流量 $q_{\mathrm{vs}} = 0.015\mathrm{m}^3/\mathrm{s}$。试求所需的作用水头 H。

【解】 首先将 BC 段途泄流量折算成通过流量，按式（6-19），把 $0.55q_{\mathrm{vs}}$ 加在节点 C，其余 $0.45q_{\mathrm{vs}}$ 加在节点 B，则各管段流量分别为

$$q_{\mathrm{v1}} = q_{\mathrm{j}} + q_{\mathrm{vs}} + q_{\mathrm{vp}} = 0.045\mathrm{m}^3/\mathrm{s}$$
$$q_{\mathrm{v2}} = 0.55q_{\mathrm{vs}} + q_{\mathrm{vp}} = 0.028\mathrm{m}^3/\mathrm{s}$$
$$q_{\mathrm{v3}} = q_{\mathrm{vp}} = 0.02\mathrm{m}^3/\mathrm{s}$$

整个管道由三段支管串联而成，作用水头等于各支管水头损失之和。各支管的比阻由表 6-1 查得

$$D_1 = 200\mathrm{mm} \quad a_1 = 9.30\mathrm{s}^2/\mathrm{m}^6$$
$$D_2 = 150\mathrm{mm} \quad a_2 = 43.0\mathrm{s}^2/\mathrm{m}^6$$
$$D_3 = 100\mathrm{mm} \quad a_3 = 113\mathrm{s}^2/\mathrm{m}^6$$

作用水头为

$$
\begin{aligned}
H &= \sum h_{\mathrm{f}} = a_1 l_1 q_{\mathrm{v1}}^2 + a_2 l_2 q_{\mathrm{v2}}^2 + a_3 l_3 q_{\mathrm{v3}}^2 \\
&= 9.30 \times 500 \times 0.045^2 + 43.0 \times 150 \times 0.028^2 + 113 \times 200 \times 0.02^2 \\
&= 23.51\mathrm{m}
\end{aligned}
$$

6.3 管网水力计算基础

在给水工程中往往将许多管段组合成为配水管网（distribution system）。按管网的布置形式可分为枝状管网（branch system or dead-end system）和环状管网（gridiron system）两种，如图 6-13 所示。

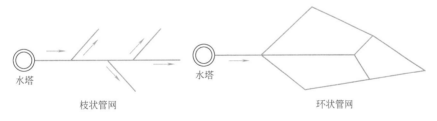

水塔

枝状管网

水塔

环状管网

图 6-13 管网

管网内各管段的管径是根据流量 q_{v} 及速度 v 两者来决定的。在流量 q_{v} 一定的条件下，管径随着所选择速度 v 的大小而不同。流速大，则管径小，管道造价低；但流速大，导致水头损失大，又会增加水塔高度或水泵运转的经常费用。相反，流速小，管径大，管道造价高。然而管内液体流速的降低会减少水头损失，从而减少了水泵运转的经常费用。

所以在确定管径时，应作经济比较。采用一定的流速使得供水总成本（包括铺筑水管的建筑费、泵站建筑费、水塔建筑费及抽水经常运营费之总和）最低。这种流速称为经济流速 v_{e}。

经济流速涉及的因素很多，综合实际的设计经验及技术经济资料，对于中小直径的给水管路，当直径 $D = 100 \sim 400\mathrm{mm}$ 时，经济流速 $v_{\mathrm{e}} = 0.6 \sim 1.0\mathrm{m}/\mathrm{s}$；当直径 $D > 400\mathrm{mm}$ 时，经济流速 $v_{\mathrm{e}} = 1.0 \sim 1.4\mathrm{m}/\mathrm{s}$。但这也因地因时而略有不同。

6.3.1　枝状管网

枝状管网的水力计算，可分为新建给水系统的设计及扩建已有给水系统的设计两种情况。

新建给水系统的设计通常是已知管道沿线地形、各管段长度、通过的流量和端点要求的自由水头，要求确定管道的各段直径及水塔高度，如图 6-14 所示。

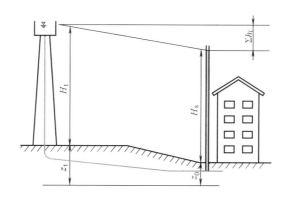

图 6-14　设计计算水塔高度

计算时，首先按经济流速在已知流量下选择管径。然后利用式 $h_{fi}=a_i l_i q_{vi}^2$ 在已知流量 q_v、直径 D 及管长 l 的条件下，计算出各管段的水头损失 h_{fi}。最后按串联管道计算干线中从水塔到管网控制点的总水头损失（管网的控制点指在管网中水塔至该点的总水头损失、地形标高差和要求最小服务水头三项之和最大值之点）。水塔高度 H_t 可按下式求得

$$H_t=\sum h_f+H_s+z_0-z_t=\sum a_i l_i q_{vi}^2+H_s+z_0-z_t$$

式中　　H_s——控制点的最小服务水头（m）；

　　　　z_0——控制点的地形标高（m）；

　　　　z_t——水塔处的地形标高（m）；

　　$\sum h_f$——从水塔到管网控制点的总水头损失。

扩建已有给水系统的设计则是根据管道沿线地形、水塔高度、管道长度、用水点的最小服务水头以及通过的流量，确定管径。

因水塔已建成，用前述经济流速计算管径，不能保证供水的技术经济要求，对此情况，根据枝状管网各干线的已知条件，算出它们各自的平均水力坡度 $J=\dfrac{H_t+(z_t-z_0)-H_s}{\sum l_i}$。然后选择其中平均水力坡度最小，即 $J=J_{min}$ 的干线作为控制干线进行设计。

控制干线上按水头损失均匀分配，即各段水力坡度相等的条件，由式（6-7）计算各管段比阻

$$a_i=\frac{J}{q_{vi}^2}$$

按照求得的 a_i 值就可选择各管段的直径。实际选用时，可取部分管段比阻 a 大于计算值 a_i，部分小于计算值，使得这些管段的组合正好满足在给定水头下通过需要的流量。当

控制干线确定后计算出各节点的水头，并以此为准，继续设计各支线管径。

【例 6-10】 一枝状管网从水塔 0 沿 0-1 干线输水，各节点要求供水量如图6-15所示，各管段长度见表 6-2。此外，水塔处的地形标高和点 4、点 7 的地形标高相同，点 4 和点 7 要求的最小服务水头同为 $H_s = 12m$，采用铸铁管。试求各管段的直径与水头损失以及水塔的高度。

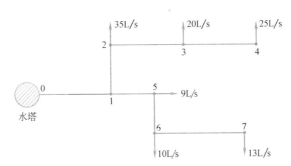

图 6-15 枝状管网水力计算

【解】 首先根据经济流速选择各管段的直径

$$D = \sqrt{\frac{4q_v}{\pi v_e}}$$

然后对照规格选取各管段管径且确定在经济流速范围内，查表 6-1 得各管段比阻并根据式（6-6）列表计算，见表 6-2。

例 6-10 计算用表　　　　　表 6-2

	已　知　数　值		计　算　所　得　数　值			
管段	管段长 l（m）	流量 q_v（m³/s）	管径 D（mm）	流速 v（m/s）	比阻 a（s²/m⁶）	水头损失 h_f（m）
3-4	350	0.025	200	0.80	9.30	2.03
2-3	350	0.045	250	0.92	2.83	2.01
1-2	200	0.080	350	0.83	1.07	1.37
6-7	500	0.013	150	0.74	43.0	3.63
5-6	200	0.023	200	0.73	9.30	0.98
1-5	300	0.032	250	0.65	2.83	0.87
0-1	400	0.112	400	0.89	0.230	1.15

从水塔至最远的用水点 4 和 7 的沿程水头损失分别为：

沿 4-3-2-1-0 线：　　　　$\sum h_f = 2.03 + 2.01 + 1.37 + 1.15 = 6.56m$

沿 7-6-5-1-0 线：　　　　$\sum h_f = 3.63 + 0.98 + 0.87 + 1.15 = 6.63m$

采用 $\sum h_f = 6.63m$ 及最小服务水头 $H_s = 12m$，因点 0、点 4 和点 7 地形标高相同，则点 0 处水塔的高度

$$H_t = \sum h_f + H_s = 6.63 + 12 = 18.63m$$

6.3.2　环状管网

计算环状管网时，通常是已确定了管网的管线布置和各管段的长度，并且管网各节点的流量为已知。因此，环状管网的水力计算决定各管段的通过流量 q_v、各管段的管径 D，

并从而求出各段的水头损失 h_f。

研究任一环状的管网，可以发现管网上管段数目 n_p 和环数 n_l，及节点数目 n_j 存在下列关系：

$$n_p = n_l + n_j - 1$$

如上所述，管网中的每段管均有 q_v 和 D 两个未知数。因此，进行环状管网水力计算时，未知数一共为 $2n_p = 2(n_l + n_j - 1)$ 个。

根据环状网的流动特点，水力计算应满足如下两个条件：

第一为连续性条件，即节点流量平衡

$$\sum q_{vi} = 0 \tag{6-21}$$

第二为等机械能条件，即任一闭合的环路中，由一节点沿不同方向至另一个节点的水头损失应相等（相当于并联管路中，各并联管段的水头损失应相等）。若设同一环内顺时针方向水流所引起的水头损失为正值、逆时针方向的水头损失为负值，则该环内二者总和应等于零，即

$$\sum h_f = \sum a_i l_i q_{vi}^2 = 0 \tag{6-22}$$

根据第一个条件，可以列出 $(n_j - 1)$ 个方程式 $\sum q_{vi} = 0$，除最后一个节点外，每一个节点均有独立的方程。再根据第二个条件，可以列出 n_l 个方程式 $\sum h_f = \sum a_i l_i q_{vi}^2 = 0$。因此，对环状管网可列出 $(n_l + n_j - 1)$ 个方程式。但未知数却有 $2(n_l + n_j - 1)$ 个，说明问题将有任意解。因此实际计算时，通常用经济流速确定各管段直径，从而使所求的未知数减少一半。这样，未知数与方程式数目一致，方程可解。环状管网计算实际上是对方程式（6-21）和式（6-22）联立求解。然而，这样求解非常繁杂，工程上多用逐步渐近法，即首先，按各节点供水情况初拟各管段水流方向，并根据式（6-21）进行流量初分配；其次，按所分配流量，用经济流速确定管径，再计算各管段的水头损失；最后，验算每一环的水头损失是否满足式（6-22），如不满足，需对所分配的流量进行调整，重复以上步骤，逐次逼近，直至各环满足第二个水力条件，或闭合差 $\Delta h_f = \sum h_f$ 小于规定值。

1936 年，哈迪·克罗斯（Hardy Cross，美国结构工程师与教授，1885 年～1959 年）给出了应用较广的环状网水力计算方法，简述如下。

首先，根据第一个条件，即节点流量平衡条件初分配各管段流量 q_{vi}，根据分配的流量，由式（6-6）计算水头损失，然后按式（6-22）计算各环路闭合差，即

$$h_{fi} = a_i l_i q_{vi}^2$$

$$\Delta h_{fi} = \sum h_{fi}$$

当初分配流量不满足闭合条件时，在各环路加入校正流量 Δq_v，各管段相应得到水头损失增量 Δh_{fi}，即

$$h_{fi} + \Delta h_{fi} = a_i l_i (q_{vi} + \Delta q_v)^2 = a_i l_i q_{vi}^2 \left(1 + \frac{\Delta q_v}{q_{vi}}\right)^2$$

上式按二项式展开，取前两项得

$$h_{fi} + \Delta h_{fi} = a_i l_i q_{vi}^2 \left(1 + 2\frac{\Delta q_v}{q_{vi}}\right) = a_i l_i q_{vi}^2 + 2 a_i l_i q_{vi} \Delta q_v$$

如加入校正流量后，环路应满足闭合条件，即

$$\sum (h_{fi} + \Delta h_{fi}) = \sum h_{fi} + \sum \Delta h_{fi} = \sum h_{fi} + 2\sum a_i l_i q_{vi} \Delta q_v = 0$$

于是

$$\Delta q_{\mathrm{v}} = -\frac{\sum h_{\mathrm{fi}}}{2\sum a_i l_i q_{\mathrm{vi}}} = -\frac{\sum h_{\mathrm{fi}}}{2\sum \dfrac{a_i l_i q_{\mathrm{vi}}^2}{q_{\mathrm{vi}}}} = -\frac{\sum h_{\mathrm{fi}}}{2\sum \dfrac{h_{\mathrm{fi}}}{q_{\mathrm{vi}}}} \tag{6-23}$$

按式（6-23）计算，为使 q_{vi} 与 h_{fi} 取得一致符号，规定环路内流动以顺时针方向为正，逆时针方向为负。

再将 Δq_{v} 与各管段第一次分配流量相加得第二次分配流量，并以同样步骤逐次计算，直到满足所要求的精度。

【例 6-11】 水平两环管网，如图 6-16 所示。已知用水点流量 $q_{\mathrm{v4}} = 0.032\mathrm{m}^3/\mathrm{s}$，$q_{\mathrm{v5}} = 0.054\mathrm{m}^3/\mathrm{s}$。各管段均为铸铁管，长度及直径见表 6-3。求各管段通过的流量（闭合差小于 0.5m 即可）。

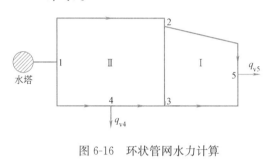

图 6-16 环状管网水力计算

管段参数 表 6-3

环号	管段	管长（m）	管径（mm）	比阻（s²/m⁶）
I	2-5	220	200	9.30
	5-3	210	200	9.30
	2-3	90	150	43.0
II	1-2	270	200	9.30
	2-3	90	150	43.0
	3-4	80	200	9.30
	4-1	260	250	2.83

【解】 为便于计算，列表进行。

首先初拟流向，分配流量。初拟各管段流向如图 6-16 所示。根据节点流量平衡第一次分配量，分配值列入表 6-4 内。

然后计算各管段水头损失。按分配流量，由管径查得比阻并根据式（6-6）将各管段的水头损失列入表内。

再求环路闭合差。若闭合差大于规定值，按式（6-23）计算校正流量 Δq_{v}。

最后调整分配流量。将 Δq_{v} 与各管段分配流量相加，得二次分配流量，然后重复前面步骤计算。

计算用表 表 6-4

环号	管段	初分流量	h_{fi}	$h_{\mathrm{fi}}/q_{\mathrm{vi}}$	Δq_{v}	校正流量	再分流量	h_{fi}
I	2-5	+0.030	+1.84	61.3		−0.002	+0.028	+1.60
	5-3	−0.024	−1.12	46.7	−0.002	−0.002	−0.026	−1.32
	2-3	−0.006	−0.14	23.3		+0.004 −0.002	−0.004	−0.06
	Σ		+0.58	131.3				+0.28
II	1-2	+0.036	+3.25	90.3		−0.004	+0.032	+2.57
	2-3	+0.006	+0.14	23.3		−0.004 +0.002	+0.004	+0.06
	3-4	−0.018	−0.24	13.3	−0.004	−0.004	−0.022	−0.36
	4-1	−0.050	−1.84	36.8		−0.004	−0.054	−2.15
	Σ		+1.31	163.7				+0.12

本题二次分配流量后，各环已满足闭合差要求，故二次分配流量即为各管段通过的流量。

121

6.4　有压管流中的水击

6.4.1　水击现象

有压管流中，由于诸如阀门突然启闭或水泵机组突然停机等某种原因使水流速度发生突然变化，同时引起管内压强大幅度波动的现象，称为水击或水锤（water hammer）。水击引起的压强升高可达管道正常工作压强的几十倍至数百倍。压强大幅波动可导致管道系统强烈振动，甚至管道爆裂等。

（1）水击发生的原因

以管道末端阀门突然关闭为例说明。

设水管管道长为 l，直径为 D。阀门关闭前水流流动恒定，流速为

5. 有压管流
中的水击

v_0。若不计流速水头和水头损失，沿程各断面压强水头均为 $\dfrac{p_0}{\rho g}=H$，如图 6-17 所示。阀门突然关闭时，紧靠阀门的水层（mn 段）突然停止流动，流速由 v_0 变为零。根据动量定理，该层水动量的变化率，等于阀门对其的作用力。于是在此外力作用下，阀门处水层的压强增至 $p_0+\Delta p$，其中的压强增量 Δp 称为水击压强。

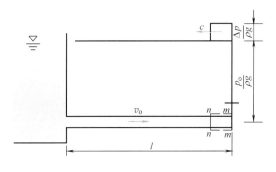

图 6-17　水击的发生

增大后的水击压强使停止流动的水层受到压缩，周围管壁膨胀。后续水层在进占前一层因体积压缩、管壁膨胀而余出的空间后停止流动，并发生与前一层完全相同的现象，这种现象逐层发生，以波的形式由阀门传向管道进口。

（2）水击的传播过程

水击以波的形式传播，称为水击波。典型传播过程如图 6-18 所示。

第一阶段为水击以增压波的形式从阀门向管道进口传播。设阀门在初始时间，即 $t=0$ 瞬时关闭，增压波从阀门向管道进口传播，传到之处水流停止运动，压强增至 $p_0+\Delta p$。未传到之处，流速和压强仍分别为 v_0 和 p_0。如以 c 表示水击波的传播速度，那么在 $t=l/c$ 时，水击波传到管道进口，全管处于增压状态。

第二阶段为水击以减压波的形式从管道进口向阀门传播。当时间 $t=l/c$，即第一阶段末或第二阶段开始时，管内压强 $p_0+\Delta p$ 大于进口外侧静水压强，于是在压强差 Δp 的作用下，管道内紧靠进口的水以流速 $-v_0$ 向水池倒流，压强恢复为 p_0。于是该层又与相邻

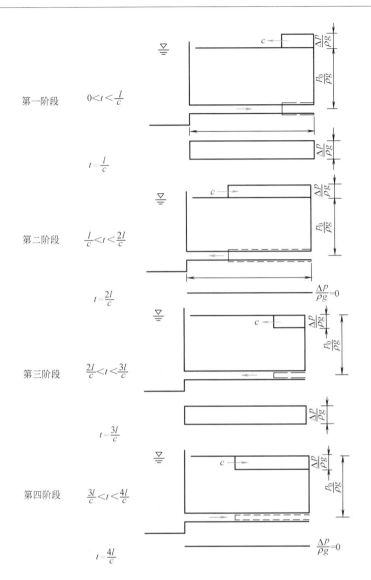

图 6-18 水击波的传播过程

的一层出现压强差，这样水自管道进口起逐层向水池倒流。这个过程相当于第一阶段的反射波。在 $t=2l/c$ 时刻，减压波传至阀门断面，全管压强恢复为 p_0。

第三阶段为水击以减压波的形式从阀门向管道进口传播。当 $t=2l/c$ 时，水因惯性作用，继续以速度 $-v_0$ 向水池倒流。因阀门处无水补充，紧靠阀门的一层水停止流动，流速由 $-v_0$ 变为零，压强降低 Δp。随之后续各层逐层地停止流动，流速由 $-v_0$ 变为零，压强降低 Δp。在 $t=3l/c$ 时刻，减压波传至管道进口，全管处于 $p_0-\Delta p$ 的减压状态。

第四阶段为水击以增压波的形式从管道进口向阀门传播。当 $t=3l/c$ 时，因管道进口外侧静水压强 p_0 大于管内压强 $p_0-\Delta p$，在压强差 Δp 作用下，水以流速 v_0 向管内流动。压强自进口起逐层恢复为 p_0。在 $t=4l/c$ 时刻，增压波传至阀门断面，全管恢复为阀门关闭前的状态。此时因惯性作用，水继续以流速 v_0 流动，受到阀门阻止后，再次发生增压波从阀门向管道进口传播，重复上述四个阶段。

至此，水击的传播完成了一个周期。在一个周期内，水击波由阀门传到进口，再由进口传至阀门，共往返两次。往返一次所需时间 $t = 2l/c$，称为相或相长。

在水击波的传播过程中，管道各断面的流速和压强皆随时间变化，水击过程属非恒定流。图 6-19 是阀门断面压强随时间的变化曲线。时间 $t = 0$ 时阀门瞬时关闭，压强由 p_0 增至 $p_0 + \Delta p$，一直保持到 $t = 2l/c$ 时刻，即水击波往返一次的时间。在 $t = 2l/c$ 时刻，压强由 $p_0 + \Delta p$ 突然降至 $p_0 - \Delta p$。直到 $t = 4l/c$ 时刻，压强由 $p_0 - \Delta p$ 增至 p_0，然后周期性变化。

若水击传播过程中无能量损失，它将一直周期性地传播下去。但实际上水击波传播过程中，能量不断损失，水击压强迅速衰减，阀门断面实测的水击压强随时间变化如图 6-20 所示。

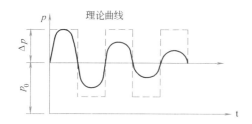

图 6-19　阀门断面压强变化

图 6-20　实测阀门断面水击压强变化

6.4.2　水击压强的计算

在认识水击发生的原因和传播过程的基础上，进行水击压强 Δp 的计算，为设计压力管道及控制运行提供依据。

（1）直接水击

在实际关阀过程中，显然有一个过程，而并非像前面所说的阀门瞬时关闭。但如果关阀时间小于一个相长，最早发出的水击波的反射波回到阀门以前，阀门就已全关闭，这时阀门处的水击压强和阀门瞬时关闭相同，这种水击称为直接水击。下面应用质点系动量定理推导直接水击压强公式。

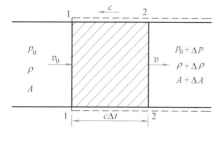

图 6-21　直接水击压强计算

设有压管流因阀门突然关小而发生水击，水击波的传播速度为 c，在微小时段 Δt，水击波由断面 2-2 传至 1-1。水击波通过以前，流速、压强、密度和过水断面面积分别为 v_0、p_0、ρ 和 A；水击波通过后，流速降至 v，压强、密度和过水断面面积分别增至 $p_0 + \Delta p$、$\rho + \Delta \rho$ 和 $A + \Delta A$，如图 6-21 所示。

根据动量定理

$$[p_0 A - (p_0 + \Delta p)(A + \Delta A)]\Delta t = (\rho + \Delta \rho)(A + \Delta A)c\Delta t v - \rho A \Delta t c v_0$$

考虑到 $\Delta \rho \ll \rho$，$\Delta A \ll A$，化简上式，得

$$\Delta p = \rho c(v_0 - v) \tag{6-24}$$

当阀门瞬时关闭，$v = 0$，得水击压强最大值计算公式为

$$\Delta p = \rho c v_0 \tag{6-25}$$

或
$$\frac{\Delta p}{\rho g} = \frac{c v_0}{g} \tag{6-26}$$

上式于1898年由儒科夫斯基（H. E. Жуковский，俄罗斯水力学家，1847年～1921年）导出的，又称儒科夫斯基公式。

（2）间接水击

如果关阀时间大于一个相长，则在阀门开始关闭时发出的水击波的反射波，在其完全关闭前，已返回阀门断面，随之变为负的水击波向管道进口传播。由于负水击压强和阀门继续关闭所产生的正水击压强相叠加，使阀门处最大水击压强小于直接水击压强，这种情况发生的水击称为间接水击。

由于间接水击中正水击波与反射波的相互作用，计算更为复杂。一般情况下，间接水击压强可近似由下式算得

$$\Delta p = \rho c v_0 \frac{T}{T_z}$$

或
$$\frac{\Delta p}{\rho g} = \frac{c v_0}{g}\frac{T}{T_z} = \frac{v_0}{g}\frac{2l}{T_z} \tag{6-27}$$

式中　v_0——水击前断面平均流速（m/s）；

　　　T——水击波相长，$T = 2l/c$（s）；

　　　T_z——阀门关闭时间（s）。

由式（6-27）知，间接水击压强与水击波传播速度无关。

6.4.3　水击波的传播速度

根据式（6-24），计算直接水击压强前，首先要求得水击波的传播速度 c。可以证明，水管中水击波的传播速度与水的压缩性和管壁的弹性变形有关，即

$$c = \frac{c_0}{\sqrt{1 + \frac{K}{E}\frac{D}{\delta}}} \tag{6-28}$$

式中　c_0——水中声波的传播速度，水温10℃左右，压强为 0.1～2.5MPa 时，$c_0 = 1435\text{m/s}$；

　　　K——水的体积模量，$K = 2.1 \times 10^9 \text{Pa}$；

　　　E——管壁材料的弹性模量，见表6-5；

　　　D——管道直径（mm）；

　　　δ——管壁厚度（mm）。

管壁材料的弹性模量　　　　　　　　　　　　　　　表 6-5

管材	钢管	铸铁管	钢筋混凝土管	硬聚乙烯管
$E(\text{Pa})$	20.6×10^{10}	9.8×10^{10}	19.6×10^{9}	$3.2 \sim 4 \times 10^{9}$

对于一般钢管 $D/\delta \approx 100$，$K/E \approx 0.01$，代入式（6-28），得 $c \approx 1000\text{m/s}$。如阀门关闭前流速 $v_0 = 1\text{m/s}$，阀门突然关闭引起的直接水击压强，由式（6-26）算得 $\Delta p/\rho g \approx 100\text{m}$，可见直接水击压强是很大的。

6.4.4　防止水击危害的措施

通过研究水击发生的原因及影响因素，可找到防止水击危害的措施。

(1) 限制管中流速。式（6-24）与式（6-27）表明，水击压强与管道中流速 v_0 成正比，减小流速，便可减小水击压强 Δp，因此一般给水管网中，限制 $v_0 < 3\text{m/s}$。

(2) 控制阀门关闭或开启时间，以避免直接水击，也可降低间接水击压强。

(3) 缩短管道长度或采用弹性模量较小的管道。缩短管长，即缩短水击波相长，可使直接水击变为间接水击，也可降低间接水击压强；采用弹性模量较小的管材，使水击波传播速度减缓，从而降低直接水击压强。

(4) 设置安全阀或减压设施，进行水击过载保护。

【例 6-12】　铸铁压力输水管道直径 $D=105\text{mm}$，壁厚 $\delta=4.5\text{mm}$，管壁的允许拉应力 $[\sigma]=46\times10^6\text{Pa}$，水的体积模量 $K=2.1\times10^9\text{Pa}$，管壁材料的弹性模量 $E=9.8\times10^{10}\text{Pa}$，为防止水击损坏管道，试求管道的限制流速。

【解】　按管壁允许拉应力，计算水击压强：

$$\Delta p D = 2[\sigma]\delta$$

$$\Delta p = \frac{2[\sigma]\delta}{D} = \frac{2\times46\times10^6\times4.5}{105} = 3.94\times10^5\text{Pa}$$

计算水击波传播速度。由式（6-28），得

$$c = \frac{c_0}{\sqrt{1+\dfrac{K}{E}\dfrac{D}{\delta}}} = \frac{1435}{\sqrt{1+\dfrac{2.1\times10^9}{9.8\times10^{10}}\dfrac{105}{4.5}}} = 1171.67\text{m/s}$$

计算限制流速。由式（6-25），得

$$\Delta p = \rho c v_0$$

$$v_0 = \frac{\Delta p}{\rho c} = \frac{3.94\times10^6}{10^3\times1171.67} = 3.36\text{m/s}$$

小结及学习指导

1. 短管的水力计算涉及三类基本问题，即水头、流量和管径。长管的水力计算以复杂长管为主，即串联管道和并联管道系统，内容涉及整体系统与单元管段以及单元管段之间的流量与水头关系等。

2. 管网计算是建立在复杂长管计算的基础上的，文中所述即可直接求解简单管网问题，又可应用于计算机程序计算。

3. 水击涉及了水击波的传播过程以及水击压强的计算。

4. 本章属于所谓的应用水力学部分，即水力学基本原理与实际工程应用的结合。所涉及的水力计算均以伯努利方程为理论基础，针对不同的出流条件而得到。

习　　题

1. 虹吸管将 A 池中的水输入 B 池（图 6-22）。已知两池水面高差 $H=2\text{m}$，水管的最大

超高 $h=1.8$m，管长分别为 $l_1=3$m 和 $l_2=5$m，管径 $D=75$mm，沿程阻力系数 $\lambda=0.02$，进口、转弯和出口局部阻力系数分别为 $\zeta_{en}=0.5$、$\zeta_b=0.2$ 和 $\zeta_{ex}=1$。试求流量 q_v 及管道最大超高断面的真空度 h_v。

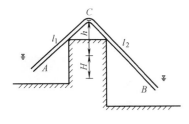

图 6-22　题 1 图

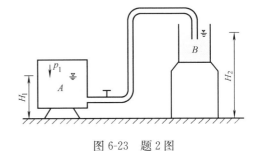

图 6-23　题 2 图

2. 水从密闭容器 A 沿直径 $D=25$mm，长度 $l=10$m 的管道流入容器 B，如图 6-23 所示。已知容器 A 水面的相对压强 $p_1=0.2$MPa，水面高 $H_1=1$m，$H_2=5$m，沿程阻力系数 $\lambda=0.025$，阀门和弯头局部阻力系数分别为 $\zeta_v=4.0$ 和 $\zeta_b=0.3$。试求流量 q_v。

3. 水车由一直径 $D=150$mm，长 $l=80$m，沿程阻力系数 $\lambda=0.03$ 的管道供水，该管道中共有两个闸阀和 4 个 90°弯头，闸阀全开时局部阻力系数 $\zeta_v=0.12$，弯头局部阻力系数 $\zeta_b=0.48$，水车的有效容积 $V=25$m³，水塔具有水头 $H=18$m，如图 6-24 所示。试求水车充满水所需的最短时间 t。

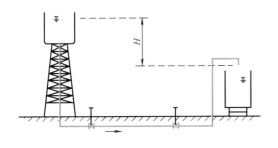

图 6-24　题 3 图

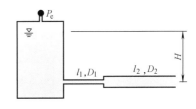

图 6-25　题 4 图

4. 自密闭容器经两段串联管道输水（图 6-25）。已知压力表读值 $p_e=0.1$MPa，水头 $H=2$m，管长分别为 $l_1=10$m 和 $l_2=20$m，直径分别为 $D_1=100$mm 和 $D_2=200$mm，沿程阻力系数 $\lambda_1=\lambda_2=0.03$。试求流量并绘总水头线和测压管水头线。

5. 水从密闭水箱沿垂直管道送入高位水池中（图 6-26）。已知管道直径 $D=25$mm，管长 $l=3$m，水深 $h=0.5$m，流量 $q_v=1.5$L/s，沿程阻力系数 $\lambda=0.033$，阀门局部阻力系数 $\zeta_v=9.3$，进口局部阻力系数 $\zeta_{en}=1$。试求密闭容器上压力表读值 p_e。

6. 工厂供水系统如图 6-27 所示，由水塔向 A、B、C 三处供水，管道均为铸铁管。已知流量分别为 $q_{jC}=10$L/s，$q_{jB}=5$L/s 和 $q_{jA}=10$L/s，各段管长分别为 $l_1=350$m、$l_2=450$m 和 $l_3=100$m，各段直径分别为 $D_1=200$mm、$D_2=150$mm 和 $D_3=100$mm，场地整体水平。试求水塔底部出口压强。

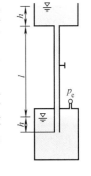

图 6-26　题 5 图

图 6-27　题 6 图

图 6-28　题 7 图

7. 在长为 $2l$，直径为 D 的管道上，并联一根直径相同，长为 l 的支管（图 6-28 中虚线）。若水头 H 不变，不计局部损失，试求并联支管前后的流量比。

8. 有一泵循环管道系统（图 6-29），各支管阀门全开时，支管流量分别为 q_{v1} 和 q_{v2}，若将阀门 A 开度关小，其他条件不变，试论证主管流量 q_v 怎样变化，支管流量 q_{v1} 和 q_{v2} 怎样变化。

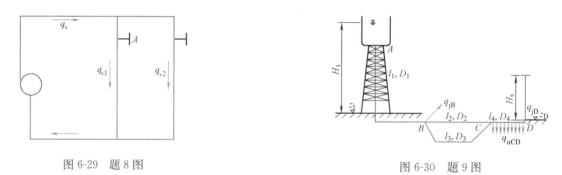

图 6-29　题 8 图

图 6-30　题 9 图

9. 供水系统如图 6-30 所示。已知各管段直径分别为 $D_1 = 250mm$、$D_2 = D_3 = 150mm$ 和 $D_4 = 200mm$，管长分别为 $l_1 = 500m$、$l_2 = 350m$、$l_3 = 700m$ 和 $l_4 = 300m$，流量分别为 $q_{jD} = 20L/s$、$q_{jB} = 45L/s$ 和 $q_{uCD} = 0.1L/(m \cdot s)$，$D$ 点要求的最小服务水头 $H_s = 8m$，水塔和 D 点的地面标高分别为 $z_t = 104m$ 和 $z_D = 100m$，采用铸铁管。试求水塔高度 H_t。

10. 枝状管网如图 6-31 所示。已知水塔地面标高 $z_t = 15m$，管网终点 C 和 D 点的地面标高分别为 $z_C = 20m$ 和 $z_D = 15m$，最小服务水头均为 $H_s = 5m$，出流量分别为 $q_{vC} = 14L/s$ 和 $q_{vD} = 8L/s$，管长分别为 $l_1 = 800m$、$l_2 = 400m$ 和 $l_3 = 700m$，采用铸铁管，水塔高 $H_t = 35m$。试设计 AB、BC 和 BD 段直径。

11. 水平环路如图 6-32 所示。A 为水塔，C、D 为用水点，出流量分别为 $q_{vC} = 25L/s$ 和 $q_{vD} = 20L/s$，最小服务水头均要求 $H_s = 6m$，各管段长分别为 $l_1 = 4000m$、$l_2 = 1000m$，

图 6-31　题 10 图

图 6-32　题 11 图

$l_3=1000\text{m}$ 和 $l_4=500\text{m}$，直径分别为 $D_1=250\text{mm}$、$D_2=200\text{mm}$、$D_3=150\text{mm}$ 和 $D_4=100\text{mm}$，采用铸铁管。试求各管段流量和水塔高度 H_t（闭合差小于 0.3m 即可）。

12. 电厂引水钢管直径 $D=180\text{mm}$，壁厚 $\delta=10\text{mm}$，流速 $v=2\text{m/s}$，阀门前压强为 $1\times10^6\text{Pa}$。当阀门突然关闭时，管壁中的应力比原来增加多少倍？

13. 输水钢管直径 $D=100\text{mm}$，壁厚 $\delta=7\text{mm}$，流速 $v=1.2\text{m/s}$。试求阀门突然完全关闭时的水击压强，又如该管道改用铸铁管水击压强有何变化？

第7章 明渠流动

明渠流动（open channel flow）是水流的部分周界与大气接触，具有自由液面的流动，如图 7-1 所示。由于自由液面直接受大气压强作用，相对压强为零，故明渠流动又称无压流。

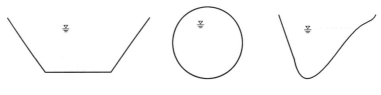

图 7-1　明渠流动

水在渠道（例如排水沟渠、涵洞、航道）、非满管流的排水管道以及江河中的流动均属明渠流动。明渠水力学将为输水与排水等无压管渠的设计和运行控制提供科学的依据。

7.1　明渠流动概述

7.1.1　明渠流动的特点

与有压管流相比，明渠流动有以下特点：

（1）明渠流动具有自由液面，沿程各断面的液面压强都是大气压，重力对流动起主导作用。

（2）明渠底坡的改变对断面的流速和水深有直接影响，如图 7-2 所示，底坡 $i_1 \neq i_2$，则断面平均流速 $v_1 \neq v_2$，水深 $h_1 \neq h_2$。而有压管流，只要管道的形状、断面尺寸一定，前后管线坡度不同，对流速和过流断面无影响。

（3）明渠局部边界的变化，如设有控制设备、改变渠道形状和断面尺寸、改变底坡等，都会引起水深在很长的流程上发生变化，形成明渠非均匀流，如图 7-3 所示。而在有压管道均匀流中，局部边界变化影响的范围相对较小，只需计入局部水头损失，仍按均匀流计算，如图 7-4 所示。

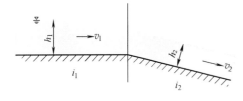

图 7-2　底坡对流动的影响

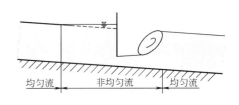

图 7-3　明渠流动的影响范围

如上所述，重力作用、底坡影响以及水深可变是明渠流动有别于有压管流的特点。

7.1.2 底坡

明渠渠底与纵剖面的交线称为底线。底线沿流程单位长度的降低值称为明渠纵坡或底坡（slope of channel bed），以符号 i 表示，如图 7-5 所示。

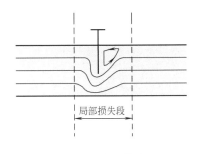

图 7-4 有压管流

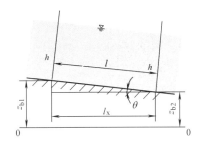

图 7-5 明渠的底坡

$$i = \frac{z_{b1} - z_{b2}}{l} = \sin\theta \qquad (7\text{-}1)$$

实际工程中，若明渠底坡很小（$i \leqslant 0.01$），即渠道底线与水平线的夹角 θ 很小，为便于量测和计算，可近似以水平距离 l_x 代替流程长度 l，即

$$i = \frac{z_{b1} - z_{b2}}{l_x} = \tan\theta \qquad (7\text{-}2)$$

底坡分为三种类型。底线沿程降低（$z_{b1} > z_{b2}$），$i > 0$，称为正底坡或顺坡（slope），如图 7-6（a）所示。底线高程沿程不变（$z_{b1} = z_{b2}$），$i = 0$，称为平坡（horizontal bed），如图 7-6（b）所示。底线高程沿程抬高（$z_{b1} < z_{b2}$），$i < 0$ 称为反底坡或逆坡（adverse slope），如图 7-6（c）所示。

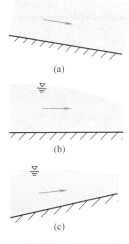

图 7-6 底坡类型
(a) $i > 0$；(b) $i = 0$；(c) $i < 0$

7.1.3 明渠过流断面几何要素

人工渠道的过流断面一般为规则形状，天然河道的过流断面多为不规则形状，如图 7-1 所示。过流断面与渠底垂直，与铅垂面的夹角等于明渠渠底线与水平面的夹角 θ。当底坡 i 很小时（$i \leqslant 0.01$），夹角 θ 很小，为便于量测和计算，可近似以铅垂断面作为明渠的过流断面，以铅垂深度 h 近似作为过流断面水深，如图 7-7 所示。

（1）梯形断面渠道几何要素

明渠过流断面以梯形最具代表性，如图 7-8 所示。梯形断面几何要素分为基本量和导出量。基本量包括底宽 b、水深 h、边坡系数 m。

底宽 b：梯形断面的渠底宽度；

水深 h：过流断面上渠底最低点到水面的距离。在实际工程中，当底坡 i 很小时（$i \leqslant 0.01$），近似以铅垂深度 h 作为过流断面水深。

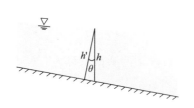

图 7-7　明渠过流断面及水深

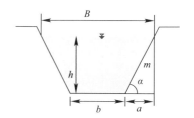

图 7-8　梯形断面几何要素

边坡系数 m：表示渠道边坡倾斜程度，习惯上用边坡倾角的余切表示，即

$$m=\frac{a}{h}=\cot\alpha \tag{7-3}$$

边坡系数的大小，决定于渠壁地质条件或护面的性质，无铺砌的明渠边坡系数应根据不同的地质按表 7-1 规定选取。用砖石或混凝土块铺砌的明渠，边坡系数可采用 $0.75\sim1.0$。

梯形断面明渠边坡系数（无铺砌）　　　　　　　　　　　　　　表 7-1

地质条件	边坡系数 m	地质条件	边坡系数 m
粉砂	$3.0\sim3.5$	半岩性土	$0.5\sim1.0$
松散的细砂、中砂和粗砂	$2.0\sim2.5$	风化岩石	$0.25\sim0.5$
密实的细砂、中砂、粗砂或黏质粉土	$1.5\sim2.0$	岩石	$0.1\sim0.25$
粉质黏土或黏土或黏土砾石或卵石	$1.25\sim1.5$		

注：1. 用砖石或混凝土铺砌的明渠，边坡系数可采用 $0.75\sim1$。
2.《室外排水设计规范》GB 50014—2006（2016 年版）。

导出量是在基本量的基础上得到的可直接用于明渠水力计算的量，常用的导出量有水面宽 B、过水断面面积 A、湿周 P 以及水力半径 R，分别可表示为

$$B=b+2mh \tag{7-4}$$

$$A=(b+mh)h \tag{7-5}$$

$$P=b+2h\sqrt{1+m^2} \tag{7-6}$$

$$R=\frac{A}{P} \tag{7-7}$$

（2）无压圆管几何要素

无压圆管是另一类工程中较为常见的明渠断面，无压圆管是指圆形断面非满流的长管道，例如输水隧洞、城市地下排水管等，其断面几何要素如图 7-9 所示。基本量有直径 D、水深 h、充满度 α 或充满角 θ。

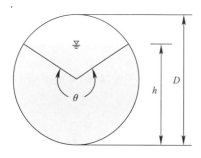

图 7-9　无压圆管均匀流过水断面

其中充满度的定义为

$$\alpha=\frac{h}{D} \tag{7-8}$$

充满度与充满角的关系为

$$\alpha=\sin^2\frac{\theta}{4} \tag{7-9}$$

导出量包括过水断面面积 A、湿周 P 以及水力半径 R，分别可表示为

$$A=\frac{D^2}{8}(\theta-\sin\theta) \tag{7-10}$$

$$P = \frac{D}{2}\theta \qquad\qquad (7\text{-}11)$$

$$R = \frac{D}{4}\left(1 - \frac{\sin\theta}{\theta}\right) \qquad\qquad (7\text{-}12)$$

不同充满度的圆管过流断面的几何要素见表 7-2。

无压圆管过流断面的几何要素 表 7-2

充满度 α	过水断面面积 $A(\text{m}^2)$	水力半径 $R(\text{m})$	充满度 α	过水断面面积 $A(\text{m}^2)$	水力半径 $R(\text{m})$
0.05	$0.0147D^2$	$0.0326D$	0.55	$0.4426D^2$	$0.2649D$
0.10	$0.0400D^2$	$0.0635D$	0.60	$0.4920D^2$	$0.2776D$
0.15	$0.0739D^2$	$0.0929D$	0.65	$0.5404D^2$	$0.2881D$
0.20	$0.1118D^2$	$0.1206D$	0.70	$0.5872D^2$	$0.2962D$
0.25	$0.1535D^2$	$0.1466D$	0.75	$0.6319D^2$	$0.3017D$
0.30	$0.1982D^2$	$0.1709D$	0.80	$0.6736D^2$	$0.3042D$
0.35	$0.2450D^2$	$0.1935D$	0.85	$0.7115D^2$	$0.3033D$
0.40	$0.2934D^2$	$0.2142D$	0.90	$0.7445D^2$	$0.2980D$
0.45	$0.3428D^2$	$0.2331D$	0.95	$0.7707D^2$	$0.2865D$
0.50	$0.3927D^2$	$0.2500D$	1.00	$0.7854D^2$	$0.2500D$

7.1.4 棱柱形渠道与非棱柱形渠道

根据渠道的几何特性，分为棱柱形渠道（pnismatic channel）和非棱柱形（non-prismatic channel）渠道。断面的形状、尺寸及底坡沿程不变的长直渠道是棱柱形渠道，例如棱柱形梯形渠道，其底宽 b、边坡 m 保持不变，如图 7-10 所示。对于棱柱形渠道，过水断面面积只随水深改变，即

$$A = f(h)$$

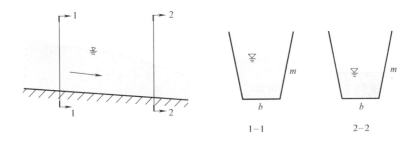

图 7-10　棱柱形渠道图

断面的形状、尺寸及底坡沿程变化的渠道是非棱柱形渠道，例如非棱柱形梯形渠道，其底宽 b、边坡 m 及底坡 i 的某一项沿程有变化，如图 7-11 所示。对于非棱柱形渠道，过水断面面积既随水深改变，又随位置改变，即

$$A = f(h, s)$$

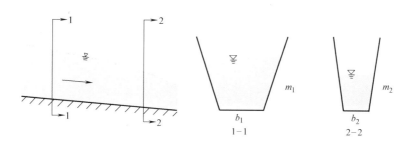

图 7-11　非棱柱形渠道

人工渠道大多为棱柱形渠道，断面不同的渠道的连接过渡段是典型的非棱柱形渠道，天然河道一般均匀非棱柱形渠道，但对断面变化不大又比较平顺的河段，计算时可近似看作棱柱形渠道。

7.2　明渠均匀流

第 3 章中所述的欧拉法的流动分类在明渠流动中同样成立。明渠流动根据其水力要素是否随时间变化可分为恒定流与非恒定流，根据水力要素是否沿流程变化可分为均匀流和

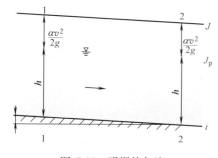

图 7-12　明渠均匀流

非均匀流。明渠非均匀流又根据水力要素沿流程变化的缓急程度进一步分为明渠非均匀渐变流和明渠非均匀急变流。

本章只讨论明渠恒定流，包括明渠恒定均匀流水力计算、明渠恒定非均匀急变流（水跃与水跌）的简单分析、明渠恒定非均匀渐变流水面曲线定性分析及定量计算。

明渠均匀流是流线为平行直线的明渠流动，如图 7-12 所示。明渠均匀流是明渠流动最简单的形式。

7.2.1　明渠均匀流形成条件及特征

明渠均匀流沿程作等深等速流动。由于水深沿程不变，明渠均匀流水深又称为正常水深，以 h_N 表示。

在明渠中实现均匀流动是有条件的。在均匀流中取过水断面 1-1 和 2-2 列伯努利方程

$$(h_1 + \Delta z) + \frac{p_1}{\rho g} + \frac{\alpha_1 v_1^2}{2g}$$
$$= h_2 + \frac{p_2}{\rho g} + \frac{\alpha_2 v_2^2}{2g} + h_l$$

将计算点取在液面，所以有

$$p_1 = p_2 = 0$$

由于是均匀流，所以有

$$h_1 = h_2 = h_N, v_1 = v_2, \alpha_1 = \alpha_2, h_l = h_f$$

于是伯努利方程化简为

$$\Delta z = h_f$$

全式除以流程长度 l，即

$$\frac{\Delta z}{l} = \frac{h_f}{l} \tag{7-13}$$

式中等号左端为单位流程的渠底降低值，即底坡；等号右端为单位流程的沿程水头损失，即水力坡度，于是

$$i = J$$

上式表明，明渠均匀流形成条件是因高程降低所提供的势能与克服沿程阻力所消耗的能量相平衡而水流的动能维持不变。按照这个条件，明渠均匀流只能出现在底坡、断面形状与尺寸和粗糙系数都不变的顺坡长直渠道中。在平坡、逆坡渠道、非棱柱渠道中，都不可能形成均匀流。

因为明渠均匀流是等深流，水面线即测压管水头线与渠底线平行，故水面坡等于底坡

$$J_p = i$$

明渠均匀流又是等速流，流速水头不变，总水头线与测压管水头线平行，即水力坡度等于测压管水头线坡度

$$J = J_p$$

由以上分析得出明渠均匀流的特征为各项坡度皆相等，即

$$J = J_p = i \tag{7-14}$$

7.2.2 明渠均匀流的基本公式

在第 5 章已给出均匀流动水头损失的计算公式——谢才公式，即

$$v = C\sqrt{RJ}$$

这是均匀流的普适公式，既适用于有压管道均匀流，也适用于明渠均匀流。由于明渠均匀流水力坡度 J 与渠道底坡 i 相等，$J = i$，故

$$v = C\sqrt{Ri} \tag{7-15}$$

或

$$q_v = Av = AC\sqrt{Ri} = K\sqrt{i} \tag{7-16}$$

式（7-15）和式（7-16）为明渠均匀流的基本公式。

式中 K——流量模数，$K = AC\sqrt{R}$（m^3/s）；

$\quad\quad$ C——谢才系数（$m^{0.5}/s$），按曼宁公式（5-44）式（5-45）计算。

7.2.3 梯形断面明渠均匀流的水力计算

梯形断面明渠均匀流的水力计算分为三类基本问题。

（1）流量校核问题

第一类问题是计算渠道通过的流量。鉴于渠道已经建成，表征过水断面的形状和尺寸的底宽 b、水深 h 和边坡系数 m、表征渠道的壁面材料的粗糙系数 n 及底坡 i 均为已知，只需由式（7-5）、式（7-6）、式（7-7）和式（5-44）算出 A、R 和 C 值，代入式（7-16），便可直接求出通过的流量 q_v。

（2）底坡设计问题

第二类问题是求解渠道底坡。此时过水断面的形状与尺寸的底宽 b、水深 h 和边坡系数 m、粗糙系数 n 及流量 q_v 均为已知，由式（7-5）、式（7-6）、式（7-7）和式（5-44）算出 A、R 和 C 值，代入式（7-16），便可直接求出渠道底坡 i。

（3）梯形断面设计问题

第三类问题是设计渠道断面。渠道断面设计问题是在已知通过流量 q_v、渠道底坡 i、边坡系数 m 以及粗糙系数 n 的条件下，确定底宽 b 和水深 h。设计时需根据实际情况补充计算条件：

1）补充水深条件

根据通航或施工条件限定等拟定水深 h，再根据断面几何要素关系式和明渠均匀流基本公式确定相应的底宽 b。

2）补充底宽条件

根据施工机械的开挖作业宽度等拟定底宽 b，再根据断面几何要素关系式和谢才公式确定相应的水深 h。

3）补充宽深比条件

补充宽深比 $\beta=b/h$，与明渠均匀流基本公式联立求解相应的底宽 b 和水深 h。小型渠道的宽深比 β 可按水力最优条件给出，大型渠道的宽深比由综合技术经济比较给出。

将曼宁公式代入明渠均匀流基本公式，得

$$q_v=\frac{1}{n}AR^{2/3}i^{1/2}=\frac{1}{n}\frac{A^{5/3}}{P^{2/3}}i^{1/2} \tag{7-17}$$

式（7-17）给出了明渠均匀流输水能力的影响因素，其中底坡 i 随地形条件而定，粗糙系数 n 决定于壁面材料，因此输水能力 q_v 只取决于过水断面的大小和形状。当 i、n 和 A 一定时，将所通过的流量 q_v 最大的断面形状，或者使水力半径 R 最大，即湿周 P 最小的断面形状定义为水力最优断面。

对于在土中开挖的梯形断面渠道，边坡系数 m 取决于土体稳定性和施工条件，于是渠道断面的形状只由宽深比 b/h 决定。从梯形渠道断面的几何关系

$$A=(b+mh)h$$
$$P=b+2h\sqrt{1+m^2}$$

解得 $b=\dfrac{A}{h}-mh$，代入湿周的关系式中得

$$P=\frac{A}{h}-mh+2h\sqrt{1+m^2}$$

根据水力最优断面的定义对上式求导并令其等于零，得

$$\frac{\mathrm{d}P}{\mathrm{d}h}=-\frac{A}{h^2}-m+2\sqrt{1+m^2}=0 \tag{7-18}$$

其二阶导数 $\dfrac{\mathrm{d}^2P}{\mathrm{d}h^2}=2\dfrac{A}{h^3}>0$，故有 P_{min} 存在。再将 $A=(b+mh)h$ 代入上式求解，得水力最优梯形断面的宽深比为

$$\beta_h=\left(\frac{b}{h}\right)_h=2(\sqrt{1+m^2}-m) \tag{7-19}$$

梯形断面的水力半径为

$$R = \frac{A}{P} = \frac{(b+mh)h}{b+2h\sqrt{1+m^2}}$$

将水力最优条件 $b=2(\sqrt{1+m^2}-m)h$ 代入得

$$R_\mathrm{h} = \frac{h}{2} \tag{7-20}$$

即水力最优梯形断面的水力半径 R_h 是水深 h 的一半。

式（7-19）中若取边坡系数 $m=0$，得水力最优矩形断面的宽深比为

$$\beta_\mathrm{h} = 2$$

即水力最优矩形断面的底宽为水深的两倍 $b=2h$。

以上有关水力最优断面的概念，只是按渠道边壁对流动的影响最小提出的，"水力最优"不同于"技术经济最优"。对于工程造价基本上由土方及衬砌量决定的小型渠道，水力最优断面接近于技术经济最优断面。而大型渠道需由工程量、施工技术和运行管理等各方面因素综合比较，方能定出经济合理的断面。

4）限定设计流速

根据实际情况限定设计流速，再由断面几何要素关系式及明渠均匀流基本公式，联立求解相应的底宽 b 和水深 h。

通常为确保渠道能长期稳定地通水，设计流速应控制在不冲刷渠床，也不使水中悬浮的泥沙沉降淤积的不冲不淤的范围之内，即

$$v_\mathrm{max} > v > v_\mathrm{min} \tag{7-21}$$

式中　v_max——渠道不被冲刷的最大设计流速；

v_min——渠道不被淤积的最小设计流速。

渠道的不冲设计流速 v_max 的大小决定于土质情况、护面材料，以及通过流量等因素。不淤设计流速 v_min 为防止悬浮泥沙的淤积，防止水草滋生。排水明渠的最大设计流速见表 7-3，最小设计流速为 0.4m/s。

排水明渠最大设计流速 表 7-3

壁面材料	最大设计流速（m/s）	壁面材料	最大设计流速（m/s）
粗砂或低塑性粉质黏土	0.8	干砌块石	2.0
粉质黏土	1.0	浆砌块石或浆砌砖	3.0
黏土	1.2	石灰岩和中砂岩	4.0
草皮护面	1.6	混凝土	4.0

注：1. 表中数据适用于明渠水深 $h=0.4\sim1.0$m 范围内。

　　2. 在 $h=0.4\sim1.0$m 范围以外时，表中流速应乘系数：$h<0.4$m，系数为 0.85；$h>1$m，系数为 1.25；$h\geqslant2$m，系数为 1.40。

　　3. 引自《室外排水设计规范》GB 50014—2006（2016 年版）。

例如以渠道不发生冲刷的最大设计流速 v_max 为控制条件，则渠道的过水断面面积和水力半径为定值

$$A = \frac{q_\mathrm{v}}{v_\mathrm{max}}$$

$$R = \left(\frac{nv_\mathrm{max}}{i^{1/2}}\right)^{3/2}$$

再由几何关系
$$A=(b+mh)h$$
$$R=\frac{(b+mh)h}{b+2h\sqrt{1+m^2}}$$

联立求解可解得底宽 b 和水深 h。

【例 7-1】　输水渠道经过密实砂壤土地段，断面为梯形，边坡系数 $m=1.5$，粗糙系数 $n=0.025$，根据地形底坡采用 $i=0.0003$，设计流量 $q_v=9.68\mathrm{m^3/s}$，选定底宽 $b=7\mathrm{m}$。试确定断面深度 h。

【解】　断面深度等于正常水深加超高，如图 7-13 所示。

图 7-13　渠道断面计算

将已知条件代入明渠均匀流基本公式，并根据梯形渠道断面的几何关系得

$$\frac{q_v}{\sqrt{i}}=AC\sqrt{R}=\frac{1}{n}AR^{2/3}=\frac{1}{n}\frac{A^{5/3}}{P^{2/3}}$$

代入数值
$$\frac{9.68}{\sqrt{0.0003}}=\frac{1}{0.025}\times\frac{\left[(7+1.5h_N)h_N\right]^{5/3}}{(7+2h_N\sqrt{1+1.5^2})^{2/3}}$$

$$\left[(7+1.5h_N)h_N\right]^{5/2}-188h_N-365=0$$

试算得正常水深为 $h_N=1.45\mathrm{m}$。超高与渠道的级别和流量有关，本题取 $0.25\mathrm{m}$，于是渠道断面深度为

$$h=h_N+0.25=1.70\mathrm{m}$$

【例 7-2】　有一梯形渠道，在土层中开挖，边坡系数 $m=1.5$，底坡 $i=0.0005$，粗糙系数 $n=0.025$，设计流量 $q_v=1.5\mathrm{m^3/s}$。试按水力最优条件设计渠道断面。

【解】　水力最优梯形断面宽深比为

$$\frac{b}{h}=2(\sqrt{1+m^2}-m)=2(\sqrt{1+1.5^2}-1.5)=0.606$$

即
$$b=0.606h$$
$$A=(b+mh)h=(0.606h+1.5h)=2.106h^2$$

水力最优梯形断面的水力半径

$$R=0.5h$$

将 A、R 代入明渠均匀流基本公式

$$q_v=AC\sqrt{Ri}=\frac{A}{n}R^{2/3}i^{1/2}=1.187h^{8/3}$$

解得
$$h=(\frac{1.5}{1.187})^{3/8}=1.092\mathrm{m}$$
$$b=0.606\times1.092=0.66\mathrm{m}$$

7.2.4　无压圆管均匀流水力计算

无压圆管是指圆形断面非满流的长管道（circular pipe flowing partly full），主要用于

排水工程中。为保证正常的排水流动，避免事故发生，排水管道通常为非满管流，需要有一定的充满度限制。

无压圆管的水力计算也可以分为三类问题。

（1）验算输水能力

验算输水能力即流量校核。因为管道已经建成，管道直径 D、管壁粗糙系数 n 及管道底坡 i 都已知，充满度 α 由《室外排水设计规范》GB 50014—2006（2016 年版）确定。只需按已知 D、α，由表 7-2 查得 A、R，并算出谢才系数 C，代入基本公式便可算出通过流量。

（2）确定管道底坡

管道直径 D、充满度 α、管壁粗糙系数 n 以及通过流量 q_v 已知，只需按已知 D、α，由表 7-2 查得 A、R，计算出谢才系数 C，代入基本公式便可算出管道底坡 i。

（3）计算管道直径

无压圆管的断面要素与充满度有关，在通过流量 q_v、管道底坡 i、管壁粗糙系数 n 已知的条件下计算管道直径，还需考虑充满度限制。

与梯形断面类似，无压圆管也存在输水性能最优充满度。

对于 D、n、i 都一定的无压管道，与梯形断面相同，基本公式也可表示为

$$q_v = \frac{1}{n} A R^{2/3} i^{1/2} = \frac{1}{n} \frac{A^{5/3}}{P^{2/3}} i^{1/2}$$

然而与梯形断面不相同的是水深与过水断面的变化关系有所不同，即在水深很小时，随着水深的增加，水面增宽，过水断面面积增加很快，在接近管轴处增加最快。当水深超过半管后，随着水深的增加，水面宽减小，过水断面面积增量减慢，在满流前增加最慢。湿周随水深的增加与过水断面面积不同，接近管轴处增加最慢，在满流前增加最快。由此可知，在满流前，输水能力达最大值，相应的充满度是最优充满度。

将无压圆管几何关系中过水断面面积 A 和湿周 P 的关系式

$$A = \frac{D^2}{8}(\theta - \sin\theta)$$

$$P = \frac{D}{2}\theta$$

代入基本公式，得

$$q_v = \frac{i^{1/2}}{n} \frac{\left[\dfrac{D^2}{8}(\theta - \sin\theta)\right]^{5/3}}{\left[\dfrac{D}{2}\theta\right]^{2/3}}$$

对上式求导，并令 $\dfrac{\mathrm{d}q_v}{\mathrm{d}\theta} = 0$，解得水力最优充满角为

$$\theta_h = 308°$$

再由式（7-18），得水力最优充满度为

$$\alpha_h = \sin^2\frac{\theta_h}{4} = 0.95$$

采用同样方法求得流速为

$$v = \frac{1}{n} R^{2/3} i^{1/2} = \frac{i^{1/2}}{n} \left[\frac{D}{4} \left(1 - \frac{\sin\theta}{\theta} \right) \right]^{2/3}$$

令 $\dfrac{dv}{d\theta} = 0$，解得过流速度最优的充满角和充满度分别为 $\theta_h = 257.5°$ 和 $\alpha_h = 0.81$。

由以上分析得出，无压圆管均匀流在水深 $h = 0.95D$，即充满度 $\alpha_h = 0.95$ 时，输水能力最大；在水深 $h = 0.81D$，即充满度 $\alpha_h = 0.81$ 时，过流速度最大。

无压圆管均匀流的流量和流速随水深变化，可用无量纲参数图表示，如图 7-14 所示。

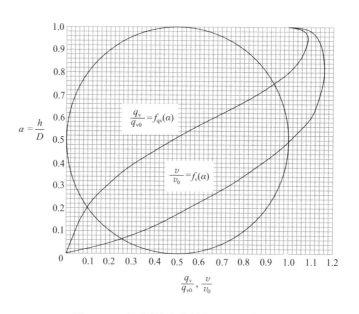

图 7-14　无压圆管水力特征无量纲参数图

$$\frac{q_v}{q_{v0}} = \frac{AC\sqrt{Ri}}{A_0 C_0 \sqrt{R_0 i}} = \frac{A}{A_0} \left(\frac{R}{R_0} \right)^{2/3} = f_{qv}(\alpha)$$

$$\frac{v}{v_0} = \frac{C\sqrt{Ri}}{C_0\sqrt{Ri}} = \left(\frac{R}{R_0} \right)^{2/3} = f_v(\alpha)$$

式中　q_{v0}、v_0——满流时的流量和流速；

　　　q_v、v——非满流时的流量和流速。

由图 7-14 可见，$\dfrac{h}{D} = 0.95$ 时 $\dfrac{q_v}{q_{v0}}$ 达最大值，$\left(\dfrac{q_v}{q_{v0}} \right)_{max} = 1.087$，此时管中通过的流量 q_{vmax} 超过管内满管时流量的 8.7%；当 $\dfrac{h}{D} = 0.81$ 时，$\dfrac{v}{v_0}$ 达最大值，$\left(\dfrac{v}{v_0} \right)_{max} = 1.16$，此时管中流速超过满流时流速的 16%。

需要说明的是，水力最优充满度并不一定是设计充满度，实际工程设计中采用的设计充满度，尚需根据管道的工作条件及直径大小来确定。在工程中进行无压管道设计时，还需符合有关的规范规定。对于污水管道，为避免因流量变动形成有压流，充满度不能过大。《室外排水设计规范》GB 50014—2006（2016 年版）规定，污水管道最大充满度见表 7-4。除了考虑最大充满度限制外，为防止管道发生冲刷和淤积，还需考虑设计流速限制。排水管道的最大设计流速为：金属管 10.0m/s，非金属管 5.0m/s；污水管道在设计充满度下最小设计流速为 0.6m/s，雨水管道和合流管道最小设计流速为 0.75m/s。渠道超高则不小于 0.2m。雨水管道和合流管道，允许短时承压，按满管流进行水力计算。

最大设计充满度表 表 7-4

管径或渠高（mm）	最大设计充满度 α	管径或渠高（mm）	最大设计充满度 α
200~300	0.55	500~900	0.70
350~450	0.65	≥1000	0.75

排水管道采用压力流时，压力管道的设计流速采用 0.7~2.0m/s。

此外，最小管径和最小设计坡度的规定见表 7-5。

最小管径与相应最小设计坡度 表 7-5

管道类别	最小管径（mm）	相应最小设计坡度
污水管	300	塑料管 0.002，其他管 0.003
雨水和合流管	300	塑料管 0.002，其他管 0.003
雨水口连接管	200	0.01

注：引自《室外排水设计规范》GB 50014—2006（2016 年版）。

【例 7-3】 钢筋混凝土圆形污水管，管径 $D=1000$mm，管壁粗糙系数 $n=0.014$，管道底坡 $i=0.002$。求最大设计充满度时的流速和流量。

【解】 由表 7-4 查得管径为 1000mm 的污水管最大设计充满度为 $\alpha=\dfrac{h}{D}=0.75$，再由表 7-2 查得 $\alpha=0.75$ 时过水断面的几何要素为

$$A=0.6319D^2=0.6319\text{m}^2$$

$$R=0.3017D=0.3017\text{m}$$

谢才系数为
$$C=\frac{1}{n}R^{1/6}=\frac{1}{0.014}(0.3017)^{1/6}=58.5\text{m}^{0.5}/\text{s}$$

流速为
$$v=C\sqrt{Ri}=58.5\times\sqrt{0.3017\times0.002}=1.44\text{m/s}$$

流量为
$$q_v=vA=1.44\times0.6319=0.91\text{m}^3/\text{s}$$

在实际工程中，还需验算流速是否在允许流速范围之内。本题为钢筋混凝土管，最大设计流速 v_{max} 为 5m/s，最小设计流速 v_{min} 为 0.6m/s，满足 $v_{max}>v>v_{min}$。

7.3 明渠水流的流态

明渠均匀流的主要研究内容为围绕三类问题的水力计算。而明渠非均匀流的主要研究内容则是明渠水流沿程水深的变化规律。这种变化因水流的流动状态不同而不同。掌握不同流动状态的实质，对认识明渠流动现象，分析明渠水流的运动规律，有着重要的意义。

7.3.1 明渠流态的运动学分析

波的广义定义是干扰在介质中的传播。水力学中，将外力作用下，具有自由液面的液

体质点偏离其平衡位置的有规律的振动现象称为波。

波通常以波高、波长、波周期、波速及波向等要素来表征。两相邻波峰顶点与波谷底点的垂直距离称为波高 Δh，两相邻波峰顶点（或波谷底点）的水平距离和经历时间分别称为波长 L 和周期 T。波长和周期之比称为波速 c，波传播方向简称为波向。

波根据形成因素和运动特性有多种分类方法，在渠道中产生的一个单一的水面隆起的波称为孤立波，其形状简单，波完全处于正常水面以上并且光滑地毫无干涉地移动，在无阻力的情况下，它可以传到无穷远处，而形状和传播速度保持不变。实际上，由于阻力作用，波高会逐渐减小乃至消失。例如在实验室水渠中放一直立平板，迅速地移动一下平板后立即停止，就可以观察到这种波。实际工程中，由于流动边界（渠道底坡或断面形状）的改变或者其他外力的干扰，也会产生类似的波。如果波动的振幅相对于波长是微小量，则这种波称为微幅波。

设平坡的棱柱形渠道，渠内水静止，水深为 h，水面宽为 B，断面积为 A。如用直立薄板 M-M 向左拨动一下，使水面产生一个波高为 Δh 的微波，以速度 c 传播，波形所到之处，引起水体运动，渠内形成非恒定流，如图 7-15 （a）所示。

将动坐标系取在波峰上，该坐标系随波峰作匀速直线运动，仍为惯性坐标系。对于该坐标系而言，水是以波速 c 由左向右运动，渠内水流转化为恒定流，如图 7-15 （b）所示。

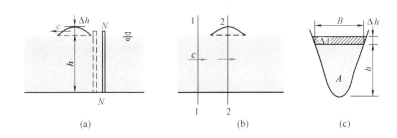

图 7-15 微幅干扰波的传播

以底线为基准，取相距很近的 1-1 和 2-2 断面，列伯努利方程，其中 $v_1 = c$，由连续性方程得 $v_2 = \dfrac{cA}{A + \Delta A}$，则

$$h + \frac{c^2}{2g} = h + \Delta h + \frac{c^2}{2g}\left(\frac{A}{A + \Delta A}\right)^2 \tag{7-22}$$

展开 $(A + \Delta A)^2$，忽略 ΔA^2，由图 7-15 （c）可知 $\Delta h = \Delta A / B$，代入式（7-22）整理得

$$c = \pm\sqrt{g\,\frac{A}{B}\left(1 + \frac{2\Delta A}{A}\right)} \tag{7-23}$$

鉴于微幅波 $\dfrac{\Delta A}{A} \ll 1$，式（7-23）可近似简化为

$$c = \pm\sqrt{g\,\frac{A}{B}} \tag{7-24}$$

对于矩形断面渠道有 $A = Bh$，则

$$c = \pm \sqrt{gh} \qquad\qquad (7\text{-}25)$$

若水体是静止的，则水面上产生的波形是以波源为中心的一系列同心圆，如图 7-16（a）所示。波以速度 c 离开中心向四周扩散。

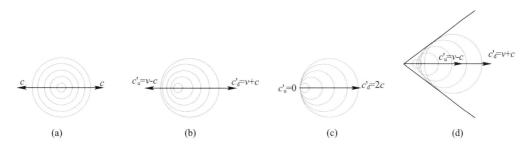

图 7-16　干扰波的传播

（a）静水；（b）缓流；（c）临界流；（d）急流

在实际的明渠中，水通常是流动的，若水流流速为 v，则此时微波的绝对速度 c' 应是静水中的波速 c 与水流速度 v 之和

$$c' = v \pm c = v \pm \sqrt{g\frac{A}{B}} \qquad\qquad (7\text{-}26)$$

式中微波顺水流方向传播取"＋"号，逆水流方向传播取"－"号。

当明渠中流速较小，而断面平均水深 A/B 又相当大时，$v < c$，绝对波速 c' 有一正一负两个值，其中一个为 $c'_d = v + c > 0$，表示微幅波顺水流方向向下游传播；另一个为 $c'_u = v - c < 0$，表示微幅波逆水流方向向上游传播，如图 7-16（b）所示，这种流态是缓流。

当明渠中流速较大，断面平均水深 A/B 相对较小时，$v > c$，绝对波速 c' 有两个值且均为正，$c'_d = v + c > 0$ 且 $c'_u = v - c > 0$，表明干扰波都顺水流向下游传播，不能向上游传播，这是因为水流速度大于静水中的波速，把波冲向下游的缘故，如图 7-16（c），所示这种流态是急流。

当明渠中流速等于干扰波传播速度 $v = c$ 时，绝对波速 $c'_u = v - c = 0$，干扰波逆水流向上游传播的速度为零，说明水流速度恰好与静水中的波速相互抵消，向上游传播的波停止不前；绝对波速的另一个值 $c'_d = v + c > 0$，表示波顺水流向下游传播，如图 7-16（d）所示，这种流动状态是临界流。

发生临界流时的明渠水流速度称为临界流速，以 v_C 表示，则

$$v_C = \sqrt{g\frac{A}{B}} \qquad\qquad (7\text{-}27)$$

对于矩形断面渠道有
$$v_C = \sqrt{gh} \qquad\qquad (7\text{-}28)$$

所以临界流速 v_C 可用来判别明渠水流的流动状态，当明渠中平均流速 $v < v_C$ 时，为缓流；$v > v_C$ 时为急流。

7.3.2　明渠流态的动力学分析

（1）断面单位能量

设明渠非均匀渐变流，如图 7-17 所示。

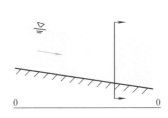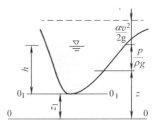

图 7-17　断面单位能量

某断面受单位重力作用的液体的机械能为

$$E = z + \frac{p}{\rho g} + \frac{\alpha v^2}{2g}$$

若将该断面基准面提高 z_1，使其通过该断面的最低点，受单位重力作用的液体相对于新基准面 0_1-0_1 的机械能则为

$$e = E - z_1 = h + \frac{\alpha v^2}{2g} \tag{7-29}$$

式中 e 称为断面单位能量（specific energy），或断面比能，是相对于通过该断面最低点基准面的受单位重力作用的液体具有的机械能。h 为该断面的水深，$\frac{\alpha v^2}{2g}$ 为流速水头。

断面单位能量 e 和前面章节定义的受单位重力作用的液体的机械能 E 是不同的能量概念。受单位重力作用的液体的机械能 E 是全部水流相对于沿程同一基准面的机械能，其值沿程减少。而断面单位能量 e 是按通过各自断面最低点的基准面计算的，其值沿程可能增加，可能减少，只有在均匀流中，沿程不变。

明渠非均匀流水深是沿程变化的，同样的流量，可能以不同的水深通过某一过水断面，就有不同的断面单位能量。对于棱柱形渠道，流量一定时，断面单位能量则随水深的变化而变化，即

$$e = h + \frac{\alpha v^2}{2g} = h + \frac{\alpha q_v^2}{2gA^2} = f(h)$$

若以水深 h 为纵坐标轴，断面单位能量 e 为横坐标轴，作 $e = f(h)$ 曲线，如图 7-16 所示。当 h 很小时可以忽略不计，因此有 $e \approx \frac{\alpha q_v^2}{2gA^2} \to \infty$，曲线以 e 轴为渐近线；当 h 很大时，$\frac{\alpha q_v^2}{2gA^2}$ 可以忽略，$e \approx h \to \infty$，曲线以通过坐标原点与横轴成 45°的直线为渐近线，其间

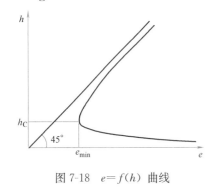

图 7-18　$e = f(h)$ 曲线

有极小值 $e_{\min}$。$e_{\min}$ 所对应的水深称为临界水深（critical depth），以 h_C 表示。

由图 7-18 可见，$e = f(h)$ 曲线上断面单位能量最小值将曲线分为上下两支：上支曲线上，水深大于临界水深，断面单位能量随水深增加而增加，即 $\frac{de}{dh} > 0$；下支曲线上，水深小于临界水深，断面单位能量随水深增加而减小，即 $\frac{de}{dh} < 0$。

（2）临界水深

如前所述，临界水深是渠道断面形状尺寸和流量一定的条件下，相应于断面单位能量最小的水深。令

$$\frac{\mathrm{d}e}{\mathrm{d}h}=1-\frac{\alpha q_\mathrm{v}^2}{gA^3}\frac{\mathrm{d}A}{\mathrm{d}h}=1-\frac{\alpha q_\mathrm{v}^2}{gA^3}B=0 \tag{7-30}$$

求解得

$$\frac{\alpha q_\mathrm{v}^2}{g}=\frac{A_\mathrm{C}^3}{B_\mathrm{C}} \tag{7-31}$$

式（7-31）是临界水深 h_C 的隐函数式，A_C 和 B_C 分别表示用临界水深计算的过水断面面积和水面宽。根据不同形状的断面几何特征，可直接利用式（7-31）求解临界水深。对于梯形断面，需用试算法。

对于矩形断面，水面宽与底宽相等，根据式（7-31）可得

$$\frac{\alpha q_\mathrm{v}^2}{g}=\frac{(bh_\mathrm{C})^3}{b}=b^2 h_\mathrm{C}^3$$

于是矩形断面渠道的临界水深为

$$h_\mathrm{C}=\sqrt[3]{\frac{\alpha q_\mathrm{v}^2}{gb^2}}=\sqrt[3]{\frac{\alpha q_\mathrm{u}^2}{g}} \tag{7-32}$$

式中　q_u——单宽流量（$\mathrm{m^2/s}$）。

（3）弗劳德数

由式（7-30）得

$$\frac{\mathrm{d}e}{\mathrm{d}h}=1-\frac{\alpha q_\mathrm{v}^2}{gA^3}B=1-\frac{\alpha v^2}{gh_\mathrm{m}}=1-Fr^2=0 \tag{7-33}$$

式中　h_m——平均水深，$h_\mathrm{m}=A/B$（m）；

　　　Fr——以平均水深为特征长度的弗劳德数。

根据 $\dfrac{\mathrm{d}e}{\mathrm{d}h}$ 的变化规律，可以判断流动状态：

$$\text{缓流时,} \frac{\mathrm{d}e}{\mathrm{d}h}>0, Fr<1;$$

$$\text{急流时,} \frac{\mathrm{d}e}{\mathrm{d}h}<0, Fr>1;$$

$$\text{临界流时,} \frac{\mathrm{d}e}{\mathrm{d}h}=0, Fr=1。$$

故弗劳德数可作为流动状态的判别数。

（4）临界底坡、缓坡和陡坡

根据明渠均匀流的基本公式，当断面形状与尺寸一定、壁面粗糙一定以及流量也一定的棱柱形渠道中，正常水深 h_N 的大小取决于渠道的底坡 i，不同的底坡 i 对应不同的正常水深 h_N，i 越大 h_N 越小，反之亦然，如图 7-19 所示。根据临界水深计算公式（7-31），当断面形状与尺寸一定时，临界水深 h_C 则只是流量的函数。即流量一定时，临界水深不

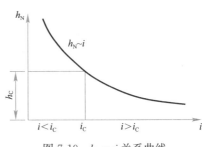

图 7-19　$h_\mathrm{N}\sim i$ 关系曲线

变，与底坡无关。于是当流量一定时，改变底坡的大小，可以改变正常水深与临界水深的
关系。

当正常水深等于临界水深，即 $h_N = h_C$ 时，底坡为临界底坡（critical slope），$i = i_C$，
此时的均匀流为临界流（critical flow）。

当正常水深大于临界水深，即 $h_N > h_C$ 时，底坡为缓坡（mild slope），$i < i_C$，此时的
均匀流为缓流（subcritical flow）。

当正常水深小于临界水深，即 $h_N < h_C$ 时，底坡为陡坡（steep slope），$i > i_C$，此时的
均匀流为急流（supercritical flow）。

按以上定义，临界底坡明渠中的水深同时满足均匀流基本公式和临界水深公式，即

$$q_v = A_C C_C \sqrt{R_C i_C}$$

与

$$\frac{\alpha q_v^2}{g} = \frac{A_C^3}{B_C}$$

联立解得临界底坡为

$$i_C = \frac{q_v^2}{A_C^2 C_C^2 R_C} = \frac{g A_C}{\alpha C_C^2 R_C B_C} = \frac{g}{\alpha C_C^2} \frac{P_C}{B_C} \tag{7-34}$$

对于宽浅渠道，湿周与水面宽可认为近似相等，即 $P_C \approx B_C$，于是相应的临界底坡为

$$i_C = \frac{g}{\alpha C_C^2} \tag{7-35}$$

式中 C_C、P_C 和 B_C 分别表示临界水深 h_C 所对应的谢才系数、湿周和水面宽度。

【例 7-4】 梯形断面渠道，底宽 $b = 5\text{m}$，边坡系数 $m = 1.0$，通过流量 $q_v = 8\text{m}^3/\text{s}$。试
求临界水深 h_C。

【解】 由式（7-31）

$$\frac{\alpha q_v^2}{g} = \frac{A_C^3}{B_C}$$

可求得

$$\frac{\alpha q_v^2}{g} = \frac{1.0 \times 8^2}{9.8} = 6.53\text{m}^5$$

代入梯形断面几何要素

$$A_C = (b + mh_C)h_C = 5h_C + h_C^2$$
$$B_C = b + 2mh_C = 5 + 2h_C$$

简化为 $(5h_C + h_C^2)^3 - 13.06h_C - 32.65 = 0$

试算得临界水深 $h_C = 0.61\text{m}$。

【例 7-5】 长直的矩形断面渠道，底宽 $b = 1\text{m}$，粗糙系数 $n = 0.014$，底坡 $i = 0.0004$，
渠内均匀流正常水深 $h_N = 0.6\text{m}$。试判别水流的流动状态。

【解】 断面平均流速为 $v = C\sqrt{Ri}$

其中

$$R = \frac{bh_N}{b + 2h_N} = \frac{1 \times 0.6}{1 + 2 \times 0.6} = 0.273\text{m}$$

$$C = \frac{1}{n}R^{1/6} = \frac{1}{0.014} \times 0.273^{1/6} = 57.5\text{m}^{0.5}/\text{s}$$

于是得 $v = 57.5 \times \sqrt{0.273 \times 0.0004} = 0.6\text{m/s}$

146

（1）用弗劳德数判别。

$$Fr = \frac{v}{\sqrt{gh_N}} = \frac{0.6}{\sqrt{9.8 \times 0.6}} = 0.25 < 1 \qquad 流动为缓流$$

（2）用临界水深判别。

矩形断面的临界水深为

$$h_C = \sqrt[3]{\frac{\alpha q_u^2}{g}}$$

其中

$$q_u = vh_N = 0.36 \mathrm{m^2/s}$$

所以

$$h_C = \sqrt[3]{\frac{1 \times 0.36^2}{9.8}} = 0.24 \mathrm{m} < h_N = 0.6 \mathrm{m} \qquad 流动为缓流$$

（3）用临界流速判别。

用临界水深 $h_C = 0.24\mathrm{m}$，计算临界流速得

$$v_C = \sqrt{gh_C} = 1.53 \mathrm{m/s} > v = 0.6 \mathrm{m/s} \qquad 流动为缓流$$

（4）用临界底坡判别。

由于流动是均匀流，还可用临界底坡来判别水流状态。用临界水深 $h_C = 0.24\mathrm{m}$，计算相应量得

$$B_C = b = 1\mathrm{m}$$

$$P_C = b + 2h_C = 1 + 2 \times 0.24 = 1.48 \mathrm{m}$$

$$R_C = \frac{bh_C}{P_C} = \frac{1 \times 0.24}{1.48} = 0.16 \mathrm{m}$$

$$C_C = \frac{1}{n} R_C^{1/6} = \frac{1}{0.014} \times 0.16^{1/6} = 52.7 \mathrm{m^{0.5}/s}$$

临界底坡由式（7-34）算得

$$i_C = \frac{g}{\alpha C_C^2} \frac{P_C}{B_C} = \frac{9.8 \times 1.48}{52.7^2 \times 1} = 0.0052 > i = 0.0004 \qquad 此渠道为缓坡，均$$

匀流是缓流。

7.4　水跃和水跌

工程中由于明渠流动边界沿程的变化，导致流动状态由急流向缓流或由缓流向急流过渡。例如闸下出流时，靠近闸门附近是急流，要过渡成为下游渠道中的缓流，如图 7-20 所示；在长直的缓坡渠道末端出现跌坎，水流将由缓流向急流过渡，如图 7-21 所示。这种水流由一种状态过渡到另一种状态的流动，是水面升、降变化经过临界水深过程的集中表现，是明渠非均匀急变流的水流衔接与流态过渡的问题。

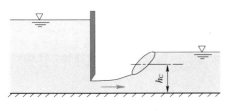

图 7-20　闸下出流

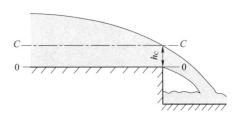

图 7-21　跌坎出流

7.4.1　水跃

（1）水跃现象

水跃（hydraulic jump）是明渠水流从急流状态向缓流状态过渡时，水面骤然升高的

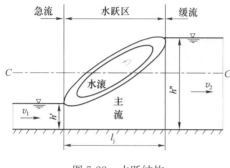

图 7-22　水跃结构

局部水力现象，如图 7-22 所示。

水跃区如图 7-22 所示。上部是急流冲入缓流所激起的表面旋流，称为"表面水滚"。水滚下面是断面向前扩张的主流。确定水跃区的几何要素包括跃前水深 h'、跃后水深 h''、水跃高度 a 和水跃长度 l_j。

跃前水深指水跃前断面，即表面水滚起点所在过水断面的水深；跃后水深指水跃后断面，即表面水滚终点所在过水断面的水深；

水跃高度指跃后水深与跃前水深之差；水跃长度则是指水跃前断面与跃后断面之间的距离。

由于表面水滚大量掺气，旋转耗能，内部具有极强的紊动掺混作用，再加上主流流速分布不断改组，集中消耗大量机械能。所耗机械能可达跃前断面急流总机械能的 $60\%\sim70\%$。

（2）水跃基本方程

为简化起见，以棱柱形平坡渠道为基础推导水跃基本方程。

设棱柱形平坡渠道，通过流量为 q_v 时发生水跃，如图 7-23 所示。并设跃前断面水深 h'，平均流速 v_1；跃后断面水深 h''，平均流速 v_2。

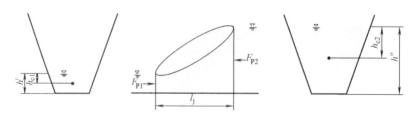

图 7-23　水跃方程

假设：

1）渠道边壁摩擦阻力忽略不计；

2）跃前、跃后断面为渐变流断面，断面上动水压强按静水压强的规律分布；

3）跃前、跃后断面的动量校正系数 $\beta_1=\beta_2=1$。

取跃前断面 1-1 和跃后断面 2-2 之间的水体为控制体，列流动方向总流的动量方程

$$\sum F=\rho q_v(\beta_2 v_2-\beta_1 v_1)$$

因平坡渠道中水体所受重力与流动方向正交，边壁摩擦阻力忽略不计，故作用在控制体上的力只有过水断面上的动水压力 F_{P1} 和 F_{P2}，即

$$F_{P1}=\rho g h_{c1} A_1 \qquad F_{P2}=\rho g h_{c2} A_2$$

式中 h_{c1}、h_{c2} 分别为跃前、跃后断面形心点的水深，A_1、A_2 分别为跃前、跃后断面的面

积。将动水压力代入动量方程后得

$$\rho g h_{c1} A_1 - \rho g h_{c2} A_2 = \rho q_v \left(\frac{q_v}{A_2} - \frac{q_v}{A_1} \right)$$

$$\frac{q_v^2}{g A_1} + h_{c1} A_1 = \frac{q_v^2}{g A_2} + h_{c2} A_2 \tag{7-36}$$

式（7-36）为平坡棱柱形渠道中水跃的基本方程，该式表明水跃区单位时间内流入跃前断面的动量与该断面动水总压力之和等于单位时间流出跃后断面的动量与该断面动水总压力之和。

式（7-36）中，A 和 h_c 都是水深的函数，其余量均为常量，所以可写出

$$\frac{q_v^2}{g A} + h_c A = J(h) \tag{7-37}$$

$J(h)$ 称为水跃函数。类似断面单位能量曲线，可以画出水跃函数曲线，如图7-24所示。于是水跃基本方程可表示为

$$J(h') = J(h'') \tag{7-38}$$

可以证明，曲线上对应水跃函数最小值的水深，也是该流量在已给明渠中的临界水深 h_C，即 $J_{min} = J(h_C)$。

当 $h > h_C$ 时，$J(h)$ 随水深增大而增大；当 $h < h_C$ 时，$J(h)$ 则随水深增大而减小。可以看出，同一水跃函数值对应两个不同的水深，即跃前水深 h' 和跃后水深 h''。这一对具有相同水跃函数的水深称为共轭水深。而且跃前水深愈小，对应的跃后水深愈大；反之亦然。

（3）水跃的计算

1）共轭水深

已知共轭水深中的一个，算出与其相应的水跃函数 $J(h')$ 或 $J(h'')$，再根据式（7-38）求解另一个共轭水深，一般采用试算。

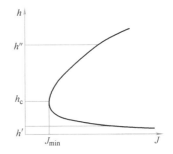

图 7-24　水跃函数曲线

对于矩形断面渠道，$A = bh$，$h_C = \frac{h}{2}$，$q_u = \frac{q_v}{b}$ 代入式（7-36），得

$$\frac{q_u^2}{g h'} + \frac{h'^2}{2} = \frac{q_u^2}{g h''} + \frac{h''^2}{2}$$

经过整理，得

$$h' h'' (h' + h'') = \frac{2 q_u^2}{g} \tag{7-39}$$

分别以跃后水深 h'' 或跃前水深 h' 为未知量，解式（7-39）得

$$h' = \frac{h''}{2} \left[\sqrt{1 + \frac{8 q_u^2}{g h''^3}} - 1 \right] \tag{7-40}$$

$$h'' = \frac{h'}{2} \left[\sqrt{1 + \frac{8 q_u^2}{g h'^3}} - 1 \right] \tag{7-41}$$

式中

$$\frac{q_u^2}{g h'^3} = \frac{v_1^2}{g h'} = Fr_1^2$$

$$\frac{q_u^2}{gh''^3}=\frac{v_2^2}{gh''}=Fr_2^2$$

式（7-40）和式（7-41）又可分别写为

$$h'=\frac{h''}{2}\left(\sqrt{1+8Fr_2^2}-1\right)\tag{7-42}$$

$$h''=\frac{h'}{2}\left(\sqrt{1+8Fr_1^2}-1\right)\tag{7-43}$$

式中 Fr_1 及 Fr_2 分别为跃前和跃后水流的弗劳德数。

2）水跃长度

由于水跃现象的复杂性，目前理论研究尚不成熟，水跃长度的确定仍以实验研究为主。

以跃后水深表示的公式为

$$l_j=6.1h''\tag{7-44}$$

以水跃高度表示的公式为

$$l_j=6.9a\tag{7-45}$$

3）消能计算

跃前断面与跃后断面受单位重力作用的液体机械能之差即水跃消除的能量，以 ΔE_j 表示。对于平底坡矩形渠道有

$$\Delta E_j=\left(h'+\frac{\alpha_1 v_1^2}{2g}\right)-\left(h''+\frac{\alpha_2 v_2^2}{2g}\right)\tag{7-46}$$

根据式（7-39）得

$$\frac{v_1^2}{2g}=\frac{q_u^2}{2gh'^2}=\frac{1}{4}\frac{h''}{h'}(h'+h'')$$

$$\frac{v_2^2}{2g}=\frac{q_u^2}{2gh''^2}=\frac{1}{4}\frac{h'}{h''}(h'+h'')$$

代入式（7-46），化简得

$$\Delta E_j=\frac{(h''-h')^3}{4h'h''}=\frac{a^3}{4h'h''}\tag{7-47}$$

式（7-47）说明在给定流量下，水跃高度，即跃前与跃后水深相差愈大，水跃消除的能量值愈大。

【例 7-6】　某建筑物下游渠道，单宽泄流量 $q_u=15\text{m}^3/(\text{s}\cdot\text{m})$。产生水跃，跃前水深 $h'=0.8\text{m}$。试求：（1）跃后水深 h''；（2）水跃长度 l_j；（3）水跃消能率 $\Delta E_j/E_1$。

【解】

（1）
$$Fr_1=\frac{q_u}{\sqrt{gh'^3}}=\frac{15}{\sqrt{9.8\times0.8^3}}=6.70$$

$$h''=\frac{h'}{2}\left(\sqrt{1+8Fr_1^2}-1\right)=7.19\text{m}$$

（2）
$$l_j=6.1h''=6.1\times7.19=43.84\text{m}$$

或
$$l_j=6.9(h''-h')=6.9\times6.39=44.09\text{m}$$

（3）
$$\Delta E_j=\frac{(h''-h')^3}{4h'h''}=\frac{(7.19-0.8)^3}{4\times0.8\times7.19}=11.34\text{m}$$

$$\frac{\Delta E_{\mathrm j}}{E_1}=\frac{\Delta E_{\mathrm j}}{h'+\dfrac{q_{\mathrm u}^2}{2gh'^2}}=61\%$$

7.4.2 水跃

水跃（hydraulic drop）是明渠水流从缓流过渡到急流，水面急剧降落的局部水力现象。这种现象常见于渠道底坡由缓坡突然变为陡坡或下游渠道断面形状突然改变处。设一渠道在某断面底坡急剧变化成为跌坎，如图 7-25 所示。由于水流失去了下游水流的阻力，使得重力的分量与阻力不相平衡，造成水流加速，水面急剧降低，渠道内水流变为非均匀流。

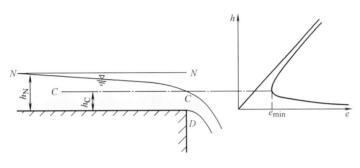

图 7-25 水跃现象

跌坎上水面的降落，应符合受单位重力作用的流体机械能沿程减小，末端断面最小，$E=E_{\min}$ 的规律

$$E=z_1+h+\frac{\alpha v^2}{2g}=z_1+e$$

在缓流状态下，水深减小，断面单位能量减小，坎端断面水深降至临界水深 $h_{\mathrm C}$，断面单位能量达最小值，该断面的位置高度 z_1 也最小，所以机械能最小，符合机械能沿程减小的规律。缓流以临界水深通过底坡突变的断面，过渡到急流是水跃现象的特征。

需要指出的是，上述断面单位能量和临界水深的分析，都是在渐变流的前提下建立的，坎端面附近，水面急剧下降，流线显著弯曲，流动已不是渐变流。由实验得出，实际坎端水深 $h_{\mathrm D}$ 略小于按渐变流计算的临界水深 $h_{\mathrm C}$，$h_{\mathrm D}\approx 0.7h_{\mathrm C}$。$h_{\mathrm C}$ 发生在上游距坎端面约 $(3\sim 4)h_{\mathrm C}$ 处，但在一般的水面分析和计算中，为简单起见，仍取坎端断面的水深为临界水深 $h_{\mathrm C}$。

7.5 棱柱形渠道非均匀渐变流水面曲线的分析

明渠非均匀流是流线非平行直线，即不等深、不等速的流动。根据流线的不平行程度，即沿程流速或水深不同程度的变化，明渠非均匀流又分为非均匀渐变流和非均匀急变流。图 7-26 所示的缓坡渠道中，设有顶部泄流的溢流堰，渠道末端为跌坎。此时，堰上游水位抬高，并影响一定范围，但流速或水深的变化小，为非均匀渐变流；堰的下游水流收缩断面至水跃前断面，以及水跃上游流段也是非均匀渐变流，而沿溢流堰表面下泄的水流、水跃与水跌均为非均匀急变流。

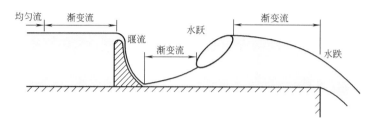

图 7-26　明渠水流流动状态

由于明渠非均匀流水深沿程变化，水面和渠底不再平行，水面与水流纵剖面相交形成的曲线称为水面曲线（water surface profiles）。水深沿程变化的情况，直接关系到河渠的淹没范围与堤防的高度等诸多工程问题。因此，水深沿程变化的规律，是明渠非均匀流的主要研究内容。

7.5.1　棱柱形渠道恒定非均匀渐变流微分方程

设明渠恒定非均匀渐变流微元流段，过水断面 1-1 和 2-2 相距 $\mathrm{d}s$，如图 7-27 所示。

列 1-1 和 2-2 断面伯努利方程

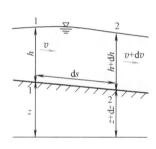

图 7-27　非均匀渐变流

$$(z+h)+\frac{\alpha v^2}{2g}=(z+\mathrm{d}z+h+\mathrm{d}h)+\frac{\alpha(v+\mathrm{d}v)^2}{2g}+\mathrm{d}h_l$$

展开 $(v+\mathrm{d}v)^2$ 并忽略 $(\mathrm{d}v)^2$，整理得

$$\mathrm{d}z+\mathrm{d}h+\mathrm{d}\left(\frac{\alpha v^2}{2g}\right)+\mathrm{d}h_l=0$$

渐变流流段不计局部水头损失，$\mathrm{d}h_l=\mathrm{d}h_f$，将上式两端除以 $\mathrm{d}s$ 得

$$\frac{\mathrm{d}z}{\mathrm{d}s}+\frac{\mathrm{d}h}{\mathrm{d}s}+\frac{\mathrm{d}}{\mathrm{d}s}\left(\frac{\alpha v^2}{2g}\right)+\frac{\mathrm{d}h_\mathrm{f}}{\mathrm{d}s}=0 \tag{7-48}$$

式中　（1）$\dfrac{\mathrm{d}z}{\mathrm{d}s}=\dfrac{z_2-z_1}{\mathrm{d}s}=-\dfrac{z_1-z_2}{\mathrm{d}s}=-i$

（2）$\dfrac{\mathrm{d}}{\mathrm{d}s}\left(\dfrac{\alpha v^2}{2g}\right)=\dfrac{\mathrm{d}}{\mathrm{d}s}\left(\dfrac{\alpha q_\mathrm{v}^2}{2gA^2}\right)=-\dfrac{\alpha q_\mathrm{v}^2}{gA^3}\dfrac{\mathrm{d}A}{\mathrm{d}s}$，棱柱形渠道过水断面面积只随水深变化，即

$$A=f(h)$$

则

$$\frac{\mathrm{d}A}{\mathrm{d}s}=\frac{\mathrm{d}A}{\mathrm{d}h}\frac{\mathrm{d}h}{\mathrm{d}s}=B\frac{\mathrm{d}h}{\mathrm{d}s}$$

于是

$$\frac{\mathrm{d}}{\mathrm{d}s}\left(\frac{\alpha v^2}{2g}\right)=-\frac{\alpha q_\mathrm{v}^2}{gA^3}B\frac{\mathrm{d}h}{\mathrm{d}s}$$

（3）$\dfrac{\mathrm{d}h_f}{\mathrm{d}s}=J$，由于不计局部水头损失，可近似按均匀流计算，即

$$J=\frac{q_\mathrm{v}^2}{A^2C^2R}=\frac{q_\mathrm{v}^2}{K^2}$$

将（1）、（2）与（3）的结果代入式（7-48）得

$$-i+\frac{\mathrm{d}h}{\mathrm{d}s}-\frac{\alpha q_\mathrm{v}^2}{gA^3}B\frac{\mathrm{d}h}{\mathrm{d}s}+J=0$$

$$\frac{\mathrm{d}h}{\mathrm{d}s}=\frac{i-J}{1-\dfrac{\alpha q_\mathrm{v}^2}{gA^3}B}=\frac{i-J}{1-Fr^2} \tag{7-49}$$

式（7-49）即棱柱形渠道恒定非均匀渐变流微分方程式。

7.5.2 水面曲线分析

棱柱形渠道非均匀渐变流水面曲线的变化，取决于式（7-49）各项之间的关系。实际水深等于正常水深，即 $h=h_\mathrm{N}$ 时，$J=i$，式（7-49）右端分子等于零，水面曲线沿程没有变化；实际水深等于临界水深，即 $h=h_\mathrm{C}$ 时，$Fr=1$，式（7-49）右端分母等于零。所以分析水面曲线的变化，需借助正常水深 h_N 的连线（N-N 线）和临界水深 h_C 的连线（C-C 线）将流动空间进行分区。

（1）顺坡渠道

顺坡渠道分为缓坡、陡坡和临界坡三种，均可由微分方程（7-49）分析水面曲线。

1）缓坡渠道

缓坡渠道中正常水深 h_N 大于临界水深 h_C，由 N-N 线和 C-C 线将流动空间分为 1、2 和 3 三个区域，出现在各区的水面曲线不同，如图 7-28 所示。

1 区（$h>h_\mathrm{N}>h_\mathrm{C}$）

水深 h 大于正常水深 h_N，也大于临界水深 h_C，流动为缓流。在式（7-49）中，

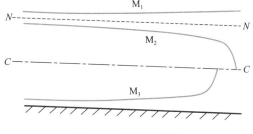

图 7-28 M 型水面线

分子的 $h>h_\mathrm{N}$，$J<i$，$i-J>0$；分母的 $h>h_\mathrm{C}$，$Fr<1$，$1-Fr^2>0$，所以 $\dfrac{\mathrm{d}h}{\mathrm{d}s}>0$，水深沿程增加，水面线称为 M_1 型壅水曲线。

在该区的上游 $h\to h_\mathrm{N}$，$J\to i$，$i-J\to0$；$h>h_\mathrm{C}$，$Fr<1$，$1-Fr^2>0$，所以 $\dfrac{\mathrm{d}h}{\mathrm{d}s}\to0$，水深沿程不变，水面线以 N-N 线为渐近线。下游的 $h\to\infty$，$J\to0$，$i-J\to i$；$h\to\infty$，$Fr\to0$，$1-Fr^2\to1$，所以 $\dfrac{\mathrm{d}h}{\mathrm{d}s}\to i$，单位距离水深的增加等于渠底高程的降低，水面线为水平线。

由以上分析得出 M_1 型水面曲线是上游端以 N-N 线为渐近线，下游为水平线，形状下凹的壅水曲线。

在缓坡渠道上修建挡水建筑物，抬高水位的控制水深 h，超过该流量的正常水深 h_N，挡水建筑物上游将出现 M_1 型水面曲线，如图 7-29 所示。

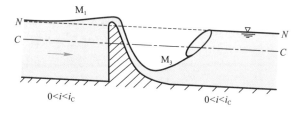

图 7-29 M_1、M_3 型水面曲线

2 区（$h_N > h > h_C$）

水深 h 小于正常水深 h_N，但大于临界水深 h_C，流动仍为缓流。在式（7-49）中，分子的 $h < h_N$，$J > i$，$i - J < 0$；分母的 $h > h_C$，$Fr < 1$，$1 - Fr^2 > 0$，所以 $\dfrac{dh}{ds} < 0$，水深沿程减小，水面线称为 M_2 型降水曲线。

在该区的上游 $h \to h_N$，与 M_1 型水面线相似，$\dfrac{dh}{ds} \to 0$，水深沿程不变，水面曲线以 $N\text{-}N$ 线为渐近线。下游的 $h \to h_C < h_N$，$J > i$，$i - J < 0$；$h \to h_C$，$Fr \to 1$，$1 - Fr^2 \to 0$，所以 $\dfrac{dh}{ds} \to -\infty$，水面曲线与 $C\text{-}C$ 线正交，说明此处水深急剧降低，已不再是渐变流，而发生水跌。由以上分析得出 M_2 型水面曲线是以上游 $N\text{-}N$ 线为渐近线、下游发生水跌、形状上凸的降水曲线。

缓坡渠道末端为跌坎，渠道内为 M_2 型水面曲线，形成水跌，跌坎断面水深为临界水深，如图 7-30 所示。

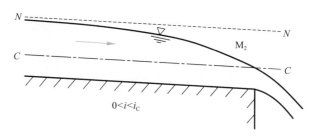

图 7-30　M_2 型水面曲线

3 区（$h < h_C < h_N$）

水深 h 小于正常水深 h_N，也小于临界水深 h_C，流动为急流。在式（7-49）中，分子的 $h < h_N$，$J > i$，$i - J < 0$；分母的 $h < h_C$，$Fr > 1$，$1 - Fr^2 < 0$，所以 $\dfrac{dh}{ds} > 0$，水深沿程增加，水面曲线称为 M_3 型壅水曲线。

该区上游水深由出流条件控制、下游 $h \to h_C$，$Fr \to 1$，$1 - Fr^2 \to 0$，所以 $\dfrac{dh}{ds} \to \infty$，发生水跃。由以上分析得出，$M_3$ 型水面曲线是上游由出流条件控制、下游接近临界水深处发生水跃、形状下凹的壅水曲线。

在缓坡渠道上修建挡水建筑物，下泄水流的收缩水深小于临界水深，所形成的急流，受下游缓流的阻滞，流速沿程减小，水深增加，形成 M_3 型水面曲线，如图 7-30 所示。

2）陡坡渠道

陡坡渠道中正常水深 h_N 小于临界水深 h_C，由 $N\text{-}N$ 线和 $C\text{-}C$ 线将流动空间分为 1、2、3 三个区域，出现在各区的水面曲线不同，如图 7-31 所示。

1 区（$h > h_C > h_N$）

水深 h 大于正常水深 h_N，也大于临界水深

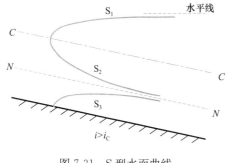

图 7-31　S 型水面曲线

h_C。用类似前面分析缓坡渠道的方法，由式（7-49），可得$\frac{dh}{ds}>0$，水深沿程增加，水面曲线为 S_1 型壅水曲线。当上游 $h\rightarrow h_C$，$\frac{dh}{ds}\rightarrow\infty$时，将发生水跃；当下游 $h\rightarrow\infty$时，$\frac{dh}{ds}\rightarrow i$，水面曲线趋于水平。

在陡坡渠道中修建挡水建筑物，上游形成 S_1 型水面曲线，如图 7-32 所示。

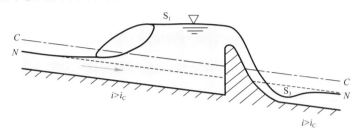

图 7-32 S_1、S_3 型水面曲线

2 区（$h_C>h>h_N$）

水深 h 大于正常水深 h_N，但小于临界水深 h_C。由式（7-49），可得$\frac{dh}{ds}<0$，水深沿程减小，水面线称为 S_2 型降水曲线。当上游 $h\rightarrow h_C$，$\frac{dh}{ds}\rightarrow-\infty$，此处为水跌。当下游 $h\rightarrow h_N$，$\frac{dh}{ds}\rightarrow0$，水深沿程不变，水面曲线以 N-N 线为渐近线。

水流由缓坡渠道流入陡坡渠道，在缓坡渠道中形成 M_2 型水面曲线，而在陡坡渠道中形成 S_2 型水面曲线，在变坡断面水深降至临界水深，形成水跌，如图 7-33 所示。

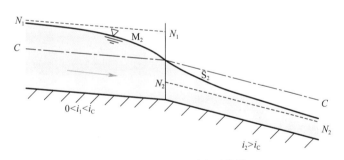

图 7-33 M_2、S_2 型水面曲线

3 区（$h_C>h_N>h$）

水深 h 小于临界水深 h_C，也小于正常水深 h_N。由式（7-49），可得$\frac{dh}{ds}>0$，水深沿程增加，水面线称为 S_3 型壅水曲线。上游水深由出流条件控制，当下游 $h\rightarrow h_N$，$\frac{dh}{ds}\rightarrow0$，水深沿程不变，水面曲线以 N-N 线为渐近线。

在陡坡渠道中修建挡水建筑物，下泄水流的收缩水深小于正常水深，下游形成 S_3 型水面曲线，如图 7-32 所示。

3）临界坡渠道

临界坡渠道中，正常水深 h_N 等于临界水深 h_C。N-N 线与 C-C 线重合，流动空间分为

1、3 两个区域，不存在 2 区。水面曲线分别称为 C_1 型水面曲线和 C_3 型水面曲线，都是壅水曲线，且在接近 N-N（C-C）线时都近于水平，如图 7-34 所示。

在临界坡渠道中，泄水闸门上、下游将形成 C_1、C_3 型水面曲线，如图 7-35 所示。

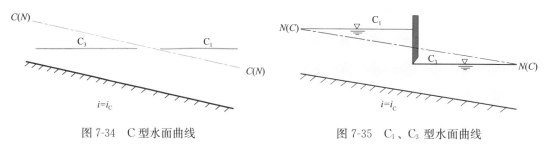

图 7-34　C 型水面曲线　　　　　　图 7-35　C_1、C_3 型水面曲线

（2）平坡渠道

平坡渠道中，不能形成均匀流，没有 N-N 线，只有 C-C 线，流动空间分为 2、3 两个区域。2 区 $\dfrac{\mathrm{d}h}{\mathrm{d}s}<0$，水面线是降水曲线，称为 H_2 型水面曲线；3 区 $\dfrac{\mathrm{d}h}{\mathrm{d}s}>0$，水面曲线是壅水曲线，称为 H_3 型水面曲线，如图 7-36 所示。

在平坡渠道末端跌坎上游将形成 H_2 型水面曲线，平坡渠道中泄水闸门开启高度小于临界水深时，闸门下游将形成 H_3 型水面曲线，如图 7-37 所示。

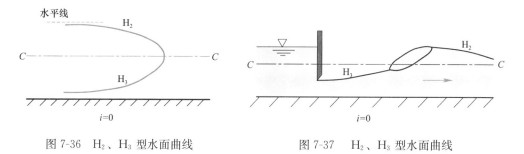

图 7-36　H_2、H_3 型水面曲线　　　　　　图 7-37　H_2、H_3 型水面曲线

（3）逆坡（$i<0$）渠道

逆坡渠道中，不能形成均匀流，无 N-N 线，只有 C-C 线，流动空间分为 2、3 两个区域。与平坡渠道相类似，2 区 $\dfrac{\mathrm{d}h}{\mathrm{d}s}<0$，水面线是降水曲线，称为 A_2 型水面曲线；3 区 $\dfrac{\mathrm{d}h}{\mathrm{d}s}>0$，水面线是壅水曲线，称为 A_3 型水面曲线，如图 7-38 所示。

在逆坡渠道末端跌坎上游将形成 A_2 型水面曲线，逆坡渠道中泄水闸门开启高度小于临界水深时，闸门下游将形成 A_3 型水面曲线，如图 7-39 所示。

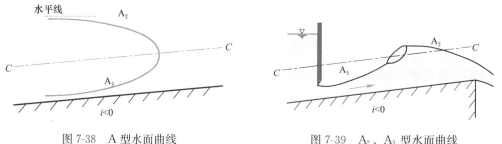

图 7-38　A 型水面曲线　　　　　　图 7-39　A_2、A_3 型水面曲线

7.5.3 水面曲线分析的总结

本节分析了棱柱形渠道可能出现的 12 种渐变流水面曲线。工程中最常见的是 M_1、M_2、M_3、S_2 型四种。总结对水面曲线的分析：

（1）棱柱形渠道非均匀渐变流微分方程

$$\frac{\mathrm{d}h}{\mathrm{d}s} = \frac{i-J}{1-Fr^2}$$

此方程是分析和计算水面曲线的理论基础。通过分析函数的单调增、减性，便可得到水面曲线沿程变化的趋势及两端的极限情况。

（2）为得出分析结果，由该流量下的正常水深线 N-N 与临界水深线 C-C，将明渠流动空间分区。这里 N-N、C-C 不是渠道中的实际水面曲线，而是流动空间分区的界线。

（3）棱柱形渠道恒定非均匀渐变流微分方程式（7-49）在每一区域内的解是唯一的，因此，每一区域内水面曲线也是唯一确定的。如缓坡渠道 2 区，只可能发生 M_2 型降水曲线，不可能有其他形式的水面曲线。

（4）在各区域中，1、3 区的水面曲线（M_1、M_3、S_1、S_3、C_1、C_3、H_3、A_3 型水面曲线）是壅水曲线，2 区的水面曲线（M_2、S_2、H_2、A_2 型水面曲线）是降水曲线。

（5）除 C_1、C_3 型外，所有水面曲线在水深趋于正常水深 $h \rightarrow h_N$ 时，以 N-N 线为渐近线。在水深趋于临界水深 $h \rightarrow h_C$ 时，与 C-C 线正交，发生水跃或水跌。

（6）因急流的干扰波只能向下游传播，急流状态的水面曲线（M_3、S_2、S_3、C_3、H_3、A_3 各型）控制水深必在上游。缓流的干扰影响可以向上游传播，缓流状态的水面曲线（M_1、M_2、S_1、C_1、H_2、A_2 各型）控制水深在下游。

【例 7-7】 缓坡渠道中设置泄水闸门，闸门上下游均有足够长度，末端为跌坎，如图 7-40 所示。闸门以一定开度泄流，闸前水深大于正常水深 $h > h_N$，闸下收缩水深小于临界水深 $h_{cN} < h_C$。试画出水面曲线示意图。

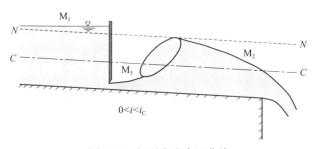

图 7-40　闸下出流水面曲线

【解】 绘出 N-N 线、C-C 线，将流动空间分区。缓坡渠道 $h_N > h_C$，N-N 线在 C-C 线上面。找出闸前水深 H、闸下收缩水深 h_{CN} 及坎端断面临界水深 h_C，为各段水面线的控制水深。

（1）闸前段

闸前水深 $h > h_N > h_C$，水流在缓坡渠道 1 区，水面线为 M_1 型壅水曲线，上游端以 N-N 线为渐近线。

（2）闸后段

闸下出流收缩水深 $h_{CN} < h_C < h_N$，水流在缓坡渠道 3 区，水面曲线为 M_3 型壅水曲线。

157

闸后段足够长，在 $h \to h_C$ 时发生水跃。

（3）跃后段

跃后水深 $h_N > h > h_C$，水流在缓坡渠道 2 区，水面线为 M_2 型降水曲线，下游在 $h \to h_C$ 时发生水跌。全程水面曲线如图 7-42 所示。

7.6　明渠非均匀渐变流水面曲线的计算

实际工程中，除了对水面曲线作出定性分析以外，有时还需定量计算和绘出水面曲线。对于棱柱形明渠恒定非均匀渐变流，从数学上讲，只需对微分方程（7-49）进行求解，得出水深 h 与断面位置 s 的函数关系式即可。鉴于直接求解析解的难度较大，通常采用有限差式代替微分方程式，即所谓分段求和法近似计算。

明渠非均匀渐变流中任取一流段 Δl，如图 7-41 所示，列该流段上下游两端 1-1 与 2-2

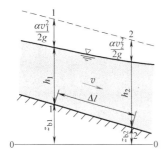

断面伯努利方程

$$z_{b1} + h_1 + \frac{\alpha_1 v_1^2}{2g} = z_{b2} + h_2 + \frac{\alpha_2 v_2^2}{2g} + \Delta h_l$$

$$\left(h_2 + \frac{\alpha_2 v_2^2}{2g} \right) - \left(h_1 + \frac{\alpha_1 v_1^2}{2g} \right) = (z_{b1} - z_{b2}) - \Delta h_l$$

式中　$\left(h_2 + \frac{\alpha_2 v_2^2}{2g} \right) = e_2$　　$\left(h_1 + \frac{\alpha_1 v_1^2}{2g} \right) = e_1$

$$z_{b1} - z_{b2} = i\Delta l$$

图 7-41　分段求和法

$\Delta h_l \approx \Delta h_f = \overline{J} \Delta l$，渐变流沿程水头损失可近似按均匀流公式计算，即该流段平均水力坡度可表示为

$$\overline{J} = \frac{\overline{v}^2}{\overline{C}^2 \overline{R}} \tag{7-50}$$

其中　　　　$\overline{v} = \frac{v_1 + v_2}{2}, \overline{R} = \frac{R_1 + R_2}{2}, \overline{C} = \frac{C_1 + C_2}{2}$

将各项代入式（7-50），整理得

$$\Delta l = \frac{e_2 - e_1}{i - \overline{J}} = \frac{\Delta e}{i - \overline{J}} \tag{7-51}$$

上式即明渠非均匀渐变流水面曲线的分段求和法计算式。

采用控制断面的水深作为起始水深，并取相邻水深分别算出 Δe 和 $\overline{J}$，代入式（7-51）求出第一个分段的长度。然后再以第一个分段的末端水深作为下一个分段的起始水深，用同样的方法求出第二个分段的长度。依次计算，直至各分段之和等于渠道总长。根据所求各段长度及相应的水深定量绘制水面曲线。

由于分段求和法直接由伯努利方程导出，对棱柱形和非棱柱形渠道都适用。此外，对于棱柱形渠道，还可用棱柱形渠道恒定非均匀渐变流微分方程式（7-49）近似积分计算。

【例 7-8】　矩形断面排水渠道，如图 7-42 所示。已知渠道宽 $b = 2m$，粗糙系数 $n = 0.02$，底坡 $i = 0.0002$，排水流量 $q_v = 2.0 \mathrm{m}^3/\mathrm{s}$，渠道末端排入河中。试定量绘制水面曲线。

【解】

（1）判断渠道底坡性质及水面曲线类型。

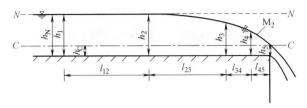

图 7-42 水面曲线计算

根据谢才公式和梯形断面渠道的几何特征试算，得正常水深 $h_N = 1.88m$。

根据式（7-32）算得临界水深 $h_C = 0.467m$。

按照正常水深与临界水深的计算值，在图中标出 N-N 线和 C-C 线。由于正常水深大于临界水深，渠道为缓坡，末端形成跌坎，水深为临界水深，渠内水流在缓坡渠道 2 区流动，水面曲线为 M_2 型降水曲线。

（2）水面曲线计算。

由于水流为缓流，故取渠道末端的临界水深作为控制水深。共取 4 段，5 个断面水深。为与计算公式相一致，控制水深作为第 5 断面水深，向上游推算。

水深分别取 $h_5 = 0.467m$、$h_4 = 0.8m$、$h_3 = 1.2m$、$h_2 = 1.6m$ 和 $h_1 = 1.8m$，根据

$$A = bh, v = \frac{q_v}{A}, e = h + \frac{v^2}{2g}, R = \frac{A}{P}, C = \frac{1}{n}R^{1/6}$$

以及

$$\bar{v} = \frac{v_1 + v_2}{2}, \bar{R} = \frac{R_1 + R_2}{2}, \bar{C} = \frac{C_1 + C_2}{2}, \bar{J} = \frac{\bar{v}^2}{\bar{C}^2 \bar{R}}, \Delta l = \frac{e_2 - e_1}{i - \bar{J}} = \frac{\Delta e}{i - \bar{J}}$$

列表计算，见表 7-6。

水面曲线计算表 表 7-6

断面	h(m)	A(m^2)	v(m/s)	$\bar{v}$(m/s)	$\frac{v^2}{2g}$	e(m)	Δe(m)	R(m)	$\bar{R}$(m)	C	$\bar{C}$	$\bar{J}$
5	0.467	0.934	2.140		0.234	0.701		0.320		41.35		
4	0.800	1.600	1.250	1.695	0.080	0.880	−0.179	0.440	0.380	43.61	42.48	0.00419
3	1.200	2.400	0.833	1.640	0.035	1.235	−0.355	0.545	0.493	45.19	44.40	0.00276
2	1.600	3.200	0.625	0.729	0.020	1.620	−0.385	0.615	0.580	46.11	45.65	0.00043
1	1.800	3.600	0.556	0.590	0.016	1.816	−0.196	0.643	0.629	46.45	46.28	0.00026

各段长度分别为：$l_{45} = 44.9m$，$l_{34} = 138.7m$，$l_{23} = 1673.9m$，$l_{12} = 3266.7m$

根据计算值，绘制水面曲线，如图 7-42 所示。

小结及学习指导

1. 明渠流动亦属于应用水力学部分。明渠流动分为均匀流和非均匀流两部分。明渠均匀流部分主要为水力计算，明渠非均匀流则注重水深的沿程变化规律，即水面曲线的分析。明渠流动也有不同流动状态，即急流、缓流和临界流，但与第 5 章中所述的层流与紊流流态在概念上完全不同，学习上注意区分。

2. 明渠均匀流具有自身的特征和形成条件，明渠均匀流水力计算分别以梯形断面明渠和无压圆管最为典型，内容包括通过渠道的流量、渠道的断面特征值以及渠底坡度等。

梯形断面的水力最优与圆断面最优充满度含义不同，学习时应加以区分。

3. 明渠非均匀流又分为渐变流和急变流两部分。不同流动区域内的水面曲线代表一种特定的水深沿程变化规律，明渠非均匀流渐变流的 12 种水深沿程变化规律就由 12 条水面曲线所代表，而不同流动状态水面的衔接则是通过急变流的水跃或水跌来完成的。

习　题

1. 梯形断面土渠，底宽 $b=3$m，边坡系数 $m=2$，水深 $h=1.2$m，底坡 $i=0.0002$，渠道受到中等养护，粗糙系数 $n=0.025$。试求通过流量 q_v。

2. 修建混凝土砌面的矩形渠道，要求通过流量 $q_v=9.7$m^3/s，底坡 $i=0.001$，粗糙系数 $n=0.013$。试按水力最优断面条件设计断面尺寸。

3. 修建梯形断面渠道，要求通过流量 $q_v=1$m^3/s，渠道边坡系数 $m=1.0$，底坡 $i=0.0022$，粗糙系数 $n=0.03$。试按不冲流速 $v_{max}=0.8$m/s 设计此断面尺寸。

4. 钢筋混凝土圆形排水管道，已知污水流量 $q_v=0.2$m^3/s，底坡 $i=0.005$，粗糙系数 $n=0.014$。试确定此管道的直径。

5. 钢筋混凝土圆形排水管道，直径 $D=1.0$m，粗糙系数 $n=0.014$，底坡 $i=0.002$。试校核此无压管道的过流量 q_v。

6. 矩形渠道，断面宽度 $b=5$m，通过流量 $q_v=17.25$m^3/s。求此渠道的临界水深。

7. 梯形土渠，底宽 $b=12$m，断面边坡系数 $m=1.5$，粗糙系数 $n=0.025$，通过流量 $q_v=18$m^3/s。求临界水深及临界坡度。

8. 矩形断面平坡渠道中发生水跃，已知跃前断面的 $Fr_1=\sqrt{3}$，问跃后水深 h'' 是跃前水深 h' 的几倍?

9. 图 7-43 所示的棱柱形渠道，各渠段足够长，试分析渠道中水面曲线连接的可能形式。

$i_1<i_C$　$i_2>i_C$　　　$i_1<i_C$　$i_1<i_2<i_C$

图 7-43　题 9 图

10. 棱柱形渠道，各渠段足够长，如图 7-44 所示。其中底坡 $0<i_1<i_C$，$i_2>i_3>i_C$，闸门的开度小于临界水深 h_C。试绘出水面曲线示意图，并标出曲线的类型。

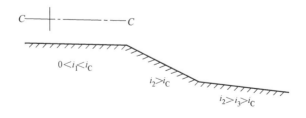

$0<i_1<i_C$　　$i_2>i_C$　　$i_2>i_3>i_C$

图 7-44　题 10 图

11. 用矩形断面长直渠道向低处排水，末端为跌坎，如图 7-45 所示。已知渠道底宽

$b=1\text{m}$，底坡 $i=0.0004$，正常水深 $h_N=0.5\text{m}$，粗糙系数 $n=0.014$。试求：（1）渠道中的流量；（2）渠道末端出口断面的水深；（3）绘制渠道中水面曲线示意图。

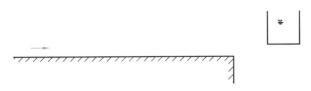

图 7-45　题 11 图

12. 有一梯形断面小河，底宽 $b=10\text{m}$，边坡系数 $m=1.5$，底坡 $i=0.0003$，粗糙系数 $n=0.020$，流量 $q_v=30\text{m}^3/\text{s}$。现下游建造一溢流堰，堰高 $P=2.73\text{m}$，堰上水头 $H=1.27\text{m}$。试用分段求和法（分成 4 段以上）计算造堰后水位抬高的影响范围（淹没范围）。水位抬高不超过原来水位的 1‰即可认为已无影响。

第8章 孔口、管嘴出流与堰流

孔口（orifice）和管嘴（nozzle）出流属有压流动，堰（weir）流则属于无压流动。三者虽有各自的水力特点，但水头损失的计算规律是相同的，即流动均发生在局部边界变化较大的地方，与局部水头损失相比，沿程水头损失均可忽略不计。

孔口、管嘴出流以及堰流有很大的实用意义。例如，市政和水利工程中常用的取水、泄水闸孔，以及某些量测流量设备均属孔口，水力机械化施工用水枪及消防水枪则属管嘴，在水处理工程中以及水利工程中堰则作为提升水位、稳定水流以及流量量测的重要设施。

8.1 孔口出流

8.1.1 薄壁小孔口恒定出流

容器壁上开孔，水经孔口流出的水力现象称为孔口出流。

孔口出流时，水流与孔壁仅在一条周线上接触，壁厚对出流无影响，这样的孔口称为薄壁孔口。

孔口上、下缘在水面下的深度不同，其作用水头不同。在实际计算中，若孔口的直径 D（或高度 h）与孔口形心在水面下的深度 H 相比较很小，$D \leqslant H/10$，便可认为孔口断面上各点的水头相等，这样的孔口是小孔口。当 $D > H/10$，应考虑孔口不同高度上的水头不等，这样的孔口是大孔口。

（1）自由出流

水经孔口流入空气中称为自由出流，如图 8-1 所示。容器内水流的流线自上游各个方向向孔口汇集，由于水的惯性作用，流线不能突然改变方向，要有一个连续的变化过程。因此，孔口断面的流线并不平行，水流继续收缩，直至距孔口约为 $D/2$ 处收缩完毕，流线趋于平行，该断面称为收缩断面，如图 8-1 所示的 c-c 断面。设孔口断面面积为 A，收缩断面积为 A_c，则

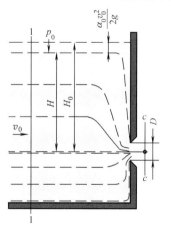

$$\varepsilon_0 = \frac{A_c}{A} \tag{8-1}$$

ε_0 称为收缩系数。

为推导孔口出流的基本公式，选通过孔口形心的水平面为基准面，取容器内符合渐变流条件的过水断面 1-1，收缩断面 c-c，列伯努利方程

图 8-1 孔口自由出流

$$H+\frac{p_0}{\rho g}+\frac{\alpha_0 v_0^2}{2g}=\frac{p_c}{\rho g}+\frac{\alpha_c v_c^2}{2g}+h_m$$

式中孔口的局部水头损失 $h_m=\zeta_o\dfrac{v_c^2}{2g}$，且 $p_0=p_c=p_a$，则有

$$H+\frac{\alpha_0 v_0^2}{2g}=(\alpha_c+\zeta_o)\frac{v_c^2}{2g}$$

令 $H_0=H+\dfrac{\alpha_0 v_0^2}{2g}$，代入上式整理得

收缩断面流速 $\qquad v_c=\dfrac{1}{\sqrt{\alpha_c+\zeta_o}}\sqrt{2gH_0}=\varphi_o\sqrt{2gH_0}$ （8-2）

孔口的流量 $\qquad q_v=v_cA_c=\varphi_o\varepsilon_o A\sqrt{2gH_0}=\mu_o A\sqrt{2gH_0}$ （8-3）

式中 H_0——作用水头，如流速 $v_0\approx0$，则 $H_0\approx H$；

ζ_o——孔口的局部阻力系数；

φ_o——孔口的流速系数，$\varphi_o=\dfrac{1}{\sqrt{\alpha_c+\zeta_o}}\approx\dfrac{1}{\sqrt{1+\zeta_o}}$；

μ_o——孔口的流量系数，$\mu_o=\varepsilon_o\varphi_o$。

（2）淹没出流

水经孔口直接流入另一部分水中，称为孔口淹没出流，如图 8-2 所示。

与自由出流一样，由于惯性作用，孔口淹没出流经孔口也形成收缩断面 $c-c$，然后再扩大。选取通过孔口形心的水平面为基准面，取上下游过水断面 1-1、2-2，列伯努利方程

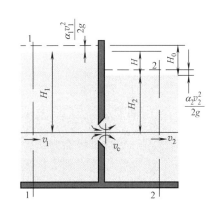

图 8-2 孔口淹没出流

$$H_1+\frac{\alpha_1 v_1^2}{2g}=H_2+\frac{\alpha_2 v_2^2}{2g}+\zeta_o\frac{v_c^2}{2g}+\zeta_{se}\frac{v_c^2}{2g}$$

令 $H_0=H_1-H_2+\dfrac{\alpha_1 v_1^2}{2g}$，$v_2$ 忽略不计，代入上式整理得收缩断面流速

$$v_c=\frac{1}{\sqrt{\zeta_o+\zeta_{se}}}\sqrt{2gH_0}=\varphi_o\sqrt{2gH_0} \qquad （8-4）$$

孔口流量

$$q_v=v_cA_c=\varphi_o\varepsilon_o A\sqrt{2gH_0}=\mu_o A\sqrt{2gH_0} \qquad （8-5）$$

式中 H_0——作用水头（m），如流速 $v_1\approx0$，则 $H_0=H_1-H_2=H$；

ζ_o——孔口的局部阻力系数，与自由出流相同；

ζ_{se}——水流收缩断面突然扩大局部阻力系数，根据式（5-52），当扩大后的过水断面面积远大于扩大前的过水断面面积时，$\zeta_{se}\approx1$；

φ_o——淹没孔口的流速系数，$\varphi_o=\dfrac{1}{\sqrt{\zeta_{se}+\zeta_o}}\approx\dfrac{1}{\sqrt{1+\zeta_o}}$；

μ_o——淹没孔口的流量系数 $\mu_o=\varepsilon_o\varphi_o$。

比较孔口出流的基本公式（8-3）与式（8-5），两式的形式相同，各项系数值也相同。

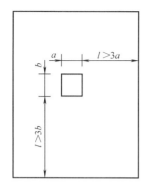

图 8-3　全部完善收缩孔口

但应注意自由出流的水头 H 是水面至孔口形心的高差，而淹没出流的水头则是上下游水面高差，因为淹没出流孔口断面各点的水头相同，所以淹没出流无"大"或"小"孔口之分。

（3）孔口出流的各项系数

孔口出流的流速系数 φ_o 和流量系数 μ_o 值，决定于局部阻力系数 ζ_o 和收缩系数 ε_o。孔口在壁面上的位置，对收缩系数有直接的影响。孔口边界距相邻壁面较远，其四周流线都发生收缩，这种孔口称为全部完善收缩孔口。如图 8-3 所示。否则为不完善收缩孔口。实测得全部完善收缩薄壁小孔口的各项系数，见表 8-1。

薄壁小孔口各项系数　　　　表 8-1

收缩系数 ε_o	阻力系数 ζ_o	流速系数 φ_o	流量系数 μ_o
0.64	0.06	0.97	0.62

此外，小孔口出流的基本公式（8-3）也适用于大孔口。由于大孔口的收缩系数 ε 较大，因而流量系数 μ_o 值也比较大，见表 8-2。

大孔口的流量系数　　　　表 8-2

收　缩　情　况	流量系数 μ_o	收　缩　情　况	流量系数 μ_o
全部不完善收缩	0.70	底部无收缩侧向很小收缩	0.70~0.75
底部无收缩，侧向适度收缩	0.66~0.70	底部无收缩侧向极小收缩	0.80~0.90

8.1.2　薄壁小孔口非恒定出流

孔口出流过程中，容器内水位随时间变化（降低或升高），导致孔口的流量随时间变化而变化，称为孔口的变水头出流。容器泄流时间、蓄水库的流量调节等问题，都可按变水头出流计算。变水头出流是非恒定流，但如容器水位的变化缓慢，则可把整个出流过程划分为许多微小时段，在每一微小时段内，认为水位不变，孔口恒定出流的基本公式仍适用，这样就把非恒定流问题转化为恒定流处理。

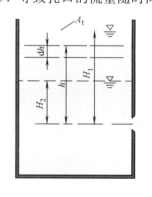

图 8-4　变水头自由出流

截面积为 A_t 的柱形容器内，水经孔口变水头自由出流，如图 8-4 所示。

设某时刻水面高为 h，在 dt 时段内，孔口出流体积

$$dV = q_v dt = \mu_o A \sqrt{2gh}\, dt$$

同时，水面下降 dh，容器内水的体积减小量

$$dV = -A_t dh$$

由此得

$$\mu_o A \sqrt{2gh}\, dt = -A_t dh$$

$$dt = -\frac{A_t}{\mu_o A \sqrt{2g}} \frac{dh}{\sqrt{h}}$$

对上式积分，得到水位由 H_1 降至 H_2 所需时间

$$t = \int_{H_1}^{H_2} -\frac{A_t}{\mu_o A \sqrt{2g}} \frac{\mathrm{d}h}{\sqrt{h}} = \frac{2A_t}{\mu_o A \sqrt{2g}}(\sqrt{H_1} - \sqrt{H_2}) \qquad (8\text{-}6)$$

令 $H_2 = 0$，即得容器放空时间

$$t = \frac{2A_t \sqrt{H_1}}{\mu_o A \sqrt{2g}} = \frac{2A_t H_1}{\mu_o A \sqrt{2gH_1}} = \frac{2V}{q_{vmax}} \qquad (8\text{-}7)$$

式中　V——容器放空的体积；

　　　q_{vmax}——初始出流时的最大流量。

式（8-7）表明，变水头出流容器的放空时间，等于在起始水头 H_1 作用下，流出同体积水所需时间的二倍。

8.2　管　嘴　出　流

8.2.1　圆柱形外管嘴恒定出流

在孔口上外接长度 $l = (3\sim4)D$ 的短直管，即圆柱形外管嘴。水流流入管嘴，在距进口不远处，形成收缩断面 $c\text{-}c$，在收缩断面处水流与管壁脱离，并形成旋涡区。其后水流逐渐扩大，在管嘴出口断面满管出流，如图 8-5 所示。

设开口容器，水由管嘴自由出流，取容器内过水断面 1-1 和管嘴出口断面 $b\text{-}b$ 列伯努利方程

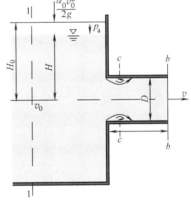

图 8-5　管嘴出流

$$H + \frac{\alpha_0 v_0^2}{2g} = \frac{\alpha v^2}{2g} + \zeta_n \frac{v^2}{2g}$$

令 $H_0 = H + \dfrac{\alpha_0 v_0^2}{2g}$，代入上式整理得

管嘴出口流速

$$v = \frac{1}{\sqrt{\alpha + \zeta_n}} \sqrt{2gH_0} = \varphi_n \sqrt{2gH_0} \qquad (8\text{-}8)$$

管嘴流量　　　　　$q_v = vA = \varphi_n A \sqrt{2gH_0} = \mu_n A \sqrt{2gH_0} \qquad (8\text{-}9)$

式中　H_0——作用水头，如流速 $v_0 = 0$，则 $H_0 = H$；

　　　ζ_n——管嘴局部损失系数，相当于管道锐缘进口的损失系数，$\zeta_n = 0.5$；

　　　φ_n——管嘴的流速系数，$\varphi_n = \dfrac{1}{\sqrt{\alpha + \zeta_n}} = \dfrac{1}{\sqrt{1 + 0.5}} = 0.82$；

　　　μ_n——管嘴的流量系数，因出口断面无收缩，$\mu_n = \varphi_n = 0.82$。

比较基本公式（8-9）和式（8-3），两式形式上完全相同，然而流量系数 $\mu_n = 1.32\mu_o$，可见在相同的作用水头下，同样断面积管嘴的过流能力是孔口过流能力的 1.32 倍。

8.2.2　圆柱形外管嘴收缩断面的真空

孔口外接短管成为管嘴，增加了阻力。但流量不减，反而增加。这是由于收缩断面处真空的作用。

对收缩断面 $c\text{-}c$ 和出口断面 $b\text{-}b$ 列伯努利方程

$$\frac{p_c}{\rho g} + \frac{\alpha_c v_c^2}{2g} = \frac{p_{amb}}{\rho g} + \frac{\alpha v^2}{2g} + \zeta_{se}\frac{v^2}{2g}$$

则

$$\frac{p_{amb} - p_c}{\rho g} = \frac{\alpha_c v_c^2}{2g} - \frac{\alpha v^2}{2g} - \zeta_{se}\frac{v^2}{2g}$$

其中

$$v_c = \frac{A}{A_c}v = \frac{1}{\varepsilon_n}v$$

局部损失主要发生在水流扩大上，

$$\zeta_{se} = \left(\frac{A}{A_c} - 1\right)^2 = \left(\frac{1}{\varepsilon_n} - 1\right)^2$$

得到

$$\frac{p_v}{\rho g} = \left[\frac{\alpha_c}{\varepsilon_n^2} - \alpha - \left(\frac{1}{\varepsilon_n} - 1\right)^2\right]\frac{v^2}{2g} = \left[\frac{\alpha_c}{\varepsilon_n^2} - \alpha - \left(\frac{1}{\varepsilon_n} - 1\right)^2\right]\varphi_n^2 H_0$$

将各项系数 $\alpha_1 = \alpha = 1$，$\varepsilon_n = 0.64$，$\varphi_n = 0.82$ 代入上式，得

$$\frac{p_v}{\rho g} = 0.75 H_0 \tag{8-10}$$

比较孔口自由出流和管嘴出流，前者收缩断面在大气中，而后者的收缩断面在短管内并形成真空区，真空高度达作用水头的 0.75 倍。其对水流的作用相当于把孔口的作用水头增大 75%，故而圆柱形外管嘴的流量要比相同条件下孔口的流量大。

8.2.3 圆柱形外管嘴的正常工作条件

由式（8-10）可知，作用水头 H_0 愈大，收缩断面的真空高度也愈大。但实际上，当收缩断面的真空高度超过 7m 水柱时，该处的液体会发生汽化现象，另外，空气将会自管嘴出口处吸入，破坏收缩断面真空，管嘴不再保持满管出流。为限制收缩断面的真空高度 $\frac{p_v}{\rho g} \leqslant 7\text{m}$，规定管嘴作用水头的限值

$$[H_0] = \frac{7}{0.75} = 9\text{m}$$

其次，对管嘴的长度也有一定限制。长度过短，水流收缩后来不及扩大到整个出口断面，收缩断面的真空不能形成，管嘴仍不能发挥作用；长度过长，沿程水头损失不容忽略，管嘴出流变为有压管流。

所以，圆柱形外管嘴的正常工作条件是：

（1）作用水头 $H_0 \leqslant 9\text{m}$；

（2）管嘴长度 $l = (3\sim4)D$。

8.3 堰 流

8.3.1 堰流及其特征

（1）堰和堰流

在缓流中所设置的由顶部溢流的障壁称为堰（weir），如图 8-6 所示，水流经堰顶（crest）溢流的局部水流现象称为堰流。堰顶溢流时，上游发生壅水，过堰后水面跌落。

堰的主要作用是控制水位和流量。

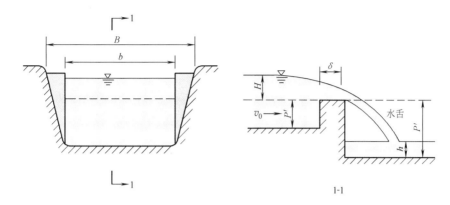

图 8-6 堰

b—堰宽，水流溢过堰顶的宽度；δ—堰顶厚度，水流流经堰顶的距离；H—堰上水头，上游水位
在堰顶上的最大超高；P、P'—堰高，堰在上、下游侧堰顶到渠底的高度；h—下游水深，水流
溢过堰后下游渠道的水深；v_0—行近流速，堰上游来流速度；B—渠宽，堰上游渠道水面宽

堰在工程中应用广泛。在给水排水工程中，堰是常用的溢流集水设备和量水设备；在实验室里，堰可用于较大流量的流量量测；在水利工程中，溢流堰是主要的泄水构筑物；在水景观设计中，堰常被用来抬高水位。

（2）堰的分类

堰顶溢流的水流状况，与堰顶厚度 δ 和堰上水头 H 有关，通常按二者的比值 δ/H 范围将堰分为薄壁堰、实用断面堰和宽顶堰三类。

1）薄壁堰

薄壁堰（thin-plate weirs）堰顶厚度和堰上水头的比值范围为 δ/H<0.67。水流流过薄壁堰时，上游来流受到堰壁阻挡，底部水流由于惯性的作用上挑。在重力作用下，过堰后水舌（nappe）回落。直到水舌达到堰顶高程时，水舌下表面距薄壁堰的上游侧壁面约 0.67 倍的堰上水头，只要堰顶厚小于这一比值，堰和过堰水流就只有一条边线接触，堰顶厚度对水流无影响，故称薄壁堰，如图 8-7 所示。薄壁堰主要用于流量测量。

2）实用断面堰

实用断面堰（streamlined weirs）堰顶厚度和堰上水头的比值范围为 0.67≤δ/H<2.5。堰的堰顶厚度大于薄壁堰，堰顶厚对水流有影响，水流过堰后呈现水面一次连续跌落。实用断面堰的剖面有曲线形和折线形两种，如图 8-8 所示。水利工程中的大、中型溢流堰一般都采用曲线形实用断面堰，小型工程常采用折线形实用断面堰。

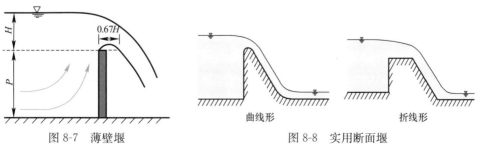

图 8-7 薄壁堰　　　　图 8-8 实用断面堰

3）宽顶堰

宽顶堰（broad-crested weirs）堰顶厚度和堰上水头的比值范围为 $2.5 \leqslant \delta/H < 10$。堰

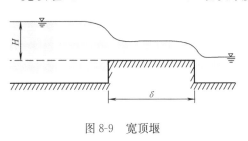

顶厚度较大，与堰上水头的比值超过 2.5，堰顶对水流有显著影响。过堰水流在堰坎进口水面发生跌落，堰顶水流近似于水平流动，至堰坎出口水面再次跌落并与下游水流衔接，如图 8-9 所示。

图 8-9　宽顶堰

工程上有许多流动都具有宽顶堰流现象。如闸下出流、小桥孔过流以及无压短涵管过流等虽无堰坎，但由于流动侧壁收缩，过水断面减小，故此类出流现象又称无坎堰流。

若堰顶厚度，即水流溢过堰顶的距离增至堰上水头的 10 倍以上，即 $\delta/H > 10$，沿程水头损失将不能忽略，流动已不属于堰流。

8.3.2　宽顶堰溢流

（1）基本公式

宽顶堰的溢流现象，随堰顶厚度和堰上水头的比值 δ/H 而变化，综合实际情况得出代表性的流动图形，如图 8-10 所示。

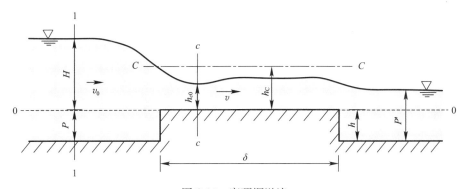

图 8-10　宽顶堰溢流

由于堰顶水流过水断面小于来流的过水断面，流速增加，动能增大，同时水流进入堰口又有局部水头损失，使得堰顶水流势能减小，水面跌落。在堰进口不远处形成小于临界水深的收缩水深，即 $h_{c0} < h_C$，堰顶水流保持急流状态，水面近似平行，直至堰出口水面第二次跌落，与下游连接。

以堰顶为基准面，列上游断面 1-1、收缩断面 c-c 伯努利方程

$$H + \frac{\alpha_0 v_0^2}{2g} = h_{c0} + \frac{\alpha v^2}{2g} + \zeta \frac{v^2}{2g}$$

令 $H_0 = H + \dfrac{\alpha_0 v_0^2}{2g}$ 为包括行近流速水头的堰上水头。因为 h_{c0} 与 H_0 有关，可表示为 $h_{c0} = kH_0$，其中 k 为与堰口形式和过水断面的变化（用相对堰高 P/H 表示）有关的系数。将 H_0 及 $h_{c0} = kH_0$ 代入上式，得流速

$$v = \frac{1}{\sqrt{\alpha + \zeta}} \sqrt{1 - k} \sqrt{2gH_0} = \varphi \sqrt{1 - k} \sqrt{2gH_0}$$

流量
$$q_v = vkH_0b = \varphi k\sqrt{1-k}b\ \sqrt{2g}H_0^{3/2} = mb\sqrt{2g}H_0^{3/2} \tag{8-11}$$

式中　φ——流速系数，$\varphi = \dfrac{1}{\sqrt{\alpha+\zeta}}$，其中局部阻力系数 ζ 与堰口形式有关；

$\qquad m$——流量系数，$m = \varphi k\sqrt{1-k}$，根据决定系数 k 与 φ 的因素可知，m 取决于堰口形式和相对堰高 P/H。采用经验公式如下：

对于矩形直角进口宽顶堰，如图 8-11 所示，有

$$0 \leqslant \frac{P}{H} \leqslant 3.0,\ m = 0.32 + 0.01\frac{3-\dfrac{P}{H}}{0.46+0.75\dfrac{P}{H}} \tag{8-12a}$$

$$\frac{P}{H} > 3.0,\ m = 0.32 \tag{8-12b}$$

对于矩形修圆进口宽顶堰，如图 8-11 所示，有

$$0 \leqslant \frac{P}{H} \leqslant 3.0,\ m = 0.36 + 0.01\frac{3-\dfrac{P}{H}}{1.2+1.5\dfrac{P}{H}} \tag{8-13a}$$

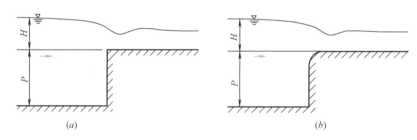

图 8-11　宽顶堰进口情况

$$\frac{P}{H} > 3.0,\ m = 0.36 \tag{8-13b}$$

（2）淹没的影响

下游水位升高，顶托过堰水流，造成堰顶水流状态发生变化。堰顶水深由小于临界水深变为大于临界水深，水流由急流变为缓流，下游干扰波向上游传播，形成淹没溢流，如图 8-12 所示。

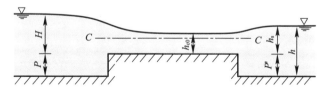

图 8-12　淹没宽顶堰溢流

下游水位高于堰顶 $h_s = h - P' > 0$，是形成淹没溢流的必要条件。形成淹没溢流的充分条件则是下游水位影响到堰上水流，使其由急流变为缓流。根据实验得到淹没溢流的充分条件是 $h_s = h - P' > 0.8H_0$。

淹没溢流时，由于受下游水位的顶托，堰的过流能力降低。淹没的影响用淹没系数表

示，于是淹没宽顶堰的溢流量为

$$q_{v} = \sigma_{s} m b \sqrt{2g} H_{0}^{3/2} \qquad (8\text{-}14)$$

式中　σ_{s}——淹没系数，通常情况下，随淹没程度 h_{s}/H_{0} 的增大而减小，见表 8-3。

宽顶堰的淹没系数　　　　　　　　　　　　　　　　　　　表 8-3

h_{s}/H_{0}	0.83	0.84	0.85	0.86	0.87	0.88	0.89	0.90	0.91	0.92	0.93	0.94	0.95	0.96	0.97	0.98
σ_{s}	0.98	0.97	0.96	0.95	0.93	0.90	0.87	0.84	0.82	0.78	0.74	0.70	0.65	0.59	0.50	0.40

（3）侧收缩的影响

堰宽小于上游渠道宽 $b < B$，堰的过流能力降低，如图 8-13 所示。侧收缩的影响用收缩系数表示，非淹没有侧收缩的宽顶堰溢流量为

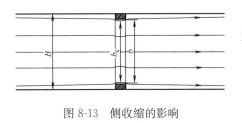

$$q_{v} = m \varepsilon b \sqrt{2g} H_{0}^{3/2} = m b_{c} \sqrt{2g} H_{0}^{3/2} \quad (8\text{-}15)$$

式中　b_{c}——收缩堰宽 $b_{c} = \varepsilon b$；

　　　ε——收缩系数，由经验公式求得。

图 8-13　侧收缩的影响

$$\varepsilon = 1 - \frac{a \sqrt[4]{\dfrac{b}{B}} \left(1 - \dfrac{b}{B}\right)}{\sqrt[3]{0.2 + \dfrac{P}{H}}} \qquad (8\text{-}16)$$

式中　a——墩形系数，矩形边缘 $a = 0.19$，圆形边缘 $a = 0.10$。

【例 8-1】　矩形断面渠道中设置宽顶堰。已知渠宽 $B = 3\text{m}$，堰宽 $b = 2\text{m}$，坎高 $P = P' = 1\text{m}$，堰上水头 $H = 2\text{m}$，堰顶为直角进口，墩头为矩形，下游水深 $h = 2\text{m}$。试求过堰流量。

【解】

1）判别出流形式。

$$h_{s} = h - P' = 1\text{m} > 0$$
$$0.8 H_{0} > 0.8 H = 0.8 \times 2 = 1.6\text{m} > h_{s}$$

满足淹没溢流必要条件，不满足充分条件，为自由式溢流。$b < B$，有侧收缩。

综上，流动为有侧收缩自由溢流。

2）计算流量系数 m。

堰顶为直角进口，$\dfrac{P}{H} = 0.5 < 3$，得

$$m = 0.32 + 0.01 \frac{3 - \dfrac{P}{H}}{0.46 + 0.75 \dfrac{P}{H}} = 0.35$$

3）计算侧收缩系数。

$$\varepsilon = 1 - \frac{\alpha \sqrt[4]{\dfrac{b}{B}} \left(1 - \dfrac{b}{B}\right)}{\sqrt[3]{0.2 + \dfrac{P}{H}}} = 0.94$$

4）计算流量。

$$q_{v} = m \varepsilon b \sqrt{2g} H_{0}^{3/2}$$

其中　$H_{0} = H + \dfrac{\alpha v_{0}^{2}}{2g}$，$v_{0} = \dfrac{q_{v}}{b(H + P)}$。

用迭代法求解 q_v。第一次近似，取 $H_{0(1)} \approx H$

$$q_{v(1)} = m\varepsilon b\sqrt{2g}H_{0(1)}^{3/2} = 0.350.9362\sqrt{2g}\,2^{3/2} = 2.91 \times 2^{3/2} = 8.24\text{m}^3/\text{s}$$

$$v_{0(1)} = \frac{q_{v(1)}}{b(H+P)} = \frac{8.24}{6} = 1.37\text{m}$$

第二次近似，取 $H_{0(2)} = H + \dfrac{\alpha v_{0(1)}^2}{2g} = 2 + \dfrac{1.37^2}{19.6} = 2.10\text{m}$

$$q_{v(2)} = 2.91 \times H_{0(2)}^{3/2} = 2.91 \times 2.10^{3/2} = 8.86\text{m}^3/\text{s}$$

$$v_{0(2)} = \frac{q_{v(2)}}{6} = \frac{8.86}{6} = 1.48\text{m/s}$$

第三次近似，取 $H_{0(3)} = H + \dfrac{\alpha v_{0(2)}^2}{2g} = 2.11\text{m}$

$$q_{v(3)} = 2.91 H_{0(3)}^{3/2} = 8.92\text{m}^3/\text{s}$$

$$\frac{q_{v(3)} - q_{v(2)}}{q_{v(3)}} = \frac{8.92 - 8.86}{8.92} = 0.01$$

本题计算误差限值定为 1%，则过堰流量为

$$q_v = q_{v(3)} = 8.92\text{m}^3/\text{s}$$

5）校核堰上游流动状态。

$$v_0 = \frac{q_v}{b(H+P)} = \frac{8.92}{6} = 1.49\text{m/s}$$

$$Fr = \frac{v_0}{\sqrt{g(h+p)}} = \frac{1.49}{\sqrt{9.8 \times 3}} = 0.27$$

上游来流为缓流，流经障壁形成堰流，上述计算有效。

8.3.3 薄壁堰

薄壁堰虽然堰型和宽顶堰不同，但堰流的受力性质（受重力作用，不计沿程阻力）和运动形式（缓流经障壁顶部溢流）相同，因此具有相似的规律性和相同的基本公式。

常用的薄壁堰有矩形薄壁堰和三角形薄壁堰两种。

（1）矩形薄壁堰

矩形薄壁堰（rectangular weir）溢流如图 8-14 所示。

因水流特点相同，基本公式的结构形式同前式，对自由溢流有

$$q_v = mb\sqrt{2g}H_0^{3/2} \qquad (8\text{-}17)$$

或

$$q_v = m_0 b\sqrt{2g}H^{3/2} \qquad (8\text{-}18)$$

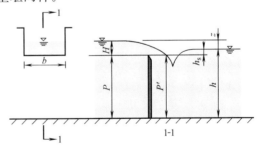

图 8-14 矩形薄壁堰

式中 m_0 是计入行近流速水头影响的流量系数，由实验确定。巴赞（Bazin，法国工程师）于 1898 年提出经验公式

$$m_0 = \left(0.405 + \frac{0.0027}{H}\right)\left[1 + 0.55\left(\frac{H}{H+P}\right)^2\right] \qquad (8\text{-}19)$$

式中 H、P 均以 m 计，适用范围 $H \leqslant 1.24\text{m}$，$P \leqslant 1.13\text{m}$ 和 $b \leqslant 2\text{m}$。

当下游水位超过堰顶，即 $h_s>0$，且 $z/P'<0.7$ 时，形成淹没溢流，堰的过流能力降低。因此，用作流量测量的矩形堰不宜在淹没条件下工作。

有侧收缩时，可对巴赞公式进行修正

$$m_{0c}=\left(0.405+\frac{0.0027}{H}-0.03\frac{B-b}{B}\right)\left[1+0.55\left(\frac{H}{H+P}\right)^2\left(\frac{b}{B}\right)^2\right] \tag{8-20}$$

（2）三角形薄壁堰

用矩形堰量测流量，当小流量时，堰上水头 H 很小，量测误差增大。为使小流量仍能保持较大的堰上水头，就要减小堰宽，为此采用三角形堰（V-notch weir），如图 8-15 所示。

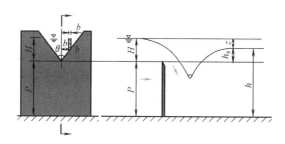

图 8-15 三角形薄壁堰

设三角形堰的夹角为 θ，自顶点算起的堰上水头为 H，将微元宽度 db 视为薄壁堰流，于是有

$$dq_v=m_0\sqrt{2g}h^{3/2}db$$

式中 h 为 db 处的水头，由几何关系

$$b=(H-h)\tan\frac{\theta}{2}$$

$$db=-\tan\frac{\theta}{2}dh$$

于是

$$dq_v=-m_0\tan\frac{\theta}{2}\sqrt{2g}h^{3/2}dh$$

堰的溢流量

$$q_v=-2m_0\tan\frac{\theta}{2}\sqrt{2g}\int_0^H h^{3/2}dh=\frac{4}{5}m_0\tan\frac{\theta}{2}\sqrt{2g}H^{5/2}$$

当 $\theta=90°$，$H=0.05\sim0.25$m 时，由实验得出 $m_0=0.395$，于是

$$q_v=1.4H^{5/2} \tag{8-21}$$

当 $\theta=90°$，$H=0.06\sim0.55$m 时，另有经验公式

$$q_v=1.343H^{2.47} \tag{8-22}$$

小结及学习指导

1. 作为应用水力学的一部分内容，孔口出流、管嘴出流以及堰流代表了一类特定的局部流动。三种不同的类型具有不同的流动规律和应用范围。

2. 孔口出流包括薄壁小孔口自由出流与淹没出流、大孔口出流的流量与水头的关系以及变水头孔口出流的出流时间。管嘴出流则以圆柱形外管嘴为主，包括出流量与水头的关系、管嘴的真空以及工作条件。

3. 宽顶堰水力计算是本章的重点，也是诸多流动的代表，小桥孔径的水力计算和无压涵洞的水力计算均以其为理论基础。

习　题

1. 薄壁小孔口出流。已知直径 $D=10\text{mm}$，水箱水位恒定 $H=2\text{m}$。现测得出口水流收缩断面的直径 $D_c=8\text{mm}$，在 $t=33\text{s}$ 时间内，经孔口流出的水量 $V=0.01\text{m}^3$。试求该孔口的收缩系数 ε_0、流量系数 μ_0、流速系数 φ_0 及孔口局部阻力系数 ζ_0。

2. 薄壁小孔口出流（图 8-16）。已知直径 $D=20\text{mm}$，水箱水位恒定 $H=2\text{m}$。试求：（1）孔口流量 q_{vo}；（2）此孔口外接圆柱形管嘴的流量 q_{vn}；（3）管嘴收缩断面的真空度。

3. 水箱用隔板分为 A、B 两格，隔板上开一孔口（图 8-17），其直径 $D_1=4\text{cm}$。在 B 格底部装有圆柱形外管嘴，其直径 $D_2=3\text{cm}$。若 $H=3\text{m}$，$h_3=0.5\text{m}$，试求：（1）h_1 和 h_2；（2）水箱的出流量 q_v。

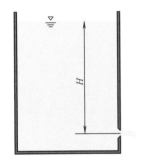

图 8-16　题 2 图

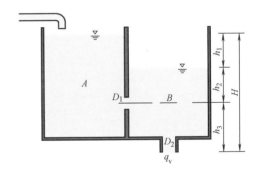

图 8-17　题 3 图

4. 有一平底空船（图 8-18），其水平面积 $A_B=8\text{m}^2$，船舷高 $h=0.5\text{m}$，船自重 $W=9.8\text{kN}$。现船底破一直径 $D=100\text{mm}$ 的圆孔，水自圆孔漏入船中。试问经过多少时间后船将沉没。

5. 沉淀池（图 8-19）长 l 为 10m，宽 $B=4\text{m}$，孔口形心处水深 $H=2.8\text{m}$，孔口直径 $D=300\text{mm}$。试问放空（水面降至孔口处）所需时间。

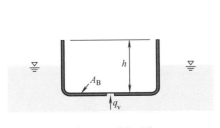

图 8-18　题 4 图

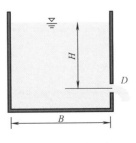

图 8-19　题 5 图

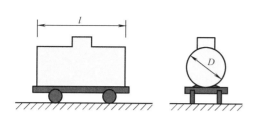

图 8-20 题 6 图

6. 油槽车（图 8-20）的油槽长度为 l，直径为 D，油槽底部设有卸油孔，孔口面积为 A，流量系数为 μ，试求该车充满油后所需卸空时间 t。

7. 自由溢流矩形薄壁堰，水槽宽 $B=2\text{m}$，堰宽 $b=1.2\text{m}$，堰高 $P=P'=0.5\text{m}$。试求堰上水头 $H=0.25\text{m}$ 时的流量。

8. 一直角进口无侧收缩宽顶堰。堰宽 $b=4.0\text{m}$，堰高 $P=P'=0.6\text{m}$，堰上水头 $H=1.2\text{m}$，堰下游水深 $h=0.8\text{m}$。试求通过流量。

9. 设题 8 的堰下游水深 $h=1.7\text{m}$，试求通过流量。

10. 一圆角进口无侧收缩宽顶堰。堰宽 $b=1.8\text{m}$，堰高 $P=P'=0.8\text{m}$，通过流量 $q_\text{v}=12\text{m}^3/\text{s}$，堰下游水深 $h=1.73\text{m}$。试求堰上水头。

11. 用直角三角形薄壁堰测量流量。如测量水头有 1% 的误差，试问所造成的流量计算误差是多少？

第9章 渗 流

9.1 概 述

液体在孔隙介质中的流动称为渗流（seepage flow）。水在土壤孔隙中的流动即地下水流动，是自然界最常见的渗流现象。渗流理论在水利、石油、采矿、化工以及建筑等领域有着广泛的应用，在给水工程中为地下水源的开发提供理论依据。

（1）水在土壤中的状态

土壤中的水可分为气态水、附着水、薄膜水、毛细水和重力水等不同存在状态。气态水以蒸汽状态散逸于土壤孔隙中，存量极少，不需考虑。附着水以极薄的分子层吸附在土壤颗粒表面，呈现固态水的性质。薄膜水则以厚度不超过分子作用半径的薄层包围土壤颗粒，性质和液态水近似，二者的量均很少，在渗流运动中可不考虑。毛细水因毛细管作用保持在土壤孔隙中，除特殊情况外，一般也可忽略。当土壤含水量很大时，除少许结合水和毛细水外，大部分水是在重力的作用下在土壤孔隙中运动，即重力水。重力水是渗流理论主要的研究对象之一。

（2）渗流模型

鉴于土壤孔隙的形状、大小及分布情况非常复杂，要详细地确定渗流在土壤孔隙通道中的流动情况极其困难，也无此必要。工程中所需要的是渗流的宏观平均效果，而不是孔隙内的流动细节。为简化研究，引入渗流模型来代替实际的渗流运动。

渗流模型是渗流区域的边界条件保持不变，略去全部土壤颗粒，假想渗流区域充满液体，而流量、压强和渗流阻力与实际渗流相同的替代流场。

按渗流模型的定义，渗流模型中某一过水断面积 ΔA（包括土壤颗粒所占面积和孔隙面积）通过的实际流量为 Δq_v，则渗流模型的平均速度，简称渗流速度为

$$v = \frac{\Delta q_v}{\Delta A} \tag{9-1}$$

水在孔隙中的实际平均速度为

$$v' = \frac{\Delta q_v}{\Delta A'} = \frac{v \Delta A}{\Delta A'} = \frac{1}{n}v > v$$

式中　$\Delta A'$——ΔA 中孔隙面积；

　　　n——土壤的孔隙度，$n = \frac{\Delta A'}{\Delta A} < 1$。

显然，渗流速度小于土壤孔隙中的实际速度。

渗流模型将渗流作为连续空间内连续介质的运动，使得前面基于连续介质建立起来的描述液体运动的方法和概念，可以直接应用于渗流中，为在理论上研究渗流问题成为可能。

采用渗流模型后,渗流也可用欧拉法分类。

渗流的速度很小,流速水头$\dfrac{\alpha v^2}{2g}$则更小而忽略不计。于是,过水断面的总水头等于测压管水头。或者说,渗流的测压管水头等于总水头,测压管水头差就是水头损失,测压管水头线的坡度就是水力坡度。

9.2　渗流的达西定律

达西于 1852 年通过实验研究,总结出渗流能量损失与渗流速度之间的基本关系。达西渗流实验装置,如图 9-1 所示。该装置为上端开口的直立圆筒,筒内充填均匀砂层,筒壁上、下两断面装有测压管,圆筒下部距筒底不远处装有滤板。

水由上端注入圆筒,通过溢流管使水位保持恒定。水在渗流流动中可测量出测压管水头,同时透过砂层的水经排水管流入渗流量计量容器中。

由于渗流不计流速水头,实测的测压管水头差即两断面间的水头损失

$$h_l = H_1 - H_2$$

水力坡度

$$J = \frac{h_l}{l} = \frac{H_1 - H_2}{l}$$

实验得出,圆筒内的渗流量 q_v 与过水断面面积(圆筒截面积)A 及水力坡度 J 成正比,和土壤的透水性能有关,即

$$q_v = kAJ \tag{9-2}$$

或

$$v = \frac{q_v}{A} = kJ \tag{9-3}$$

式中　v——渗流断面平均流速,即渗流速度(m/s);

　　　　k——反映土壤性质和流体性质综合影响渗流的系数,称为渗透系数(m/s)。

达西实验是在等直径圆筒内均质砂质中进行的,属于均匀渗流,可以认为各点的流动状况相同,各点的速度等于断面平均流速,于是式(9-3)可写为

$$u = kJ \tag{9-4}$$

式(9-4)称为达西定律,该定律表明渗流的水力坡度,即单位距离的水头损失与渗流速度的一次方成正比,又称渗流线性定律。

达西定律推广到非均匀、非恒定渗流中,其表达式为

$$u = kJ = -k \frac{\mathrm{d}H}{\mathrm{d}s} \tag{9-5}$$

式中　u——点流速;

　　　　J——该点的水力坡度。

渗透系数是反映土壤性质和流体性质综合影响渗流的系数,是分析计算渗流问题最重要的参数。由于该系数取决于土壤颗粒大小、形状、分布情况及地下水的物理化学性质等多种因素,要准确地确定其数值相当困难。确定渗透系数的方法,大致分为三类。

（1）实验室测定法

由渗流实验设备，实测水头损失 h_l 和流量 q_v，按式（9-2）求得渗透系数

$$k=\frac{q_v}{AJ}$$

该法简单可靠，但土样受到扰动后和实际土壤会产生一定误差。

（2）现场测定法

在现场钻井或挖测试坑，作抽水或注水试验，再根据相应的理论公式，反算渗透系数。

（3）经验方法

在有关的手册或规范资料中，给出各种土壤的渗透系数值或计算公式，可作为初步估算用。

各类土壤的渗透系数列于表 9-1。

土壤的渗透系数　　　　　　　　　　　　　　　　　　　　　　　　　表 9-1

土壤名称	渗透系数 k		土壤名称	渗透系数 k	
	m/d	cm/s		m/d	cm/s
黏　　土	<0.005	$<6\times10^{-6}$	粗　　砂	20～50	$2\times10^{-2}\sim6\times10^{-2}$
粉质黏土	0.005～0.1	$6\times10^{-5}\sim1\times10^{-4}$	均质粗砂	60～75	$7\times10^{-2}\sim8\times10^{-2}$
黏质粉土	0.1～0.5	$1\times10^{-4}\sim6\times10^{-4}$	圆　　砾	50～100	$6\times10^{-2}\sim1\times10^{-2}$
黄　　土	0.25～0.5	$3\times10^{-4}\sim6\times10^{-4}$	卵　　石	100～500	$1\times10^{-1}\sim6\times10^{-1}$
粉　　砂	0.5～1.0	$6\times10^{-4}\sim1\times10^{-3}$	无填充物卵石	500～1000	$6\times10^{-1}\sim10$
细　　砂	1.0～5.0	$1\times10^{-3}\sim6\times10^{-3}$	稍有裂隙岩石	20～60	$2\times10^{-2}\sim7\times10^{-2}$
中　　砂	5.0～20.0	$6\times10^{-3}\sim2\times10^{-3}$	裂隙多的岩石	60>	$>7\times10^{-2}$
均质中砂	35～50	$4\times10^{-2}\sim6\times10^{-2}$			

注：引自《建筑基坑支护技术和规程》JGJ 120—2012。

9.3　地下水的渐变渗流

在透水地层中的地下水流动，很多情况是具有自由液面的无压渗流。无压渗流相当于透水地层中的明渠流动，水面称为浸润面（phreatic surface）。与明渠流动的分类相似，无压渗流也可能有流线是平行直线、等深、等速的均匀渗流，均匀渗流的水深称为渗流正常水深，以 h_N 表示。但由于受自然水文地质条件的影响，无压渗流更多的是运动要素沿程缓慢变化的非均匀渐变渗流。

因渗流区地层宽阔，无压渗流一般可按一元流动处理，并将渗流的过水断面简化为宽阔的矩形断面计算。

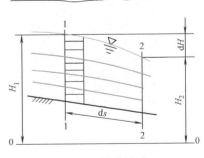

图 9-2　渐变渗流

9.3.1　杜比公式

设非均匀渐变渗流，如图 9-2 所示。取相距为 ds 的过水断面 1-1 和 2-2，根据渐变流的性质，过水断面近于平面，面上各点的测压管水头或总水头近似相等。所以，1-1 与 2-2 断面之间任一流线上的水头损失也相同，即

$$H_1 - H_2 = -\mathrm{d}H$$

因为渐变流的流线近于平行直线，1-1 与 2-2 断面间各流线的长度近于 $\mathrm{d}s$，则过流断面上各点的水力坡度相等

$$J = -\frac{\mathrm{d}H}{\mathrm{d}s}$$

根据达西定律式（9-4），过流断面上各点的流速相等，因而断面平均流速也等于各点流速

$$v = u = kJ = -k\frac{\mathrm{d}H}{\mathrm{d}s} \tag{9-6}$$

上式称杜比公式，它是杜比（A. J. E. J. Dupuit，法国工程师、水力学家与经济学家，1804年～1866年）在 1857 年首先提出的。公式形式虽然和达西定律相同，但含意已是渐变渗流过水断面上，平均速度与水力坡度的关系。

9.3.2 渐变渗流基本方程

设无压非均匀渐变渗流，不透水地层坡度为 i，取过水断面 1-1 和 2-2，相距 $\mathrm{d}s$，水深和测压管水头的变化分别为 $\mathrm{d}h$ 和 $\mathrm{d}H$，如图 9-3 所示。

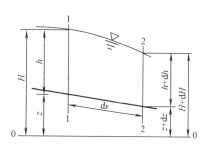

图 9-3　渐变渗流断面

1-1 断面的水力坡度

$$J = -\frac{\mathrm{d}H}{\mathrm{d}s} = -\left(\frac{\mathrm{d}z}{\mathrm{d}s} + \frac{\mathrm{d}h}{\mathrm{d}s}\right) = i - \frac{\mathrm{d}h}{\mathrm{d}s}$$

将 J 代入式（9-7），得 1-1 断面的平均渗流速度

$$v = k\left(i - \frac{\mathrm{d}h}{\mathrm{d}s}\right) \tag{9-7}$$

渗流量

$$q_v = kA\left(i - \frac{\mathrm{d}h}{\mathrm{d}s}\right) \tag{9-8}$$

上式是无压恒定渐变渗流的基本方程，是分析和绘制渐变渗流浸润曲面的理论依据。

9.3.3 渐变渗流浸润曲面的分析

同明渠非均匀渐变流水面的变化相比较，因渗流速度很小，流速水头忽略不计，所以浸润曲面或浸润线既是测压管水头线，又是总水头线。由于存在水头损失，总水头线沿程下降，因此，浸润线也只能沿程下降。

渗流区不透水基底的坡度分为顺坡（$i>0$），平坡（$i=0$）和逆坡（$i<0$）三种。只有顺坡渗流存在均匀流，有正常水深。渗流无临界水深及缓流、急流的概念，因此浸润线的类型大为简化。

（1）顺坡渗流

对顺坡渗流，以均匀流正常水深 N-N 线，将渗流区分为 1 和 2 上下两个区域，如图 9-4 所示。

将渐变渗流基本方程式（9-8）中的流量用均匀流计算式代入

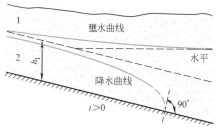

图 9-4　顺坡基底渗流

$$kA_{\mathrm{N}}i=kA\left(i-\frac{\mathrm{d}h}{\mathrm{d}s}\right)$$

$$\frac{\mathrm{d}h}{\mathrm{d}s}=i\left(1-\frac{A_{\mathrm{N}}}{A}\right) \tag{9-9}$$

上式即顺坡渗流浸润线微分方程。

式中　A_{N}——均匀流时的过水断面面积（m^2）；

　　　A——实际渗流的过水断面面积（m^2）。

在 1 区中，实际水深大于正常水深。根据式（9-10），$h>h_{\mathrm{N}}$，$A>A_{\mathrm{N}}$，$\frac{\mathrm{d}h}{\mathrm{d}s}>0$，浸润线是沿程渐升的壅水曲线。其上游端 $h\rightarrow h_{\mathrm{N}}$，$A\rightarrow A_{\mathrm{N}}$，$\frac{\mathrm{d}h}{\mathrm{d}s}\rightarrow 0$，浸润线以 N-N 线为渐近线；下游端 $h\rightarrow\infty$，$A\rightarrow\infty$，$\frac{\mathrm{d}h}{\mathrm{d}s}\rightarrow i$，浸润线以水平线为渐近线。

在 2 区中，实际水深小于正常水深。根据式（9-10），$h<h_{\mathrm{N}}$，$A<A_{\mathrm{N}}$，$\frac{\mathrm{d}h}{\mathrm{d}s}<0$，浸润线是沿程渐降的降水曲线。其上游端 $h\rightarrow h_{\mathrm{N}}$，$A\rightarrow A_{\mathrm{N}}$，$\frac{\mathrm{d}h}{\mathrm{d}s}\rightarrow 0$，浸润线以 N-N 线为渐近线；下游端 $h\rightarrow 0$，$A\rightarrow 0$，$\frac{\mathrm{d}h}{\mathrm{d}s}\rightarrow -\infty$，浸润线与基底正交。此处曲率半径偏小，不再符合渐变流条件，式（9-7）已不适用，实际情况取决于具体的边界条件。

设渗流区的过水断面是宽度为 b 的宽阔矩形，$A=bh$，$A_{\mathrm{N}}=bh_{\mathrm{N}}$，代入式（9-9）整理得

$$\frac{i\mathrm{d}s}{h_{\mathrm{N}}}=\mathrm{d}\eta+\frac{\mathrm{d}\eta}{\eta-1}$$

式中　$\eta=\dfrac{h}{h_{\mathrm{N}}}$。

将上式从断面 1-1 到 2-2 进行积分，得

$$\frac{il}{h_{\mathrm{N}}}=\eta_2-\eta_1+2.3\lg\frac{\eta_2-1}{\eta_1-1} \tag{9-10}$$

式中　$\eta_1=\dfrac{h_1}{h_{\mathrm{N}}}$，$\eta_2=\dfrac{h_2}{h_{\mathrm{N}}}$。

此式可用以绘制顺坡渗流的浸润线和进行水力计算。

（2）平坡渗流

平坡渗流区域如图 9-5 所示。令式（9-8）中底坡 $i=0$，得平坡渗流浸润线微分方程

$$\frac{\mathrm{d}h}{\mathrm{d}s}=-\frac{q_{\mathrm{v}}}{kA} \tag{9-11}$$

在平坡基底上不能形成均匀流。上式中 q_{v}、k 和 A 皆为正值，故 $\frac{\mathrm{d}h}{\mathrm{d}s}<0$，只可能有一条浸润线，为沿程渐降的降水曲线。上游 $h\rightarrow\infty$，$\frac{\mathrm{d}h}{\mathrm{d}s}\rightarrow 0$，以水平线为渐近线；下游 $h\rightarrow 0$，$\frac{\mathrm{d}h}{\mathrm{d}s}\rightarrow -\infty$，与基底正交，性质和上述顺坡渗流的降水曲线末端类似。

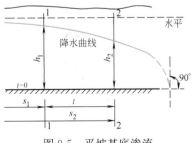

图 9-5　平坡基底渗流

设渗流区的过流断面是宽度为 b 的宽阔矩形，$A=bh$，$\dfrac{q_v}{b}=q_u$。代入式(9-11)，整理得

$$\frac{q_v}{k}dl=-hdh$$

将上式从断面 1-1 到 2-2 积分

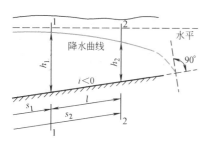

图 9-6 逆坡基底渗流

$$\frac{q_v l}{k}=\frac{1}{2}(h_1^2-h_2^2) \tag{9-12}$$

此式可用于绘制平坡渗流的浸润曲线和进行水力计算。

（3）逆坡渗流

在逆坡基底上，也不可能产生均匀渗流。对于逆坡渗流也只可能产生一条浸润线，即沿程渐降的降水曲线，如图 9-6 所示。其微分方程和积分式，这里不再赘述。

9.4 井 和 井 群

井（well）是汲取地下水源的集水构筑物，应用十分广泛。

设置在具有自由水面的潜水层中的井，称为普通井或潜水井。贯穿整个含水层，井底直达不透水层的井称为完整井，井底未达到不透水层者称不完整井。

含水层位于两个不透水层之间，含水层顶面压强大于大气压强，这样的含水层称为承压含水层。汲取承压地下水的井，称为承压井或自流井。

9.4.1 普通完整井

水平不透水层上的普通完整井如图 9-7 所示。井的直径 $50\sim1000mm$，井深可达 1000m 以上，这种长径比很大的井又称为管井（drilled well）。

设含水层中地下水的天然水面 A-A，含水层厚度为 H，井的半径为 r_0。抽水时，井内水位下降，四周地下水向井中补给，形成对称于井轴的漏斗形浸润面。如抽水流量不过大且恒定时，经过一段时间，向井内渗流达到恒定状态。井中水深和浸润漏斗面均保持不变。

取距井轴为 r，浸润面高为 z 的圆柱形过水断面，除井周附近区域外，浸润曲线的曲率很小，可看作恒定渐变渗流。

由杜比公式

$$v=kJ=-k\frac{dH}{ds}$$

将 $H=z$，$ds=-dr$ 代入上式

$$v=k\frac{dz}{dr}$$

渗流量 $\qquad q_v=Av=2\pi rzk\dfrac{dz}{dr}$

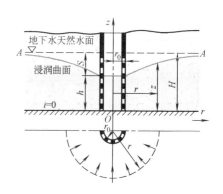

图 9-7 普通完整井

分离变量并积分

$$\int_h^z z \, \mathrm{d}z = \int_{r_0}^r \frac{q_v}{2\pi k} \frac{\mathrm{d}r}{r}$$

得到普通完整井浸润线方程

$$z^2 - h^2 = \frac{q_v}{\pi k} \ln \frac{r}{r_0} \tag{9-13}$$

或

$$z^2 - h^2 = \frac{0.732 q_v}{k} \lg \frac{r}{r_0} \tag{9-14}$$

理论上，浸润线是以地下水的天然水面线为渐近线。当 $r \to \infty$ 时，$z = H$。但工程上，只需考虑渗流区的影响半径 R，R 以外的地下水位不受影响，即 $r = R$，$z = H$。代入式 (9-14)，得

$$q_v = 1.336 \frac{k(H^2 - h^2)}{\lg \dfrac{R}{r_0}} \tag{9-15}$$

以抽水深 S 代替井水深 h，$S = H - h$，式 (9-15) 整理得

$$q_v = 2.732 \frac{kHS}{\lg \dfrac{R}{r_0}} \left(1 - \frac{S}{2H}\right) \tag{9-16}$$

若 $\dfrac{S}{2H} \ll 1$，式 (9-16) 可简化为

$$q_v = 2.732 \frac{kHS}{\lg \dfrac{R}{r_0}} \tag{9-17}$$

式中 q_v——产水量（$\mathrm{m^3/s}$）；

H——含水层厚度（m）；

S——抽水深度（m）；

R——影响半径（m）；

r_0——井半径（m）。

影响半径 R 可由现场抽水试验测定。估算时，可根据经验数据选取，对于细砂 $R = 100 \sim 200$m，中等粒径砂 $R = 250 \sim 500$m，粗砂 $R = 700 \sim 1000$m。或用以下经验公式计算

$$R = 3000 S \sqrt{k} \tag{9-18}$$

或

$$R = 575 S \sqrt{Hk} \tag{9-19}$$

9.4.2 自流完整井

自流完整井如图 9-8 所示。含水层位于两不透水层之间，设底板与不透水覆盖层底面水平，间距为 t。井穿透覆盖层。未抽水时地下水位上升到 H，为自流含水层的总水头。井中水面高于含水层厚 t，有时甚至高出地表面向外喷涌。

自井中抽水，井中水深由 H 降至 h，井周围测压管水头线形成漏斗形曲面。取距井轴 r 处，

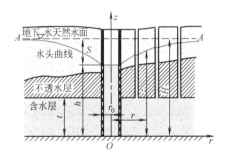

图 9-8 自流完整井

测压管水头为 z 的过水断面，由杜比公式

$$v = k \frac{\mathrm{d}z}{\mathrm{d}r}$$

产水量

$$q_v = Av = 2\pi r t k \frac{\mathrm{d}z}{\mathrm{d}r}$$

分离变量积分

$$\int_h^z \mathrm{d}z = \frac{q_v}{2\pi kt} \int_{r_0}^r \frac{\mathrm{d}r}{r}$$

自流完整井水头线方程为

$$z - h = 0.366 \frac{q_v}{kt} \lg \frac{r}{r_0}$$

同样引入影响半径的概念，当 $r = R$ 时，$z = H$，代入上式，解得自流完整井产水量公式

$$q_v = 2.732 \frac{kt(H - h)}{\lg \dfrac{R}{r_0}} = 2.732 \frac{ktS}{\lg \dfrac{R}{r_0}} \tag{9-20}$$

9.4.3　大口井

大口井（dug well）是集取浅层地下水的一种井，井径较大，约 $2 \sim 10\mathrm{m}$ 或更大。大口井一般为不完全井，井底的产水量是总产水量的重要部分。

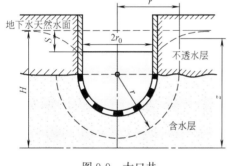

图 9-9　大口井

设一大口井，井壁四周为不透水层。水由井底进入井内，井底为半球形，并位于深度为无穷大的含水层中，如图 9-9 所示。

由于半球形底大口井的渗流流线是径向的，过水断面为与井底同心的半球面，于是有

$$q_v = Av = 2\pi r^2 k \frac{\mathrm{d}z}{\mathrm{d}r}$$

分离变量积分

$$q_v \int_{r_0}^r \frac{\mathrm{d}r}{r^2} = 2\pi k \int_{H-S}^z \mathrm{d}z$$

注意到 $r = R$，$z = H$，且 $R \gg r_0$，则有半球形底大口井的产水量公式为

$$q_v = 2\pi k r_0 S \tag{9-21}$$

9.4.4　渗渠

设一长为 l 的渗渠（infiltration gallery），横断面为矩形，渠底位于水平不透水层上，如图 9-10 所示。由渐变渗流基本方程式（9-8）得

$$q_v = lkh \left(0 - \frac{\mathrm{d}h}{\mathrm{d}s} \right)$$

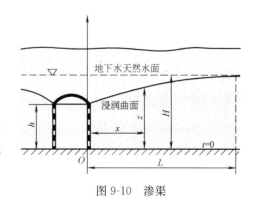

图 9-10　渗渠

设 q_u 为渗渠单位长度一侧渗入的单宽流量，于是上式为

$$q_u ds = -hkdh$$

从渠边（0，h）至（x，z）积分，得浸润线方程

$$z^2 - h^2 = \frac{2q_u}{k}x \tag{9-22}$$

考虑到渗渠的影响范围，即 $x = L$ 时，$z = H$，则渠道一侧单位长度的产水量为

$$q_u = \frac{k(H^2 - h^2)}{2L} \tag{9-23}$$

9.4.5　井群

在工程中，为了大量汲取地下水，常需在一定范围内开凿多口井共同工作，这些井统称为井群（battery of wells）。井群中各单井都处于其他井的影响半径之内。各井的相互影响使得渗流区内地下水浸润面形状更加复杂，总的产水量也不等于按单井计算产水量的总和。

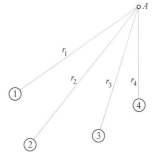

图 9-11　井群

设由 n 个普通完整井组成的井群，如图 9-11 所示。各井的半径、产水量和至某点 A 的水平距离分别为 r_{01}，r_{02}，$\cdots$，r_{0n}、q_{v1}，q_{v2}，$\cdots$，q_{vn} 及 r_1，r_2，$\cdots$，r_n。若各井单独工作时，它们的井水深分别为 h_1，h_2，$\cdots$，h_n，在 A 点的渗流深度分别为 z_1，z_2，$\cdots$，z_n，由式（9-14）知各单井的浸润线方程为

$$z_1^2 = \frac{0.732q_{v1}}{k}\lg\frac{r_1}{r_{01}} + h_1^2$$

$$z_2^2 = \frac{0.732q_{v2}}{k}\lg\frac{r_2}{r_{02}} + h_2^2$$

$$\vdots$$

$$z_n^2 = \frac{0.732q_{vn}}{k}\lg\frac{r_n}{r_{0n}} + h_n^2$$

各井同时抽水，在 A 点形成共同的浸润面高度 z。可以证明，达西渗流为无旋流动，z_i^2 为各单井的速度势函数。根据势流叠加原理，井群在 A 点的 z^2 等于井群中各单井单独作用于该点 z_i^2 的叠加，即

$$z^2 = \sum_{i=1}^{n} z_i^2 = \sum_{i=1}^{n}\left(\frac{0.732q_{vi}}{k}\lg\frac{r_i}{r_{0i}} + h_i^2\right) \tag{9-24}$$

当各井抽水状况相同，$q_{v1} = q_{v2} = \cdots = q_{vn}$，$h_1 = h_2 = \cdots = h_n$ 时，则

$$z^2 = \frac{0.732q_v}{k}\left[\lg(r_1 r_2 \cdots r_n) - \lg(r_{01} r_{02} \cdots r_{0n})\right] + nh^2 \tag{9-25}$$

井群也具有影响半径 R。若 A 点处于影响半径外，可认为 $r_1 \approx r_2 \approx \cdots \approx r_n \approx R$，而 $z = H$，于是有

$$H^2 = \frac{0.732q_v}{k}\left[n\lg R - \lg(r_{01}r_{02}\cdots r_{0n})\right] + nh^2 \tag{9-26}$$

式（9-25）与式（9-26）相减，得井群的浸润面方程

$$z^2 = H^2 - \frac{0.732q_v}{k}\left[n\lg R - \lg(r_1r_2\cdots r_n)\right]$$

$$= H^2 - \frac{0.732q_{v0}}{k}\left[\lg R - \frac{1}{n}\lg(r_1r_2\cdots r_n)\right] \tag{9-27}$$

式中　R——井群影响半径，$R = 575S\sqrt{Hk}$（m）；

q_{v0}——井群总产水量，$q_{v0} = nq_v$（m^3/s）。

对于含水层厚度为常数的自流井井群，用上述分析方法，可得其浸润面方程为

$$z = H - \frac{0.366q_{v0}}{kt}\left[\lg R - \frac{1}{n}\lg(r_1r_2\cdots r_n)\right] \tag{9-28}$$

或

$$S = H - z = \frac{0.366q_{v0}}{kt}\left[\lg R - \frac{1}{n}\lg(r_1r_2\cdots r_n)\right] \tag{9-29}$$

【例9-1】　有一普通完整井，其半径 $r_0 = 0.1m$，含水层厚度 $H = 8m$，土壤的渗透系数 $k = 0.001m/s$，抽水时井中水深 $h = 3m$。试估算井的产水量。

【解】

最大抽水深度 $S = H - h = 8 - 3 = 5m$

由式（9-19）求影响半径

$$R = 3000S\sqrt{k} = 3000 \cdot 5\sqrt{0.001} = 474.3m$$

由式（9-16）求出产水量

$$q_v = 1.336\frac{k(H^2 - h^2)}{\lg\frac{R}{r_0}} = 1.366\frac{0.001(8^2 - 3^2)}{\lg\frac{474.3}{0.1}} = 0.02m^3/s$$

小结及学习指导

1. 渗流模型是一种忽略土壤颗粒的假象流动空间，应充分理解渗流速度的概念。

2. 以渗流模型为基础，达西定律和杜比公式分别描述了均匀渗流和渐变渗流的水力关系，应理解其关系与应用范围。

3. 单井及渗渠均为特定条件下渗流基本定律的应用，单井组成井群是以第3章水动力学基础中的势流理论为基础的，学习中应注意联系。

习　　题

1. 在实验室中用达西实验装置来测定土样的渗流系数。如圆筒直径 $D = 20cm$，两测压管间距 $l = 40cm$，测得通过流量 $q_v = 100mL/min$，两侧压管的水头差 $h_l = 20cm$。试计算土样的渗透系数。

2. 某工地以潜水为给水水源。由钻探测知含水层为夹有砂粒的卵石层，厚度 $H=6\text{m}$，渗流系数 k 为 0.00116m/s。现打一普通完整井，井的半径 $r_0=0.15\text{m}$，影响半径 $R=150\text{m}$。试求井中水位降落 $S=3\text{m}$ 时井的涌水量 q_v。

3. 用承压井取水。井的半径 $r_0=0.1\text{m}$，含水层厚度 $t=5\text{m}$，在离井中心 $r_1=10\text{m}$ 处钻一观测钻孔，如图 9-12 所示。在取水前，测得地下水的水位 $H=12\text{m}$。现抽水量 $q_v=36\text{m}^3/\text{h}$，井中水位降深 $S=2\text{m}$，观测孔中水位降深 $S_1=1\text{m}$。试求含水层的渗流系数 k 值及承压井 $S=3\text{m}$ 时的涌水量 q_v。

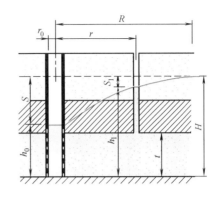

图 9-12　题 3 图

部分习题参考答案

第1章

1. 39.88 kg
2. $5.88 \times 10^{-6} \mathrm{m^2/s}$
3. 0.5mm
4. 1066kg/m³
5. 4Pa·s
6. 0.2m/s
7. 39.6N·m
8. $3.3 \times 10^4 \mathrm{℃^{-1}}$，$4.8 \times 10^4 \mathrm{℃^{-1}}$；0.165m³，0.240m³

第2章

1. 17.64kPa，14.29kPa
2. 是，17.64kPa，14.29kPa
3. 92.12kPa
4. 721 kg/m³
5. 352.8kN，274.4kN
6. 362.8kPa
7. 20.78kPa，17.31kPa
8. p_0，$p_0 + 2\rho g h$
9. 1.63m/s²
10. 18.67 s⁻¹
11. −2462 N，5577 N
12. 答案略.
13. 139.52kN
14. 176.4kN，距底 1.5m
15. 0.44m
16. 1.41m，2.59m
17. 23.45kN，$\theta = 19.8°$
18. 153.86kN
19. 60.85kN，2.56kN

第3章

1. 35.86m/s²
2. 13.06m/s²
3. $\dfrac{b}{a}x - y = \mathrm{const}$
4. $x^2 + y^2 = \mathrm{const}$
5. $\dfrac{3}{2}x - y = \mathrm{const}$

6. $0.242r_0$

7. (1) $\omega_z = a$，$\varepsilon_{xy} = \varepsilon_{yz} = \varepsilon_{zx} = 0$

(2) $\omega_z = 0$，$\varepsilon_{xy} \neq 0$

8. (1) 否，(2) 能，(3) 否

9. $-2x - 2xy$

10. 10.93L/s

11. 236mm

12. B→A

13. 3.85m/s

14. 51.15L/s

15. 1.23m

16. 1.50m³/s

17. 5734 N

18. 1.125m³/(s·m)，0.375m³/(s·m)，97.43kN

19. (1) 9.95m³/s，(2) 21.89kN

第 4 章

1. 0.034L/s，1.30m

2. 2.26m³/s

3. 1.0m，14kN

4. 75Pa，−36Pa

5. 150min

6. 8320kN

7. (1) 0.0179m³/s，(2) 3.60m

8. $s = kgt^2$

9. $N = KM\omega$

12. $Q = \dfrac{\pi D^2}{4}\sqrt{2gf}\left(\dfrac{D}{H}, \dfrac{vH\rho}{\mu}\right)$

第 5 章

1. 紊流，0.03m/s

2. 紊流

3. 0.74m

4. 1.94 cm

5. 5.19L/s

6. 0.18m，0.25m

7. 0.59m/s，0.69m/s

8. (1) 0.785，(2) 0.886

9. 12.82

10. $H > \dfrac{(1+\zeta)D}{\lambda}$

11. $v_2 = \dfrac{1}{2}v_1$，$D_2 = \sqrt{2}D_1$

12. 3.12L/s，101Pa

13. 0.022

14. 43.9m

15. 2.39L/s

第6章

1. 14.13L/s，3.11m

2. 2.17m³/s

3. 334 s

4. 60.6L/s

5. 106.38kPa

6. 99.37kPa

7. 1.26

8. 答案略

9. 33.14m

10. 150mm，125mm，100mm

11. $q_{v1} = 0.045$m³/s，$q_{v2} = 0.029$m³/s，$q_{v3} = 0.016$m³/s，$q_{v4} = 0.004$m³/s，$H = 36.93$m

12. 3.64

13. 1609kPa，1507kPa

第7章

1. 3.08m³/s

2. $h = 1.54$m，$b = 3.08$m

3. $h = 0.5$m，$b = 2.0$m

4. 0.487m，取500mm

5. 0.91m³/s

6. 1.07m

7. 0.60m，0.0077

8. 2 倍

11. 0.28m³/s，0.20m

12. 11km

第8章

1. 0.64，0.62，0.97，0.06

2. (1) 1.22L/s，(2) 1.61L/s，(3) 1.5m

3. (1) 1.07m，1.43m；(2) 3.56L/s

4. 394 s

5. 690s

6. $\dfrac{4lD^{3/2}}{3\mu A\sqrt{2g}}$

7. $0.27m^3/s$

8. $8.97m^3/s$

9. $8.16m^3/s$

10. $2.52m$

11. 2.47%

第 9 章

1. $0.0106\ cm/s$

2. $14.21L/s$

3. $0.00146m/s$，$54m^3/h$

主要参考文献

［1］ 李玉柱，贺五洲. 工程流体力学. 北京：清华大学出版社，2006.

［2］ 吴持恭. 水力学（第 4 版）. 北京：高等教育出版社，2009.

［3］ 张维佳. 流体力学（第 1 版）. 北京：中国建筑工业出版社，2011.

［4］ 龙天渝，蔡增基. 流体力学（第 3 版）. 北京：中国建筑工业出版社，2019.

［5］ 闻德荪. 工程流体力学（第 3 版）. 北京：高等教育出版社，2010.

［6］ 严煦世，刘遂庆. 给水排水管网系统（第 3 版）. 北京：中国建筑工业出版社，2014.

［7］ 刘鹤年，刘京. 流体力学（第 3 版）. 北京：中国建筑工业出版社，2016.

［8］ 高等学校给水排水工程学科专业指导委员会. 高等学校给排水科学与工程本科指导性专业规范. 北京：中国建筑工业出版社，2012.

［9］ 中华人民共和国住房和城乡建设部. 室外给水设计标准（GB 50013—2018）. 北京：中国建筑工业出版社，2016.

［10］ 上海市建设和交通委员会. 室外排水设计规范（GB 50014—2006）（2016 年版）. 北京：中国计划出版社，2016.

［11］ 中国建筑科学研究院. 建筑基坑支护技术规程（JGJ 120—2012）. 北京：中国建筑工业出版社，2012.

［12］ 国家技术监督局发布. 国际单位制及其应用（GB 3100—93）. 北京：中国标准出版社，1994.

［13］ M. C. Potter, D. C. Wiggert 著. Mechanics of Fluid. 第 3 版. 北京：机械工业出版社，2003.

［14］ J. F. Douglas, J. M. Gasiorek, J. A. Swaffield 著. Fluid Mechanics. 第 3 版. 北京：世界图书出版公司北京公司，2000.

［15］ E. John. Finnemore, Joseph B. Franzini 著. Fluid Mechanics with Engineering Application. 第 10 版. 纽约：McGraw-Hill 图书公司，2002.

高等学校给排水科学与工程学科专业指导委员会规划推荐教材

征订号	书　名	作　者	定价（元）	备　注
40573	高等学校给排水科学与工程本科专业指南	教育部高等学校给排水科学与工程专业教学指导分委员会	25.00	
39521	有机化学（第五版）（送课件）	蔡素德等	59.00	住建部"十四五"规划教材
41921	物理化学（第四版）（送课件）	孙少瑞、何　洪	39.00	住建部"十四五"规划教材
42213	供水水文地质（第六版）（送课件）	李广贺等	56.00	住建部"十四五"规划教材
27559	城市垃圾处理（送课件）	何品晶等	42.00	土建学科"十三五"规划教材
31821	水工程法规（第二版）（送课件）	张　智等	46.00	土建学科"十三五"规划教材
31223	给排水科学与工程概论（第三版）（送课件）	李圭白等	26.00	土建学科"十三五"规划教材
32242	水处理生物学（第六版）（送课件）	顾夏声、胡洪营等	49.00	土建学科"十三五"规划教材
35065	水资源利用与保护（第四版）（送课件）	李广贺等	58.00	土建学科"十三五"规划教材
35780	水力学（第三版）（送课件）	吴　玮、张维佳	38.00	土建学科"十三五"规划教材
36037	水文学（第六版）（送课件）	黄廷林	40.00	土建学科"十三五"规划教材
36442	给水排水管网系统（第四版）（送课件）	刘遂庆	45.00	土建学科"十三五"规划教材
36535	水质工程学（第三版）（上册）（送课件）	李圭白、张　杰	58.00	土建学科"十三五"规划教材
36536	水质工程学（第三版）（下册）（送课件）	李圭白、张　杰	52.00	土建学科"十三五"规划教材
37017	城镇防洪与雨水利用（第三版）（送课件）	张　智等	60.00	土建学科"十三五"规划教材
37679	土建工程基础（第四版）（送课件）	唐兴荣等	69.00	土建学科"十三五"规划教材
37789	泵与泵站（第七版）（送课件）	许仕荣等	49.00	土建学科"十三五"规划教材
37788	水处理实验设计与技术（第五版）	吴俊奇等	58.00	土建学科"十三五"规划教材
37766	建筑给水排水工程（第八版）（送课件）	王增长、岳秀萍	72.00	土建学科"十三五"规划教材
38567	水工艺设备基础（第四版）（送课件）	黄廷林等	58.00	土建学科"十三五"规划教材
32208	水工程施工（第二版）（送课件）	张　勤等	59.00	土建学科"十二五"规划教材
39200	水分析化学（第四版）（送课件）	黄君礼	68.00	土建学科"十二五"规划教材
33014	水工程经济（第二版）（送课件）	张　勤等	56.00	土建学科"十二五"规划教材
29784	给排水工程仪表与控制（第三版）（含光盘）	崔福义等	47.00	国家级"十二五"规划教材
16933	水健康循环导论（送课件）	李　冬、张　杰	20.00	
37420	城市河湖水生态与水环境（送课件）	王　超、陈　卫	40.00	国家级"十一五"规划教材
37419	城市水系统运营与管理（第二版）（送课件）	陈　卫、张金松	65.00	土建学科"十五"规划教材
33609	给水排水工程建设监理（第二版）（送课件）	王季震等	38.00	土建学科"十五"规划教材
20098	水工艺与工程的计算与模拟	李志华等	28.00	
32934	建筑概论（第四版）（送课件）	杨永祥等	20.00	
24964	给排水安装工程概预算（送课件）	张国珍等	37.00	
24128	给排水科学与工程专业本科生优秀毕业设计（论文）汇编（含光盘）	本书编委会	54.00	
31241	给排水科学与工程专业优秀教改论文汇编	本书编委会	18.00	

　　以上为已出版的指导委员会规划推荐教材。欲了解更多信息，请登录中国建筑工业出版社网站：www.cabp.com.cn查询。在使用本套教材的过程中，若有任何意见或建议，可发 Email 至：wangmeilingbj@126.com。